高职高专机电类规划教材

电 工 技 术

邱世卉 主 编

范 钧 包中婷 高 燕 副主编

電子工業出版社

Publishing House of Electronics Industry

北京 · BEIJING

内 容 简 介

本书以“保证基础知识、精选教材内容、理论联系实际”为指导思想，以培养学生分析问题、解决问题的能力为目的，内容简明扼要，通俗易懂，实现了理论与实践的有机结合。本书共8章，主要内容包括：电路的基本知识、直流电路的分析方法、正弦交流电路、三相交流电路、一阶暂态电路的分析、磁路与变压器、异步电动机及其继电接触器控制系统、安全用电，每章后均有配套习题及参考答案。

本书为高职高专机电一体化、机械工程及自动化等专业的教材，也可作为非电类本科学生和电气工程技术人员的参考书。

图书在版编目（CIP）数据

电工技术 / 邱世卉主编. —北京：电子工业出版社，2012.8
高职高专机电类规划教材
ISBN 978-7-121-17208-3

Ⅰ.①电…　Ⅱ.①邱…　Ⅲ.①电工技术－高等职业教育－教材　Ⅳ.①TM

中国版本图书馆 CIP 数据核字（2012）第 111372 号

责任编辑：郝黎明　　文字编辑：王艳萍
印　　刷：北京季蜂印刷有限公司
装　　订：北京季蜂印刷有限公司
出版发行：电子工业出版社
　　　　　北京市海淀区万寿路 173 信箱　邮编 100036
开　　本：787×1 092　1/16　印张：11.75　字数：300.8 千字
版　　次：2012 年 8 月第 1 版
印　　次：2019 年 5 月第 5 次印刷
定　　价：25.00 元

凡所购买电子工业出版社图书有缺损问题，请向购买书店调换。若书店售缺，请与本社发行部联系，联系及邮购电话：（010）88254888，88258888。

质量投诉请发邮件至 zlts@phei.com.cn，盗版侵权举报请发邮件至 dbqq@phei.com.cn。

本书咨询联系方式：（010）88254574，wangyp@phei.com.cn。

前　言

电工技术是高职高专机电类专业的主干课程之一。本书是根据教育部高职高专人才培养方案，结合机电类专业对本课程的要求编写的。在编写过程中注重突出以下特色：

（1）以学生就业需求为导向，精心组织教材内容。在内容选取上，以“必需、够用”为出发点，淡化理论论证，增加实用例题和习题，强调典型电路的应用。

（2）在阐述内容方面，力求通俗易懂、简明扼要。以掌握概念、突出应用、培养技能为教学重点。

（3）将理论讲授与实践训练紧密地结合起来，精选应用实例、加强实训，注重学生应用能力的提高和综合素质的培养。在一定程度上解决了各阶段教学环节因时空分离所造成的理论与实践的脱节，实现该专业的人才培养目标。

（4）注重教学内容的更新，紧跟时代的发展，力求把最新的行业知识介绍给读者。

（5）为帮助学生理解所学的知识，本书编写了丰富的例题和思考题，每章均有小结和习题。

本书共 8 章，主要内容包括：电路的基本知识、直流电路的分析方法、正弦交流电路、三相交流电路、一阶暂态电路的分析、磁路与变压器、异步电动机及其继电接触器控制系统、安全用电。本书第1、2、4、7章由邱世卉编写，第3、8章由范钧编写，第5、6章由包中婷、高燕编写（还编写了自测题、部分习题、习题答案，并参与了资料的搜集、整理工作），全书由邱世卉统稿。汪建副教授和郑骊副教授在百忙中认真审阅了全稿，提出了很多宝贵的意见，在此表示衷心的感谢。

由于编者水平有限，书中难免有疏漏及错误之处，恳请读者批评指正。

本书配有免费的电子教学课件及部分习题参考答案，请有需要的教师登录华信教育资源网（www.hxedu.com.cn）免费注册后进行下载，如有问题请在网站留言或与电子工业出版社联系（E-mail:hxedu@phei.com.cn）。

编　者

2012 年 5 月

出 版 说 明

为了顺应当前我国高职高专教育突飞猛进的发展形势，配合高职高专院校的教材改革和教材建设，进一步提高我国高职高专教育教材质量，将高职高专教育改革的理念和成果与具体教学实践结合起来，不断提高教学质量和人才培养质量，我们组织编写了该套教材。

教材编写团队由成都工业学院（原成都电子机械高等专科学校）国家级教学名师和一批“双师型”骨干教师组成，其中有四川省学术带头人后备人选 3 人；有 2 人获得“国家级教学成果奖”一等奖，1 人获得“国家级教学名师奖”，1 人获得“全国优秀教师”光荣称号，2 人获得“省教学名师奖”。编写团队成员与企业联系紧密，积极开展科研和技术服务，近 5 年主持和主研的省部级科研项目 35 项，获国家专利 8 项，有多项成果获国家和省部级奖励。

该系列教材，贯彻了高职高专教育“以技能型应用性人才培养为主，重在实践”的原则，按照“就业导向、校企合作、适应时代、推行双证”的教学改革基本思路进行编写。即以地方经济发展对人才的需求为导向确定人才培养目标；以岗位职业能力为基础；以工学结合为手段提升职业能力；以工作过程为基础，工作情境为支撑，校企合作为途径实施人才培养。教材的编写在多年教学改革的优秀成果基础上，对课程体系进行了重新设计，突出了基础理论的应用和实践技能的培养，整合了相关课程，明确了每一门课程在整个人才培养方案中的地位和作用，同时注重与职业资格要求的知识能力有机衔接，具有鲜明的职业教育特色。

本系列教材可作为高职高专院校、成人高校及本科院校举办的职业技术学院机械、机电、数控及相关专业的教学用书，也适用于五年制高职、中职相关专业，并可作为社会从业人员的业务参考书及培训用书，也可供工程技术人员、工人和管理人员参考。

目 录

第 1 章 电路的基本知识 …… (1)

1.1 电路及电路模型 …… (1)

1.1.1 电路的组成和作用 …… (1)

1.1.2 电路模型 …… (2)

1.2 电路的主要物理量 …… (3)

1.2.1 电流 …… (3)

1.2.2 电压、电位、电动势 …… (4)

1.2.3 电功率 …… (6)

1.2.4 主要物理量的测量 …… (7)

1.3 电压源和电流源 …… (10)

1.3.1 电压源 …… (10)

1.3.2 电流源 …… (11)

1.4 电路的基本定律 …… (12)

1.4.1 欧姆定律 …… (12)

1.4.2 基尔霍夫定律 …… (14)

1.5 电路的三种状态 …… (18)

1.5.1 有载状态 …… (18)

1.5.2 开路状态 …… (19)

1.5.3 短路状态 …… (19)

本章小结 …… (20)

习题 …… (21)

第 2 章 直流电路的分析方法 …… (24)

2.1 等效变换法 …… (24)

2.1.1 电阻串并联连接的等效变换 …… (24)

2.1.2 理想电源串并联连接的等效变换 …… (27)

2.1.3 实际电源两种模型之间的等效变换 …… (28)

2.2 支路电流法 …… (30)

2.3 节点电压法 …… (32)

2.4 叠加定理 …… (34)

2.5 戴维南定理 …… (36)

本章小结 …… (39)

习题 …… (41)

第 3 章 正弦交流电路 …… (44)

3.1 概述 …… (44)

3.2 正弦交流电的特征及三要素 ……(45)
3.2.1 正弦量变化的快慢 ……(45)
3.2.2 正弦量的计时起点 ……(46)
3.2.3 正弦量的大小 ……(47)
3.3 正弦量的相量表示法 ……(48)
3.3.1 复数的基本形式 ……(48)
3.3.2 复数的运算法则 ……(49)
3.3.3 正弦量的相量表示法 ……(50)
3.4 相量形式的基尔霍夫定律 ……(52)
3.5 单一参数的正弦交流电路 ……(53)
3.5.1 电阻电路 ……(53)
3.5.2 电感元件及电感电路 ……(55)
3.5.3 电容元件及电容电路 ……(57)
3.6 简单正弦交流电路的分析 ……(61)
3.6.1 阻抗及阻抗的串联、并联 ……(61)
3.6.2 RLC 串联的正弦交流电路 ……(63)
3.7 电路的谐振 ……(66)
3.7.1 串联谐振 ……(66)
3.7.2 并联谐振 ……(68)
3.8 正弦交流电路的功率及功率因数的提高 ……(69)
3.8.1 正弦交流电路的功率 ……(69)
3.8.2 功率因数的提高 ……(71)
本章小结 ……(73)
习题 ……(74)
第 4 章 三相交流电路 ……(77)
4.1 三相电源 ……(77)
4.1.1 三相电动势的产生 ……(77)
4.1.2 三相电源的连接 ……(78)
4.2 三相电路的分析与计算 ……(81)
4.2.1 负载的连接 ……(81)
4.2.2 负载星形连接的三相电路 ……(82)
4.2.3 负载三角形连接的三相电路 ……(86)
4.3 三相电路的功率 ……(89)
4.3.1 三相功率的计算 ……(89)
4.3.2 三相功率的测量 ……(91)
本章小结 ……(92)
习题 ……(93)

第5章　一阶暂态电路分析……………………………………………………（95）
5.1　概述……………………………………………………………………（95）
5.2　换路定律与初始值……………………………………………………（96）
5.2.1　换路定律……………………………………………………………（96）
5.2.2　初始值及其计算……………………………………………………（96）
5.3　一阶 RC 暂态电路的分析………………………………………………（98）
5.3.1　RC 电路的全响应……………………………………………………（98）
5.3.2　RC 电路的零输入响应………………………………………………（99）
5.3.3　RC 电路的零状态响应………………………………………………（102）
5.4　一阶 RL 暂态电路的分析………………………………………………（104）
5.4.1　RL 电路的全响应……………………………………………………（104）
5.4.2　RL 电路的零输入响应………………………………………………（104）
5.4.3　RL 电路的零状态响应………………………………………………（106）
5.5　一阶电路的三要素法…………………………………………………（108）
本章小结……………………………………………………………………（110）
习题…………………………………………………………………………（110）
第6章　磁路与变压器………………………………………………………（113）
6.1　磁路的基本知识………………………………………………………（113）
6.1.1　磁场的基本物理量…………………………………………………（113）
6.1.2　磁性材料的磁性能…………………………………………………（114）
6.1.3　磁路及其欧姆定律…………………………………………………（115）
6.2　交流铁芯线圈…………………………………………………………（116）
6.2.1　电压电流关系………………………………………………………（116）
6.2.2　功率损耗……………………………………………………………（117）
6.3　变压器…………………………………………………………………（118）
6.3.1　变压器的基本结构和工作原理……………………………………（118）
6.3.2　变压器的外特性……………………………………………………（121）
6.3.3　变压器使用中的一些问题…………………………………………（122）
6.3.4　特殊用途变压器……………………………………………………（123）
本章小结……………………………………………………………………（126）
习题…………………………………………………………………………（127）
第7章　异步电动机及其继电接触器控制系统……………………………（128）
7.1　三相异步电动机………………………………………………………（128）
7.1.1　三相异步电动机的基本结构………………………………………（128）
7.1.2　三相异步电动机的工作原理………………………………………（130）
7.1.3　三相异步电动机电磁转矩和机械特性……………………………（134）
7.1.4　三相异步电动机的使用……………………………………………（135）
7.2　常用低压电器及继电接触器控制系统………………………………（139）

7.2.1 常用低压电器 …………………………………………………………………………（140）
7.2.2 三相笼型异步电动机的基本控制电路 ………………………………………………（144）
本章小结……………………………………………………………………………………（147）
习题…………………………………………………………………………………………（148）
第 8 章 安全用电 ……………………………………………………………………（150）
8.1 供电与配电……………………………………………………………………………（150）
8.1.1 电力系统 ……………………………………………………………………………（150）
8.1.2 额定电压和电压等级 ………………………………………………………………（151）
8.2 电气事故………………………………………………………………………………（152）
8.2.1 电气事故的类型 ……………………………………………………………………（152）
8.2.2 电气事故产生的根源 ………………………………………………………………（153）
8.3 安全用电………………………………………………………………………………（154）
8.3.1 电流对人体的伤害 …………………………………………………………………（154）
8.3.2 触电方式 ……………………………………………………………………………（155）
8.3.3 防止触电事故的措施 ………………………………………………………………（155）
8.3.4 触电急救 ……………………………………………………………………………（158）
本章小结……………………………………………………………………………………（160）
习题…………………………………………………………………………………………（161）
自测题……………………………………………………………………………………（162）
自测题答案………………………………………………………………………………（166）
附录 A 部分习题参考答案 ……………………………………………………………（168）

第 1 章

电路的基本知识

本章介绍电路的基本知识，主要内容包括：电路及电路模型、电路的主要物理量、电路的基本定律、电路的三种状态。本章讲述的基本概念和基本定律具有普遍的适用意义，既适用于直流电路，又适用于交流电路。

1.1 电路及电路模型

1.1.1 电路的组成和作用

1．电路的组成

随着科学技术的发展，电的应用越来越广泛，要用电，就离不开电路。所谓的电路，就是为了用电需要而将电气设备和器件按一定的方式连接起来形成的电流的通路。电路的具体形式是多种多样的，但不管多么复杂，电路都是由电源、负载和中间环节三个基本部分组成的。下面以图 1-1（a）所示的手电筒电路为例介绍电路的三个基本组成部分。

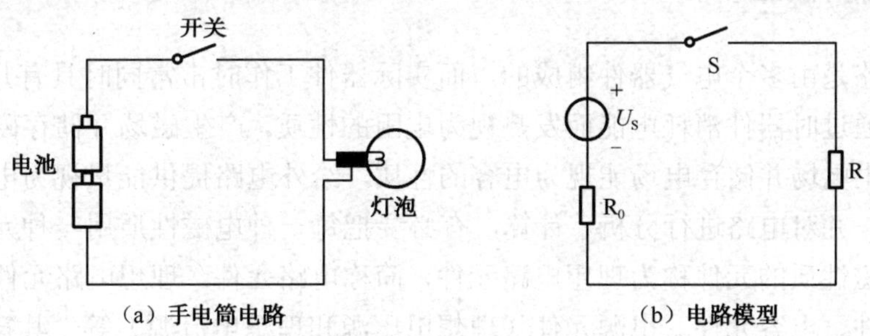

（a）手电筒电路　　（b）电路模型

图 1-1　手电筒电路及其电路模型

电源：电源是电路的能源，其作用是将其他形式的能转换为电能。如手电筒电路中的电池，其作用是将化学能转换为电能。

负载：负载是用电设备，其作用是将电能转换为其他形式的能。如手电筒电路中的灯泡，其作用是将电能转换为热能和光能。

中间环节：中间环节由连接电源和负载的导线、开关及保护电器等组成，起传输、分配电能或保护的作用。

2. 电路的作用

电路的作用是实现电能与其他形式能的转换，具体作用主要体现在以下两个方面。

（1）实现电能的传输和转换。典型电路为如图 1-2 所示的电力系统，发电机将热能、水能、核能等其他形式的能量转换为电能，升压后传输到用电处，再降压后送给用电设备使用，用电设备将电能转换为热能、机械能等其他形式的能。

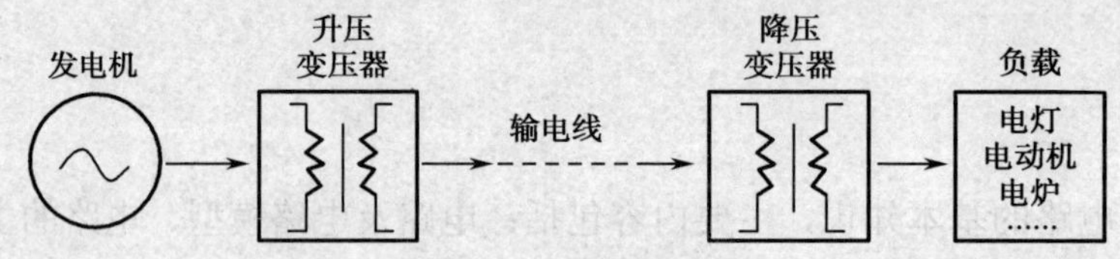

图 1-2 电力系统示意图

（2）实现电信号的传递和处理。典型电路为如图 1-3 所示的扩音机电路。话筒将声音信号转换成相应的电信号（电压和电流），然后由放大器将电信号放大后送到扬声器，驱动扬声器发出声音。话筒是输出电信号的设备，称为信号源，相当于电源；扬声器接收和转换信号（将电信号转换为声音信号），相当于负载；放大器处理（放大）和传递信号，是中间环节。

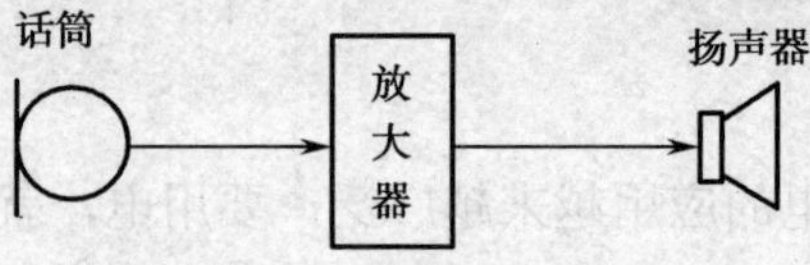

图 1-3 扩音机电路示意图

1.1.2 电路模型

实际电路是由多个电气器件组成的，而实际器件工作时常常同时具有几种电磁性质。我们把电流通过时器件消耗电能而发热视为电阻的性质，产生磁场并储存磁场能视为电感的性质，产生电场并储存电场能视为电容的性质，给外电路提供能量视为电源的性质。为了描述电路，并对电路进行分析、计算，有必要把每一种电磁性质用一种元件来表示。只表示一种电磁性质的元件称为理想电路元件，简称电路元件。理想电路元件主要有电阻元件、电感元件、电容元件、电源元件（理想电压源和理想电流源）等，其符号如图 1-4 所示。为了对实际电路进行分析和计算，需要将实际器件理想化，即在一定条件下突出其主要电磁性质，忽略其次要电磁性质，将其理想化为一个或几个理想电路元件的组合。例如，可以将手电筒电路中的电池视为理想电压源与电阻元件的串联，电灯泡视为电阻元件（其电感微小，是次要因素，可以忽略），忽略电阻的闭合开关，导线视为理想导线。

实际电路中的器件都可以用能够反映其主要电磁特性的理想电路元件来代替，由理想电路元件组成的电路称为实际电路的电路模型。用规定的图形符号来表示理想电路元件，并用实线表示连接导线而形成的图形称为电路原理图，简称电路图。电路图是电路模型的图形表示。如图 1-1（b）所示就是手电筒电路的电路模型。今后分析、计算使用的都是电路模型。对电路模型进行分析、计算所得的结果，基本能反映实际电路的工作情况。在电路分析中，常将电源输出的电压和电流称为激励，它推动电路工作；激励在电路各部分产生的电压和电流称为响应。分析电路，实质上就是分析激励和响应的关系。

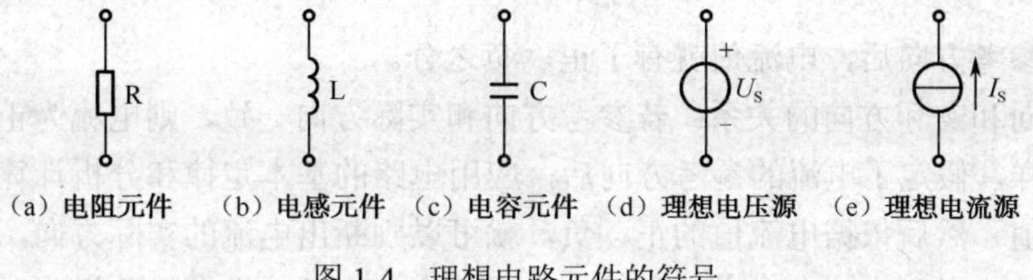

图 1-4　理想电路元件的符号

1.2　电路的主要物理量

为了分析、计算电路，必须用一些物理量来描述电路的状态。电路的主要物理量有电流、电压、电位、电动势和电功率等，在学习这些内容时应注重对概念的理解和分析计算。下面分别介绍电路的主要物理量。

1.2.1　电流

在电场力的作用下，电荷的定向运动形成电流。电流的大小用单位时间内通过导体横截面的电荷来表示，电流的 SI（国际标准单位制）单位是安培，简称安（A）。较小的电流可以用毫安（mA）和微安（μA）为单位，它们之间的换算关系：1A=10^3mA，1mA=10^3μA。

若电流的大小和方向是随时间变化的，称为交变电流（AC），用符号 i 表示。假设在 dt 时间内通过导体横截面的电荷为 dq，则

$$i=\frac{\mathrm{d}q}{\mathrm{d}t} \tag{1-1}$$

若电流是恒定的，称为直流电流（DC），用符号 I 表示。假设在 t 时间内通过导体横截面的电荷为 q，则

$$I=\frac{q}{t} \tag{1-2}$$

习惯上规定电流的实际方向为正电荷运动的方向。在简单电路中，电流的实际方向很

容易确定，但在复杂电路中，往往难以判定某段电路中电流的实际方向，因此，有必要引入参考方向的概念。所谓的参考方向就是在电流流过某段电路时两个可能的方向中任意假定一个作为电流的方向，这个假定的方向称为电流的参考方向。电流参考方向的表示有箭头表示法和双下标表示法两种。如图 1-5（a）所示为箭头表示法，图 1-5（b）所示为双下标表示法，电流的参考方向都由 A 指向 B。

（a）箭头表示法　　（b）双下标表示法

图 1-5　电流的参考方向

假定了参考方向后，电流值就有了正、负之分。

参考方向和实际方向的关系：若参考方向和实际方向一致，则电流为正值，反之电流为负值。这样，假定了电流的参考方向后，应用电路的基本定律和分析计算方法，列方程计算出电流值，然后依据电流值的正、负，就可以判断出电流的实际方向，这也是引入参考方向概念的意义所在。参考方向是一个重要概念，今后，没有特殊说明时，电路中所标注的电流方向都是参考方向。

1.2.2　电压、电位、电动势

1．电压、电位、电动势的概念

（1）电压的概念。

为了描述电场力的做功本领，我们引入电压的概念。若电场力将正电荷 dq 从 A 点移动到 B 点所做的功为 dW，则 A、B 两点之间的电压为

$$u_{\mathrm{AB}}=\frac{\mathrm{d}W}{\mathrm{d}q} \tag{1-3}$$

可见，两点之间的电压值实际上是电场力将单位正电荷从 A 点移动到 B 点所做的功。电压用符号 u 表示。在电场力的作用下，正电荷从高电位移动到低电位，因此，电压的实际方向规定为电位降的方向。

（2）电位的概念。

若取电路中某一点 O 为参考点，则电场力将单位正电荷从电路中 A 点移动到 O 点所做的功称为 A 点的电位。因此，A 点的电位就是 A 点与参考点之间的电压，A 点的电位用 v_{A} 表示，即 $v_{\mathrm{A}}=u_{\mathrm{AO}}$。参考点的电位值为零，并用符号“⊥”标记。在实际应用中，通常选大地作为参考点，有些设备的机壳是接地的，那么，凡是与机壳相连的各点都是零电位点。若机壳不接地，常选择若干导线的交汇点作为参考点。应当注意的是，在一个连通的电路中只有一个参考点，并且，在研究同一问题时，参考点一经选定，就不能改变了。

在理解电压与电位的概念时应注意：参考点一经选定，电路中任意一点的电位值就唯一确定下来，这是电位的单值性。参考点发生变化，电路中各点的电位值也随之变化，这

是电位的相对性。而任意两点之间的电压等于两端的电位差，是不变的，与参考点的选择无关，因此，电压具有绝对性。

（3）电动势的概念。

为了描述电源力（非电场力）的做功本领，引入了电动势的概念。电动势就是电源力在电源内部移动单位正电荷所做的功，用符号 e 表示。在电源力的作用下，正电荷从低电位移动到高电位，因此，电动势的实际方向规定为电位升的方向，与电压的实际方向相反。

电动势和电压都可以用来描述电源两端的电位差，因此，常用一个与电源电动势大小相等、方向相反的电压来代替电动势对外电路的作用。

恒定的电压、电动势分别称为直流电压、直流电动势，分别用符号 U 和 E 表示。电压、电位、电动势的 SI 单位都是伏特，简称伏（V），较大的单位是千伏（kV），较小的单位是毫伏（mV）和微伏（μV），它们之间的换算关系：$1\text{kV}=10^3\text{V}$，$1\text{V}=10^3\text{mV}$，$1\text{mV}=10^3\mu\text{V}$。

2．电压的参考方向

在复杂电路的分析和计算中，也需要假定电压的参考方向。电压的参考方向有三种表示方法，分别为如图 1-6 所示的箭头表示法、极性表示法和双下标表示法，电压的参考方向都是由 A 指向 B 的。电压的参考方向和实际方向的关系：若参考方向和实际方向一致，则电压为正值，反之，电压为负值。

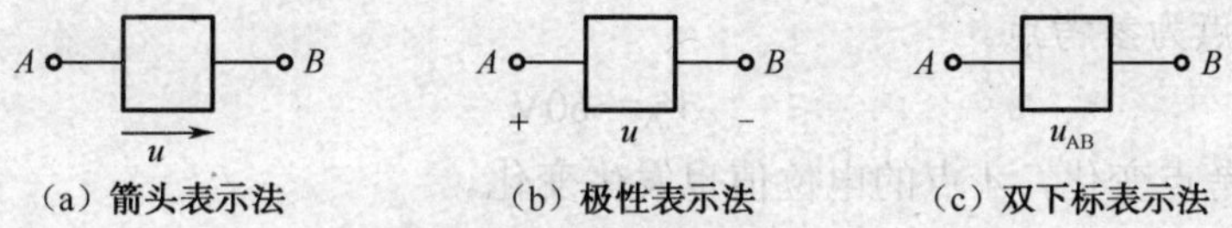

图 1-6　电压的参考方向

应当注意的是，电压和电流的参考方向可以分别独立假定，但是为了便于分析和计算，一般假定同一个元件的电压和电流的参考方向相同，称为关联参考方向，即元件的电流参考方向从其电压参考方向的正（“+”）极性端流入、从负（“−”）极性端流出。例如，图 1-7（a）中电压、电流参考方向关联，图 1-7（b）中电压、电流参考方向非关联。

图 1-7　电压、电流参考方向的关联与非关联

3．电位的计算

在分析电子电路时，用电位来讨论问题，会给电路分析带来方便。例如，在分析三极管放大电路时，只要知道三极管三个极的电位值，就可以知道三极管的工作状态，因此有必要介绍电位的计算方法。

由前面所学的内容可知，电路中某一点的电位就是该点到参考点的电压。因此，要计算电路中各点的电位，首先要假定电路中某一点为参考点，其电位值等于零，以此为标准，可以确定电路中其余各点的电位值。求解电位的方法：从参考点出发沿选定的路径“走”到待求点，在“走”的过程中，电压升取正，电压降取负，累计其代数和就是待求点的电位值。

【例 1-1】 在图 1-8 所示电路中，分别以 *C* 点和 *D* 点为参考点，求 *A* 点的电位值。

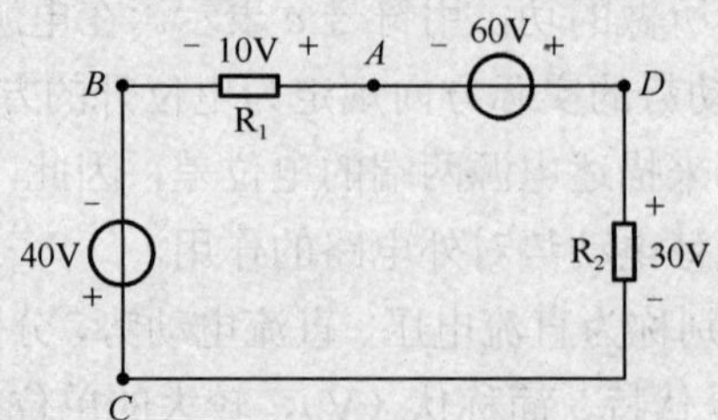

图 1-8 例 1-1 电路图

解：（1）以 *C* 点为参考点，选择路径 *CDA*，则 *A* 点的电位值为

$$V_A=(30-60)\ \text{V} = -30\text{V}$$

选择路径 *CBA*，则 *A* 点的电位值为

$$V_A=(-40+10)\ \text{V} = -30\text{V}$$

可见，选定了参考点之后，电路中的各点就有了确定的电位值，与所选的路径无关。

（2）以 *D* 点为参考点。

$$V_A=-60\text{V}$$

可见，参考点变化，*A* 点的电位值也发生变化。

有了电位的概念后，要简化电路图的绘制，常常采用电位标注法。其方法为：首先确定电路中的参考点，然后用电源端极性及电位数值代替电源。例如，图 1-9（a）所示的电路采用电位标注法，简化后如图 1-9（b）所示。

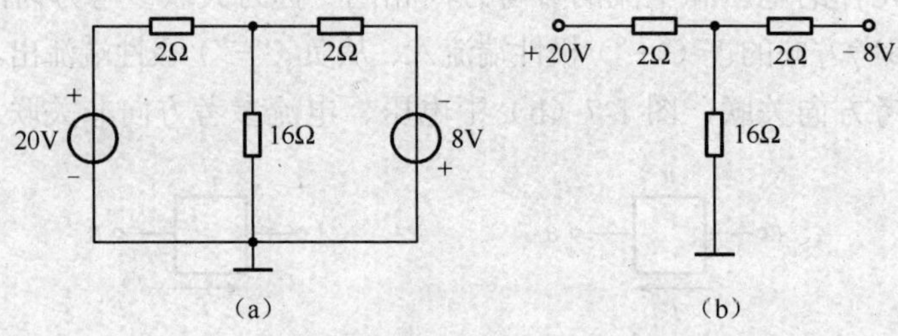

图 1-9 电路图的电位标注法

1.2.3 电功率

单位时间内电场力所做的功称为电功率。电功率的计算公式如下。

当一段电路电压与电流的参考方向关联时，电功率 *P* 为

$$P=ui \tag{1-4}$$

当一段电路电压与电流的参考方向非关联时，电功率 P 为

$$P=-ui \tag{1-5}$$

无论用哪一个计算公式，若 $P>0$，表明该段电路消耗功率，为负载；若 $P<0$，表明该段电路产生功率，为电源。在直流电路中，电功率的计算公式为

$$P=UI \text{ 或 } P=-UI$$

电功率的 SI 单位是瓦［特］，简称瓦（W），也可以用千瓦［特］（kW）和毫瓦特（mW）为单位，它们之间的换算关系：1kW=10^3W，1W=10^3mW。

【例 1-2】　如图 1-10 所示的两个元件 N_1、N_2，已知 $U=-10$V，$I=2$A，元件 N_1、N_2 是电源还是负载？

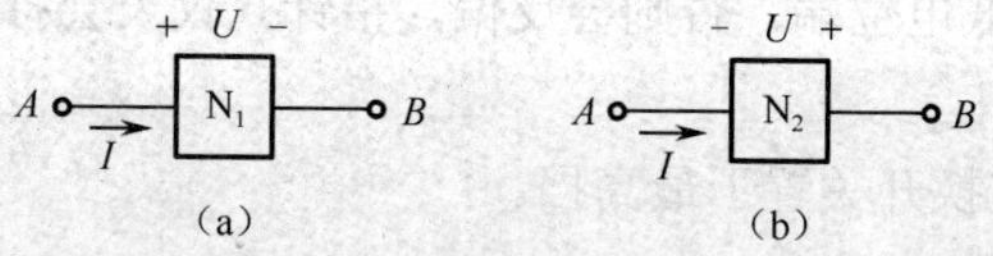

图 1-10　例 1-2 电路图

解： 图 1-10（a）所示的元件 N_1，因为电压与电流参考方向关联，所以电功率 P 为

$$P=UI=(-10)\text{V}\times 2\text{A}=-20\text{W}<0$$

即元件 N_1 产生功率，为电源。

图 1-10（b）所示的元件 N_2，因为电压与电流参考方向非关联，所以电功率 P 为

$$P=-UI=-(-10)\text{V}\times 2\text{A}=20\text{W}>0$$

即元件 N_2 消耗功率，为负载。

有时，还要计算一段时间内电路所消耗的电能（电功）。从 t_1 到 t_2 时间内，电路消耗的电能 W 的计算公式为

$$W=\int_{t_1}^{t_2} P\text{d}t \tag{1-6}$$

在直流电路中，电能 W 的计算公式为

$$W=P(t_2-t_1) \tag{1-7}$$

电能的 SI 单位是焦［耳］（J）。在实际中常用千瓦时（kW·h）为电能的单位，它表示 1kW 的用电设备在 1h（3600s）内消耗的电能，称为 1 度电。例如，一只 60W 的电灯，每天使用 3 小时，一个月（30 天）的用电量为

$$W=\frac{60}{1000}\times 3\times 30\text{kW}\cdot\text{h}=5.4\text{kW}\cdot\text{h}=5.4\text{ 度}$$

1.2.4　主要物理量的测量

1. 电流和电压的测量

（1）使用电流表和电压表测量。

电流表和电压表有直流表、交流表、交直流表三种。电流和电压可以按以下步骤进行

测量。

① 选择仪表。若测量电流，选择电流表；若测量电压，选择电压表。若测直流量，选择直流表或交直流表；若测交流量，选择交流表或交直流表。

② 选择量程。仪表量程应选择大于被测值，若被测值未知，先选择最大量程，然后再依据测量情况，转换到适当的量程。为了减小测量误差，尽量使读数在刻度盘的 2/3 左右位置。

③ 调零。检查仪表指针是否指零，若不指零，需要调整使指针指零。

④ 将仪表接入电路。电流表应串入被测电路，电压表应并入被测电路。测量直流电流或电压时，仪表的正极（“+”）应接电流的流入端或电压的高电位端，负极（“-”）应接电流的流出端或电压的低电位端，否则会反偏，指针式仪表会打坏表针。

⑤ 读取数据。

⑥ 测量完毕，将转换开关置于最高挡。

（2）使用万用表测量。

除了用电流表和电压表测量外，也可以用万用表测量电流和电压。万用表分为指针式和数字式两类。在结构上，万用表由表盘、测量电路和转换开关三部分组成，可以测量电流、电压、电阻及晶体三极管的“h_{FE}”等。测量值从表盘刻度尺上读取，其中，“Ω”为电阻刻度值；“$\underset{\sim}{-}$”为交直流电流、电压刻度值；“10$\underset{\sim}{V}$”为交流 10V 刻度值；“h_{FE}”为三极管电流放大系数刻度值。用万用表测量电流或电压时，与前面介绍的电流表和电压表的测量方法及步骤大体相同，只是在以下几方面应当注意。

① 测量前应将转换开关置于正确位置上。

② 在测量过程不能带电切换挡位。

③ 万用表的黑表笔与表内电池的正极相连，红表笔与表内电池的负极相连。因此，在测直流量时，应将表笔置于正确位置上。

④ 测量完毕，将转换开关置于交流电压最高挡。

2．电功率的测量

在电工测量中，常用功率表测量功率。功率表也称瓦特表，内部有电流线圈和电压线圈。电流线圈是两个固定线圈，电阻小，在电路中与负载串联，两个线圈之间可以串、并联，用于改变功率表的电流量程；电压线圈是可动线圈，电阻较大，与几个附加电阻（R_{ad}）串联后，再与负载并联，由串联的附加电阻来改变电压量程。功率表指针的偏转角和负载的电压与电流的乘积成正比，因而能测量负载的功率。用功率表测量功率的步骤如下。

（1）选择量程。功率表量程不是决定于负载的功率，而是决定于负载电流和电压的量程，只有这两个量程都满足要求，功率表的量程才满足要求。功率表量程决定于电流量程与电压量程的乘积。

（2）将仪表接入电路。功率表内的电流线圈和电压线圈各有一个端子标有“*”等标记。接线时，将“*I”端接到电源侧，另一“I”端接至负载侧；标有“*U”端可和电流的“*I”端接在一起，而将另一电压端接到负载的另一侧，接线图如图 1-11 所示。

功率表的接线必须正确，否则不仅无法读数，而且可能损坏仪表。如果接线正确而指针反偏，说明负载含有电源，则应换接“*I”与“I”端。

（3）读取数据。功率表的每一格代表瓦特数，称为分格常数 C（瓦/格）。测量时，如果读的偏转格数为 N，则被测功率数值为 $P=CN$。

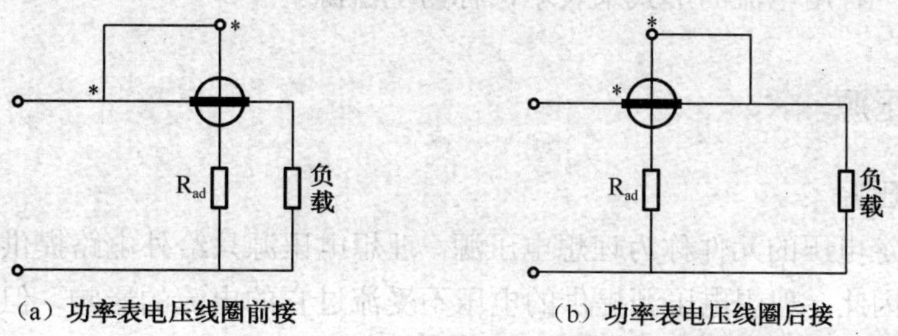

（a）功率表电压线圈前接　（b）功率表电压线圈后接

图 1-11　功率表的接线图

【思考与练习】

1.2.1　试说明电压、电位二者之间的异同。

1.2.2　如题 1.2.2 图所示电路中，若已知 I_1=5A，I_2= −8A，试判断电流的实际方向。

题 1.2.2 电路图

1.2.3　如题 1.2.3 图所示电路中，已知 $U_1=10\text{V}$，$U_2=5\text{V}$，$U_3=-20\text{V}$。试计算：（1）若参考点选 D 点，求 V_A、V_B、U；（2）若参考点选 C 点，求 V_A、V_B、U。

1.2.4　如题 1.2.4 图所示电路中，已知 $U=-5\text{V}$，$I=2\text{A}$，试问：（1）A、B 两点哪一点电位高；（2）求网络 N 的功率 P，并说明该网络为电源还是负载。

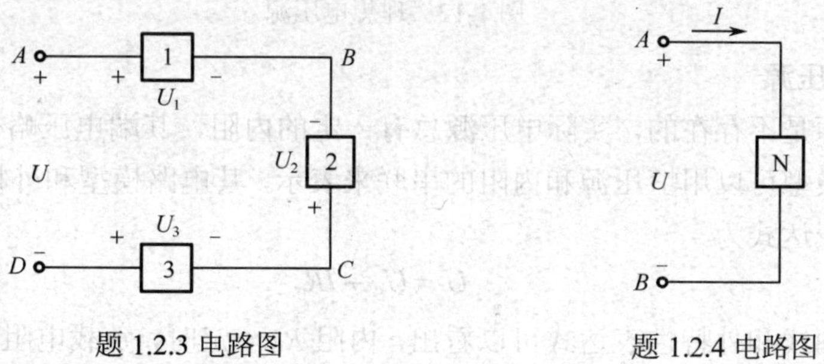

题 1.2.3 电路图　　题 1.2.4 电路图

1.2.5　简述测量电流和电压的步骤。

1.2.6　说明使用万用表测量电压和电流时应注意的事项。

1.3 电压源和电流源

实际电路中使用的电源，可以用两种电路模型来表示。一种用电压的形式来表示，称为电压源；另一种用电流的形式来表示，称为电流源。

1.3.1 电压源

1．理想电压源

能提供确定电压的元件称为理想电压源。理想电压源只给外电路提供电压而内部没有电能的损耗，因此，理想电压源提供的电压不受流过它的电流的影响，但其电流由理想电压源和外电路共同决定，其电路模型如图 1-12（a）所示。

理想电压源有直流和交流两种。直流理想电压源给外电路提供的电压 U_S 是恒定的，又称为恒压源。如实际电子电路中的直流稳压电源，能给外电路提供近似恒定的电压，可以视为恒压源。恒压源的外特性曲线如图 1-12（b）所示。某些电源，其两端的电压（端电压）U_S（t）基本不受负载电流的影响，总保持为确定的时间的函数，这些电源可以视为时变理想电压源。

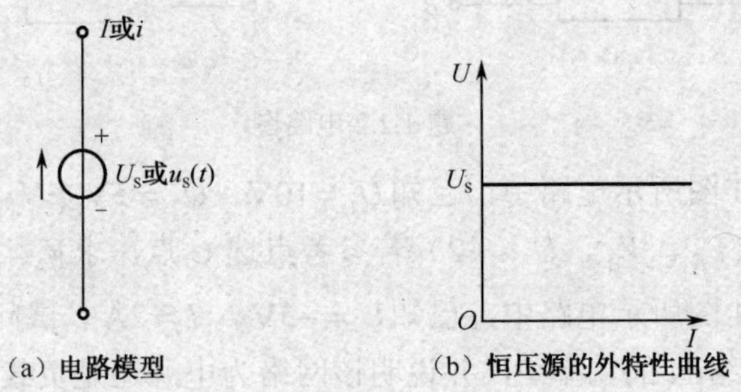

图 1-12 理想电压源

2．实际电压源

理想电压源是不存在的，实际电压源总有一定的内阻，其端电压略有下降。实际直流电压源的电路模型可以用恒压源和内阻的串联来表示，其电路模型和外特性曲线如图 1-13 所示。外特性表达式为

$$U = U_S - IR_0 \tag{1-8}$$

从外特性曲线和外特性表达式可以看出，内阻 R_0 一定时，负载电阻越小，输出电流越大，内阻上的电压降越高，输出电压 U 越小。

若负载不变，内阻 R_0 越小，其上的电压降越小，实际电压源越接近理想电压源。R_0 为零时，电源的端电压 U=U_S，就是理想电压源。

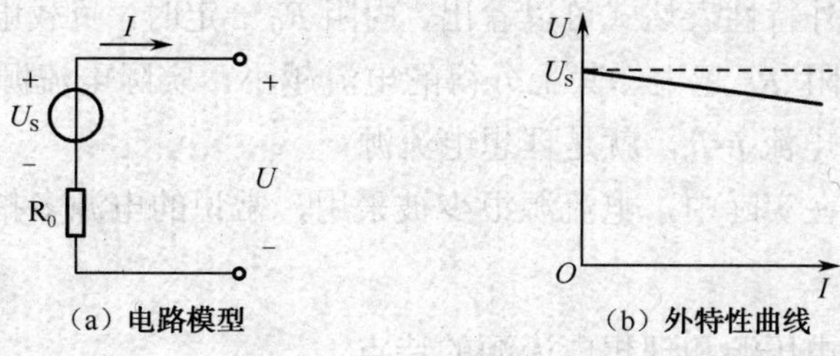

图 1-13　实际直流电压源

1.3.2　电流源

1．理想电流源

能提供确定电流的元件称为理想电流源。理想电流源提供的电流不受它两端电压的影响，但它两端的电压由理想电流源和外电路共同决定。其电路模型如图 1-14（a）所示。

理想电流源也有直流和交变两种。直流理想电流源能给外电路提供恒定的电流 I_S，又称为恒流源。在实际中，光电池能向外电路提供近似恒定的电流，可以视为恒流源，其外特性曲线如图 1-14（b）所示。

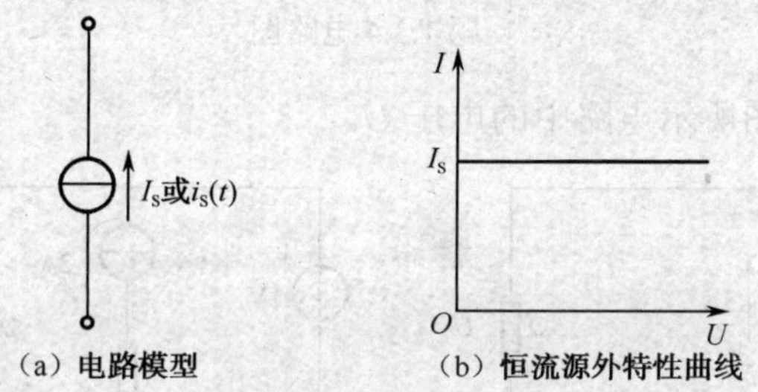

图 1-14　理想电流源

2．实际电流源

实际电流源在向外电路提供电流的同时，也有一定的内部损耗，实际直流电流源的电路模型可以用恒流源和内阻的并联来表示。其电路模型和外特性曲线如图 1-15 所示，外特性表达式为

$$I = I_S - \frac{U}{R_0} \tag{1-9}$$

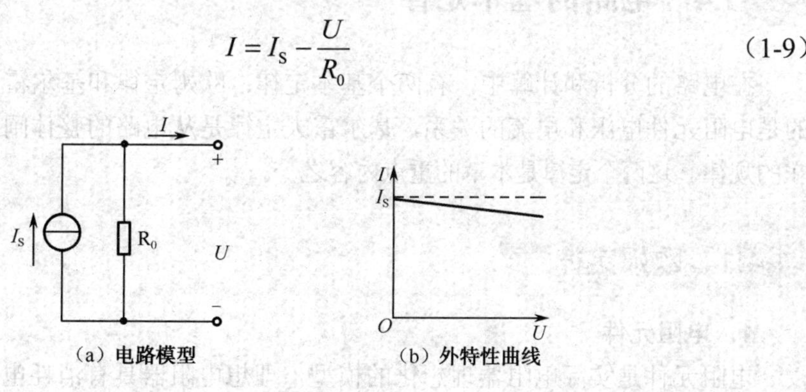

图 1-15　实际直流电流源

从外特性曲线和外特性表达式可以看出，内阻 R_0 一定时，负载电阻越大，输出电流越小。若负载不变，内阻 R_0 越大，其上分得的电流越小，实际电流源越接近理想电流源，R_0 为无穷大时，输出电流 $I=I_S$，就是理想电流源。

应当说明的是，在实际中，电流源很少被采用，常说的电源多指电压源。

【思考与练习】

1.3.1　简述理想电压源和理想电流源的特点。

1.3.2　在实际电源的电压源模型中，内阻 R_0 为多少时可以视为理想电压源？

1.3.3　在实际电源的电流源模型中，内阻 R_0 为多少时可以视为理想电流源？

1.3.4　求题 1.3.4 图所示电路中的电流 I。

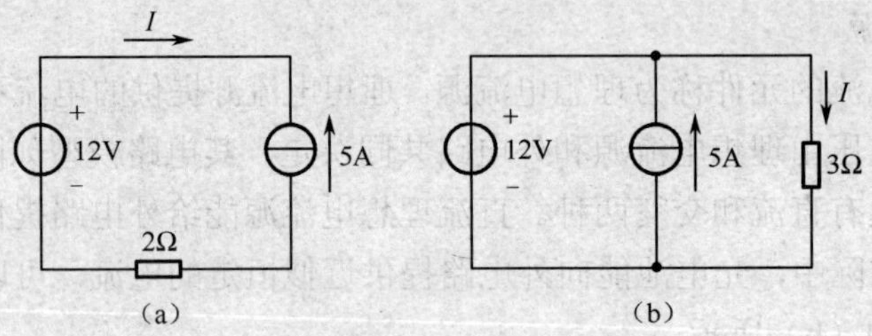

题 1.3.4 电路图

1.3.5　求题 1.3.5 图所示电路中的电压 U。

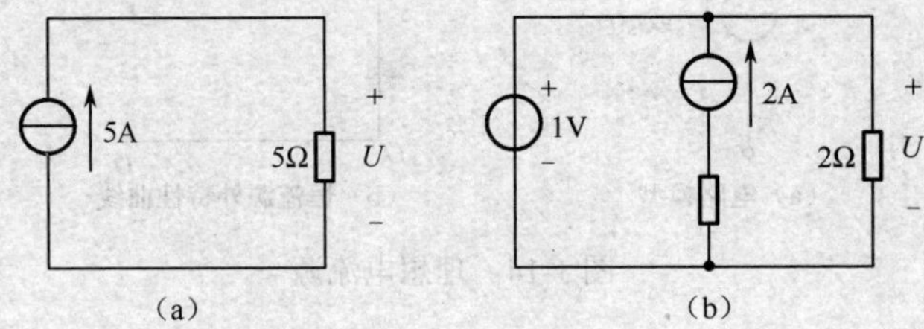

题 1.3.5 电路图

1.4　电路的基本定律

在电路的分析和计算中，有两个基本定律：欧姆定律和基尔霍夫定律。欧姆定律阐述的是电阻元件电压和电流的关系，基尔霍夫定律是从电路的整体阐述电压、电流所必须遵守的规律。这两个定律是本章的重点内容之一。

1.4.1　欧姆定律

1. 电阻元件

电阻元件是实际电阻器理想化的模型，理想电阻器具有消耗电能，并将其转化为热能的电磁性质，在电路中用电阻元件来表示这种电磁性质。电阻元件简称电阻，其电路模型如图 1-16（a）所示。其中 R 称为电阻，体现了电阻元件对电流的阻碍作用，它既表示电阻元件，又表示该元件的参数。若电阻值为常数，称该电阻为线性非时变电阻，简称线性电阻。本书只讨论线性电阻。

电阻的 SI 单位是欧［姆］(Ω)，在实际使用时，还会用到千欧（kΩ）和兆欧（MΩ），它们之间的换算关系：$1\text{M}\Omega=10^3\text{k}\Omega$，$1\text{k}\Omega=10^3\Omega$。

需要说明的是，电阻元件也可以用另一个参数 G 来表示，G 称为电导，其单位是西[门子]（S），它体现的是电阻元件导通电流的能力。电阻与电导的关系为

$$G=\frac{1}{R} \tag{1-10}$$

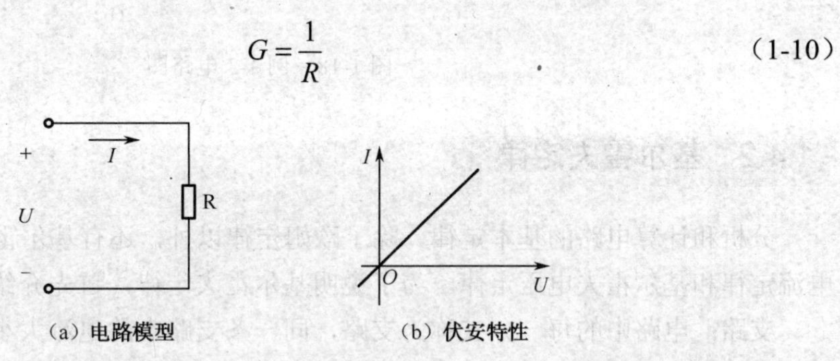

（a）电路模型　（b）伏安特性

图 1-16　电阻元件

2．欧姆定律

欧姆定律的内容：流过导体的电流与加在其两端的电压成正比，与这段导体的电阻成反比。此定律反映了电阻元件两端的电压与流过该元件的电流之间的约束关系，欧姆定律的表达式如下。

若电压与电流参考方向关联，则

$$U=IR \tag{1-11}$$

若电压与电流参考方向非关联，则

$$U=-IR \tag{1-12}$$

欧姆定律也可以用电阻元件的伏安特性来表示，如图 1-16（b）所示。这是一条通过原点的直线，其斜率为电阻的参数 R，R 为常数。具有这种伏安特性的元件为线性电阻元件，欧姆定律只适用于线性电阻元件。

线性元件的参数为常数，全部由线性元件组成的电路称为线性电路。有些元件的伏安特性不是直线，而是曲线，如图 1-17 所示为半导体二极管的伏安特性，这种元件称为非线性元件。

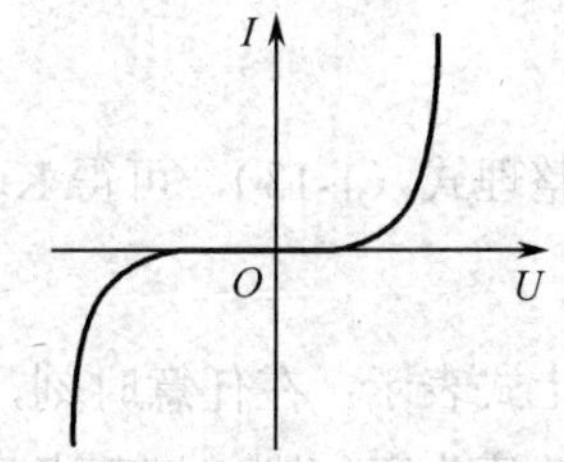

图 1-17　半导体二极管的伏安特性

【例 1-3】 如图 1-18 所示的电路中，已知 $I=-5\text{A}$，$R=5\Omega$，求电压 U。

解： 图 1-18（a）所示的电路中，因为电压与电流参考方向关联，所以电压 U 为

$$U=IR=(-5)\times5\text{V}=-25\text{V}$$

图 1-18（b）所示的电路中，因为电压与电流参考方向非关联，所以电压 U 为

$$U = -IR = -(-5)\times 5\text{V} = 25\text{V}$$

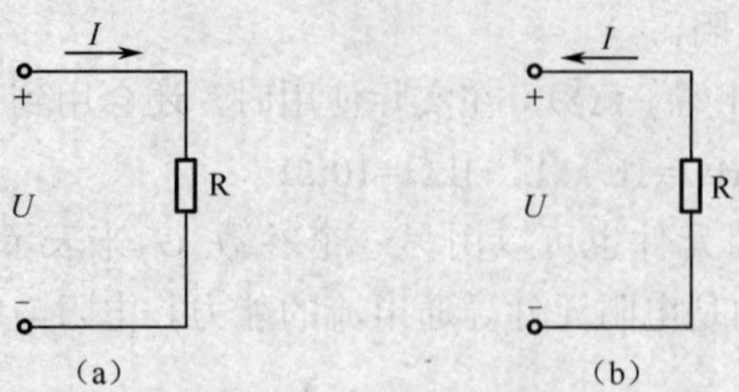

图 1-18　例 1-3 电路图

1.4.2　基尔霍夫定律

分析和计算电路的基本定律，除了欧姆定律以外，还有基尔霍夫定律，包括基尔霍夫电流定律和基尔霍夫电压定律。为了说明基尔霍夫定律，首先介绍几个术语。

支路：电路中的每一分支称为支路，同一条支路中的电流大小相同。

节点：三条或三条以上支路的连接点称为节点。

回路：电路中闭合的路径称为回路。

网孔：内部不含有支路的回路，即没有被支路穿过的回路称为网孔。

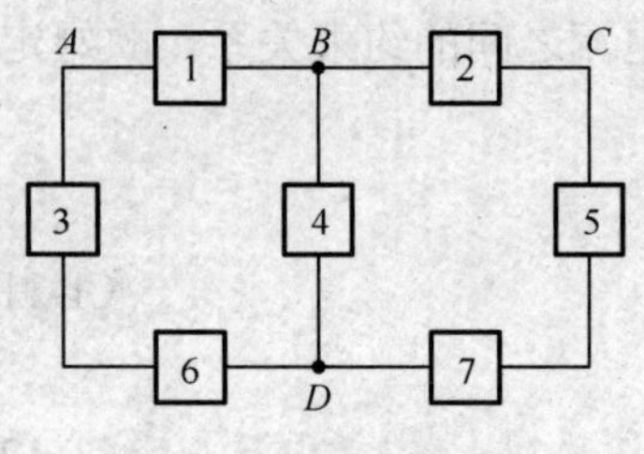

图 1-19　电路示意图

显然，如图 1-19 所示的电路，支路有三条，分别为 *BCD*、*BAD*、*BD*；节点有两个，分别为 *B* 点和 *D* 点；回路有三个，分别为 *BCDB*、*BADB*、*ABCDA*；网孔有两个，分别为 *ABDA* 和 *BCDB*。

1. 基尔霍夫电流定律

基于电流的连续性，电路中任意一点都不会有电荷的堆积，由此推导出基尔霍夫电流定律，其英文缩写为 KCL。基尔霍夫电流定律适用于电路的节点，是对节点电流的约束。其内容可以表述为：在任何时刻，流入电路中任意一个节点的电流之和应该等于由该节点流出的电流之和。KCL 的表达式为

$$\sum i_{入}=\sum i_{出} \tag{1-13}$$

整理式（1-13），可得 KCL 的另一种形式为

$$\sum i=0 \tag{1-14}$$

上式表示：在任意时刻，电路中任意一个节点电流的代数和等于零。若规定流入某节点的电流为正，则由该节点流出的电流就为负。当然，也可做相反的规定。

KCL 的应用步骤如下。

（1）依据电流的参考方向，列写节点的 KCL 方程，即 $\sum i_{入}=\sum i_{出}$。

（2）代入已知量的值，求解未知量。

【例 1-4】　如图 1-20 所示电路，已知 I_1=3A，I_2=−5A，求 I_3。

解：（1）依据电流的参考方向，列写节点的电流方程为

$$I_1 + I_2 + I_3 = 0$$

（2）代入已知电流值，求解未知量。

$$3 + (-5) + I_3 = 0$$

$$I_3 = 2\text{A}$$

KCL 也可以推广应用于电路的任意假设闭合面，即在任何时刻，流入电路中任意一个假设闭合面的电流之和等于从该闭合面流出的电流之和。

【例 1-5】　如图 1-21 所示的电路，已知 I_1=−4A，I_2=10A，I_4=2A，求 I_3、I_5。

解：对于 *ABCA* 闭合面应用 KCL，则

$$I_1 = I_2 + I_3$$

$$I_3 = -14\text{A}$$

对于节点 *B* 应用 KCL，则

$$I_2 + I_4 = I_5$$

$$I_5 = 12\text{A}$$

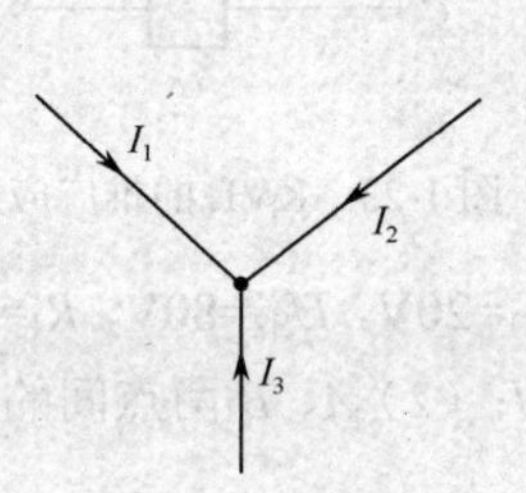

图 1-20　例 1-4 电路图

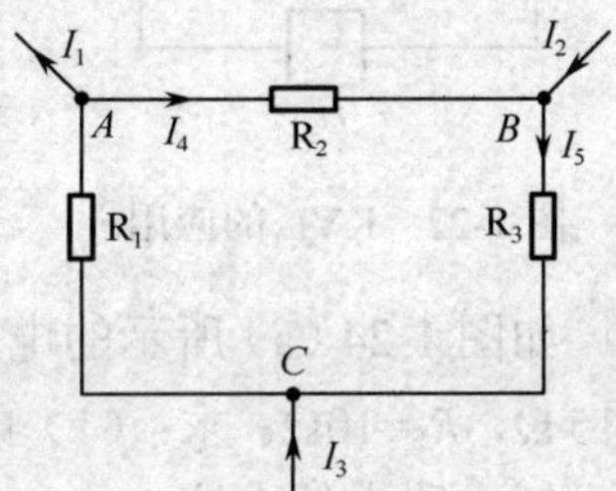

图 1-21　例 1-5 电路图

2．基尔霍夫电压定律

基尔霍夫电压定律是基于电位的单值性推导出来的。由前面所学的内容可知，在选定了参考点以后，电路中的每一点都有各自确定的电位值，因此单位正电荷从电路的任意一点出发，沿任一闭合路径绕行一周，绕行过程中，电压升必然等于电压降，这样回到出发点，才能具有出发点的电位值。由此推导出基尔霍夫电压定律，其英文缩写为 KVL。基尔霍夫电压定律适用于闭合回路，是对回路电压的约束。其内容可以表述为：在任何时刻，沿任意一个方向，绕行闭合回路一周，各段电压的代数和恒等于零。即

$$\sum u = 0 \qquad (1\text{-}15)$$

KVL 的应用步骤如下。

（1）设定各元件电压的参考方向（对于电阻元件，先设定电流的参考方向，并设定其电压与电流为关联参考方向）及回路的绕行方向。

（2）从回路的任意一点出发，沿绕行方向循环一周，回到出发点，列写电压方程$\Sigma u=0$。列写方程时，电压升取正，电压降取负。当然，也可做相反的规定。

（3）代入已知量的值，求解未知量。

应用 KVL 的关键，是对选定的闭合回路列写出正确的电压方程。例如，对于图 1-22 所示的回路，选择顺时针绕行方向，则 KVL 方程为

$$U_1 - U_2 - U_3 - U_4 = 0$$

KVL 也可以推广应用于未闭合回路。其方法是：将未闭合回路假想为一个闭合回路，然后，按照对闭合回路列写电压方程的方法来列写假想闭合回路的电压方程，再求解未知量。以图 1-23 所示的电路为例，*A*、*B* 两点之间为开路，则可以假想 *ABCDA* 为闭合回路，列写的电压方程为

$$U_1 - U_{AB} - U_2 - U_3 = 0$$

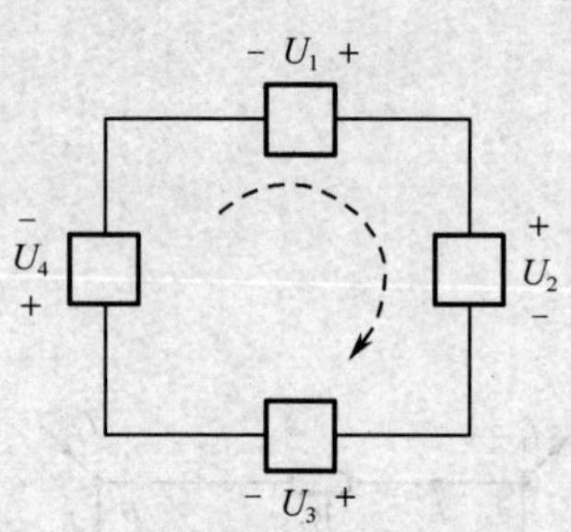

图 1-22　KVL 的应用

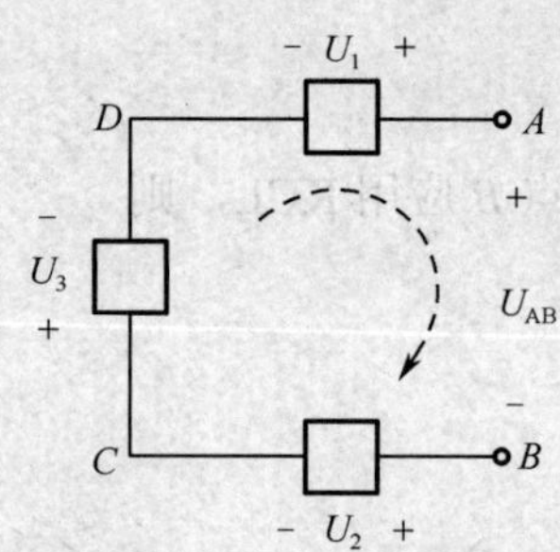

图 1-23　KVL 的推广应用

【例 1-6】　如图 1-24（a）所示的电路中，已知 U_{S1}=20V，U_{S2}=80V，R_1=10Ω，R_2=10Ω，R_3=15 Ω，R_4=15 Ω，R_5=10Ω。求：（1）电路中的电流 *I*；（2）*A*、*B* 两点间的开路电压 U_{AB}。

解：（1）求解电路中的电流 *I*。

① 假定电流的参考方向、各元件电压的参考方向及回路的绕行方向，如图 1-24（b）所示。

② 对回路列写电压方程$\Sigma U=0$。列写方程时电压升取正，电压降取负。则

$$U_{S1} - U_{R1} - U_{R2} - U_{R3} - U_{S2} - U_{R4} - U_{R5} = 0$$

即

$$U_{S1} - IR_1 - IR_2 - IR_3 - U_{S2} - IR_4 - IR_5 = 0$$

③ 代入已知量的值，求解未知量。

$$I = -1\text{A}$$

I 为负值，说明电流的实际方向与假定的参考方向相反。

（2）求解开路电压 U_{AB}。

对于图 1-24（b）所示的电路，将 *ABCDA* 假想为一个闭合回路，列写该回路的 KVL 方程。则

$$U_{S1} - U_{R1} - U_{AB} - U_{R5} = 0$$

即

$$U_{S1}-IR_1-U_{AB}-IR_5=0$$
$$20-(-1)\times10-U_{AB}-(-1)\times10=0$$
$$U_{AB}=40V$$

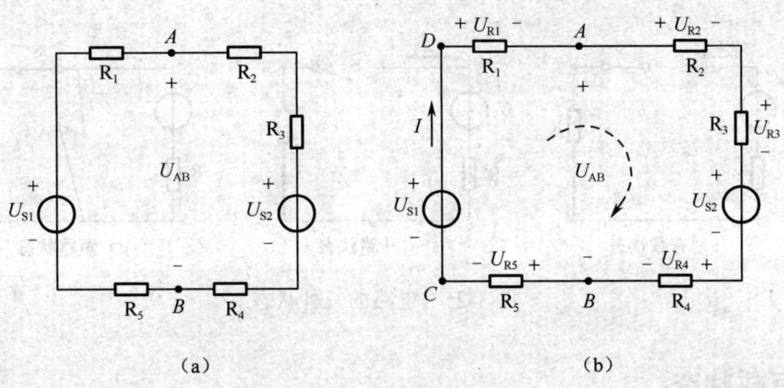

图 1-24　例 1- 6 电路图

【思考与练习】

1.4.1　欧姆定律的适应条件是什么？

1.4.2　简述基尔霍夫电流定律和电压定律的基本内容。

1.4.3　在应用基尔霍夫电流定律时，节点处各支路电流的参考方向不能均设为流入节点，否则将只有流入节点的电流而无流出节点的电流。这种说法正确吗？

1.4.4　求题 1.4.4 图所示电路中的电流 I。

1.4.5　求题 1.4.5 图所示电路的电压 U。

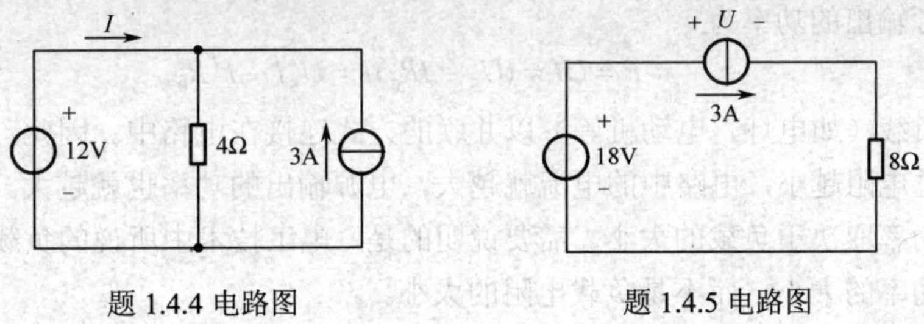

题 1.4.4 电路图　　　　题 1.4.5 电路图

1.4.6　如题 1.4.6 图所示电路中，已知 I=3A，求电压 U 的值。

1.4.7　如题 1.4.7 图所示电路中，写出电压 U 与电流 I 的关系。

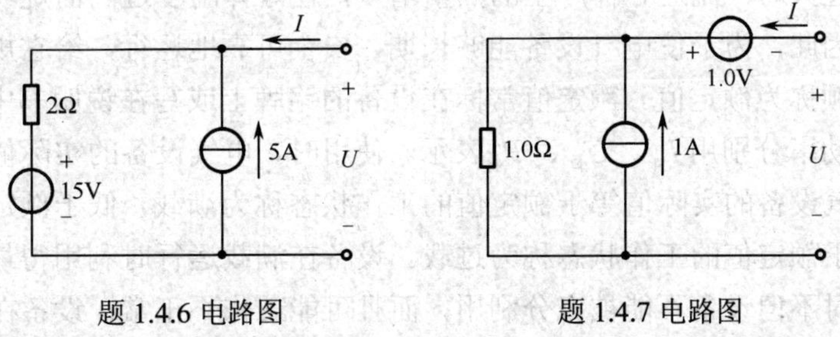

题 1.4.6 电路图　　　　题 1.4.7 电路图

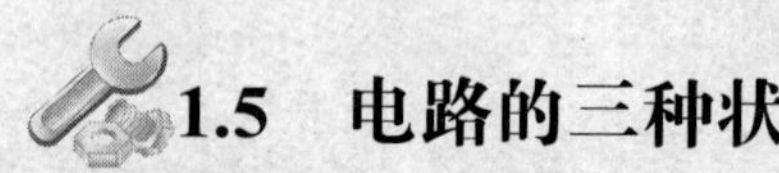

1.5　电路的三种状态

在实际用电过程中，电路有三种基本状态，分别为有载、开路及短路。下面以图 1-25 所示电路为例介绍电路的三种基本状态。

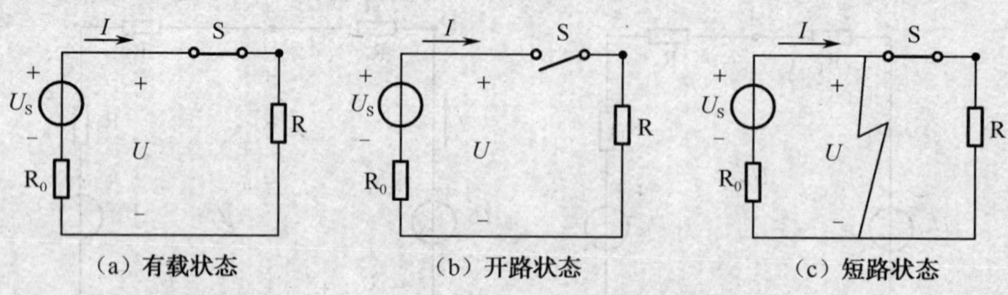

图 1-25　电路的三种状态

1.5.1　有载状态

在图 1-25（a）所示的电路中，开关 S 闭合，电源与负载接通，电路中产生电流，并向负载输出电流和功率，这种状态称为有载状态。电路有载工作时有如下特征。

（1）电路中的电流为

$$I = \frac{U_S}{R_0 + R} \tag{1-16}$$

（2）电源的端电压为

$$U = U_S - IR_0 \tag{1-17}$$

（3）电源输出的功率为

$$P = UI = (U_S - IR_0)I = U_S I - I^2 R_0 \tag{1-18}$$

通常，负载（如电灯、电动机等）以并联的方式连接在电路中。因此，电路中接入的负载越多，总电阻越小，电路中的电流就越大，电源输出的功率也就越大。因此，电源输出的电流和功率取决于负载的大小。需要说明的是，电工技术中所说的负载的大小是指负载的电流或功率的大小，而不是负载电阻的大小。

电气设备在工作时所能承受的电压、电流和电功率是有限的，因此，并联的负载不能无限地增加。当电压过高时，超过设备内部绝缘材料的绝缘强度而发生击穿的现象称为电击穿；当电流过大时，流经导体产生的热量增多，使导体温度过高而烧坏电气设备的现象称为热击穿。因此，为了使电气设备能够长期、安全可靠地运行，给它规定了一定的使用限额，这种限额称为额定值。额定值常标在设备的铭牌上或写在说明书中，额定电流、额定电压和额定功率分别用 I_N、U_N、P_N 表示。使用时，电气设备的实际值不一定等于它们的额定值。电气设备的实际值等于额定值的工作状态称为满载，低于额定值的工作状态称为轻载，而高于额定值的工作状态称为过载。设备在满载运行时利用得最充分、最经济合理；轻载运行时不但设备不能被充分利用，而且可能工作不正常；设备在过载情况下工作时，如果超过额定值不多，并且持续时间不长，不一定会造成明显的事故，但可能影响设备的寿命，因此，一般是不允许过载的。实际中，为了确保设备的安全，常常要在电路中加入过载保护电器或电路。

1.5.2　开路状态

将图 1-25（b）中的开关 S 断开，电路未构成闭合回路，称为开路状态。电路开路时有如下特征。

（1）电路中的电流为

$$I = 0 \tag{1-19}$$

（2）电源的端电压为

$$U = U_S - IR_0 = U_S \tag{1-20}$$

（3）电源输出的功率为

$$P = 0 \tag{1-21}$$

1.5.3　短路状态

在图 1-25（c）中，当电源的两个端钮被连接在一起时，电源被短路。电源短路时，电流由短路处经过，不再流过负载。此时，外电路的电阻可以视为零，所以电源的端电压为零。由于回路中仅有很小的电源内阻 R_0，所以此时的电流非常大，称为短路电流，用 I_S 表示。

电源短路时有如下特征。

（1）电源输出的电流 I 及短路电流 I_S 为

$$I = 0\text{，}\ I_S = \frac{U_S}{R_0} \tag{1-22}$$

（2）电源的端电压为

$$U = 0 \tag{1-23}$$

（3）电源产生的功率 P_E 及负载消耗的功率 P 为

$$P_E = I_S{}^2 R_0\text{，}\ P = 0 \tag{1-24}$$

电源的短路通常是一种严重的事故，因此，通常在电路中接入熔断器等保护器件，以便在电源短路时，能迅速将电路断开，保护电源。为了工作需要而将局部电路短路不属于事故，常常将人为安排的短路称为短接。

【例 1-7】　某一直流电压源，若其开路电压 U_0=20V，短路电流 I_S=10A，则其电动势 E 和内阻 R_0 分别为多少？

解：电源开路时，电路中的电流为零，内阻 R_0 上的电压为零，因此

$$E = U_0 = 20\text{V}$$

电源短路时，电源的电动势全部加在了内阻上，因此

$$R_0 = \frac{E}{I_S} = \frac{20}{10} = 2\Omega$$

【思考与练习】

1.5.1　简述电路在有载、开路及短路状态时的特点。

1.5.2　电气设备工作中的实际值一定等于额定值吗？

1.5.3　在工作中，若测得某元件电流为零，可以判断发生了什么故障？若测得某元件电压为零，可以判断发生了什么故障？

1.5.4　一只额定值为 40W、220V 的电灯，其额定电流和电阻分别为多少？

1.5.5　额定值为 3W、800Ω 的电阻，使用时电流值和电压值不得超过多少？

1.5.6　两只额定电压为 100V 的电灯泡串联起来能否安全地接到 200V 的电源上使用？

1.5.7　将额定值为 40W、220V 的白炽灯和 220V、100W 的白炽灯串联后接到 220V 的电源上，试比较两灯的亮度。

本章小结

1．电路及电路模型

（1）电路的组成：电路都是由电源、负载和中间环节三个基本部分组成的。

（2）电路的作用：电路的作用是实现电能与其他形式能的转换，具体作用主要体现在以下两个方面。

① 实现电能的传输和转换。

② 实现电信号的传递和处理。

（3）理想电路元件及电路模型。

只表示一种电磁性质的元件称为理想电路元件。理想电路元件主要有电阻元件、电感元件、电容元件、电源元件等，由理想电路元件组成的电路称为实际电路的电路模型。

2．电路的主要物理量

电路的主要物理量有电流、电压、电位、电动势和电功率等。在分析电路时，图中标注的都是参考方向，为了便于分析电路，常常假定电压与电流的参考方向为关联参考方向。当电压与电流的参考方向关联时，$P=ui$；当电压与电流的参考方向非关联时，$P=-ui$。$P>0$，表明一段电路消耗功率，为负载；$P<0$，表明一段电路产生功率，为电源。

3．电压源和电流源

能提供确定电压的元件称为理想电压源。实际电压源模型可以用理想电压源和内阻的串联来表示，其外特性表达式为 $U=U_S-IR_0$。能提供确定电流的元件称为理想电流源。实际电流源模型可以用理想电流源和内阻的并联来表示，其外特性表达式为 $I=I_S-\frac{U}{R_0}$。

4. 电路的基本定律

电路的基本定律为欧姆定律和基尔霍夫定律。欧姆定律反映了线性电阻元件两端的电压与流过的电流之间的约束关系，欧姆定律适用于线性电阻元件。基尔霍夫电流定律适用于电路的节点，是对节点电流的约束，也可推广应用于任意假定的闭合面；基尔霍夫电压定律适用于闭合回路，是对回路电压的约束，也可推广应用于未闭合回路。

5. 电路的三种状态

电路的三种基本状态分别为有载、开路及短路。有载工作时，应尽量使设备在额定值的状态下运行。短路通常是一种严重的事故，短路电流很大，应尽力避免。

习题

1.1　求题 1.1 图所示各电路中各电源的功率，并指出是产生功率还是消耗功率。

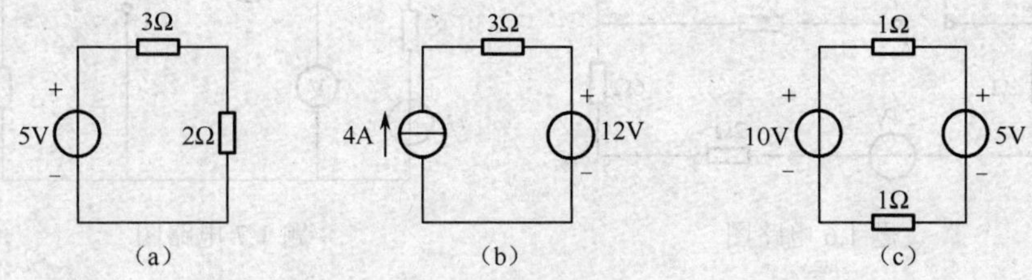

题 1.1 电路图

1.2　在题 1.2 图所示电路中，5 个元件电流和电压的参考方向如图中所示，今通过实验测量，得知 $I_1=-1\text{A}$，$I_2=1.5\text{A}$，$I_3=2.5\text{A}$，$U_1=35\text{V}$，$U_2=-22\text{V}$，$U_3=15\text{V}$。

（1）试标出各电流的实际方向和各电压的实际极性（可另画一图）。

（2）计算各元件的功率并判断哪些元件是电源，哪些是负载。

1.3　在题 1.3 图所示电路中，已知 $I_1=12\text{mA}$，$I_2=4\text{mA}$。试确定元件 N 中的电流 I_3 和它两端的电压 U_3，并说明它是电源还是负载。

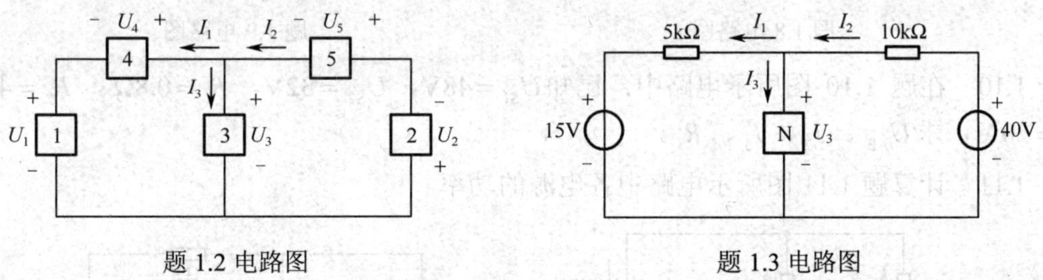

题 1.2 电路图　　　　题 1.3 电路图

1.4　用题 1.4 图所示电路可以测量并绘制实际电源的外特性曲线。今测得某直流电压源的空载电压为 $U_{\text{OC}}=225\text{V}$，负载时的电流和电压分别为 $I=10\text{A}$、$U=220\text{V}$。试绘制此电源的外特性曲线，并建立此电源的电压源模型及电流源模型。

1.5　指出题 1.5 图所示电路中有多少节点和支路，并求电压 U_{AB} 和电流 I。

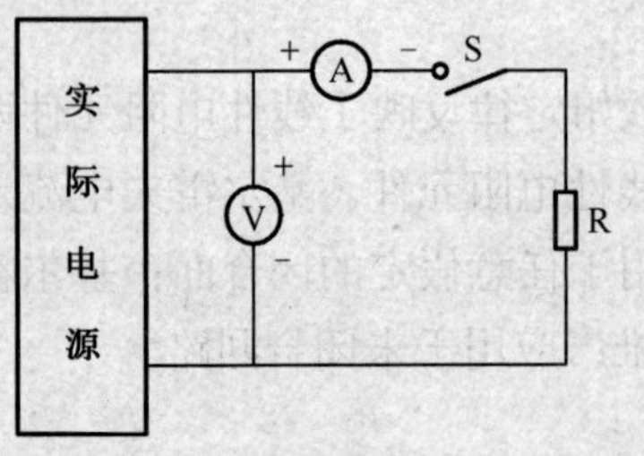

题 1.4 电路图

题 1.5 电路图

1.6　求题 1.6 图所示电路 A、B 两点之间的电压 U_{AB}。

1.7　在题 1.7 图所示的电路中，已知 $U_S = 10V$，$R_0 = 0.1\Omega$，$R = 1k\Omega$。求开关 S 在不同位置时，电流表和电压表的读数各为多少？

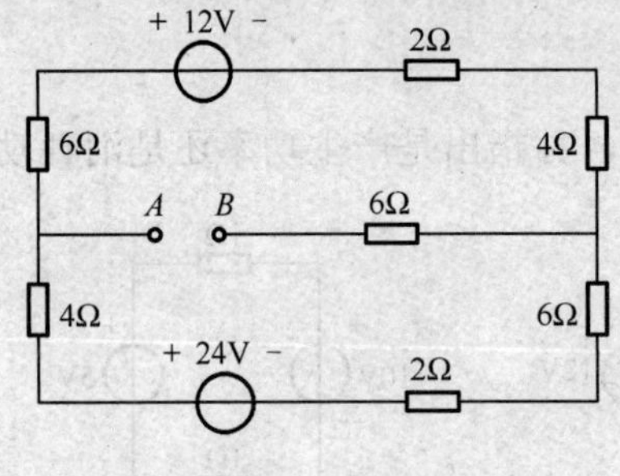

题 1.6 电路图

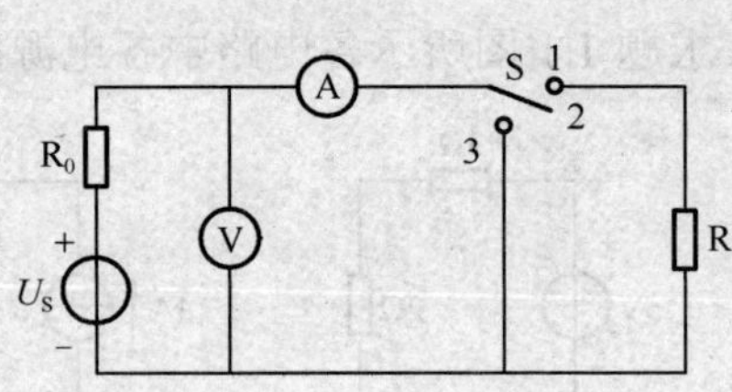

题 1.7 电路图

1.8　求题 1.8 图所示电路中负载的功率。

1.9　求题 1.9 图所示电路中的电压 U_{AC} 和 U_{BD}。

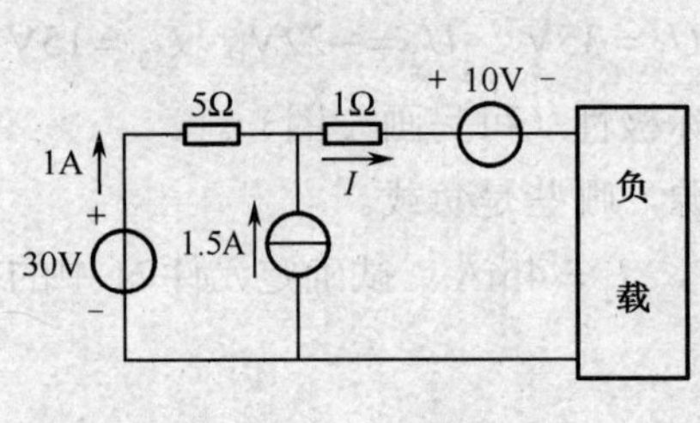

题 1.8 电路图

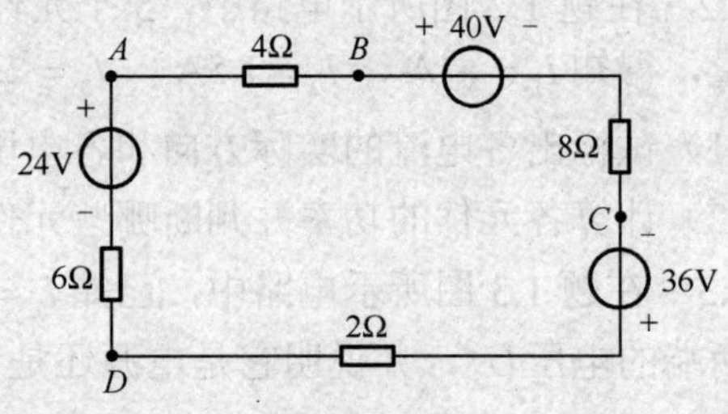

题 1.9 电路图

1.10　在题 1.10 图所示电路中，已知 $U_{S1} = 48V$，$U_{S2} = 32V$，$R_1 = 0.8\Omega$，$R_2 = 4\Omega$，$I_1 = 20A$，求 U_{AB}、I_2、I_3、R_3。

1.11　计算题 1.11 图所示电路中各电源的功率。

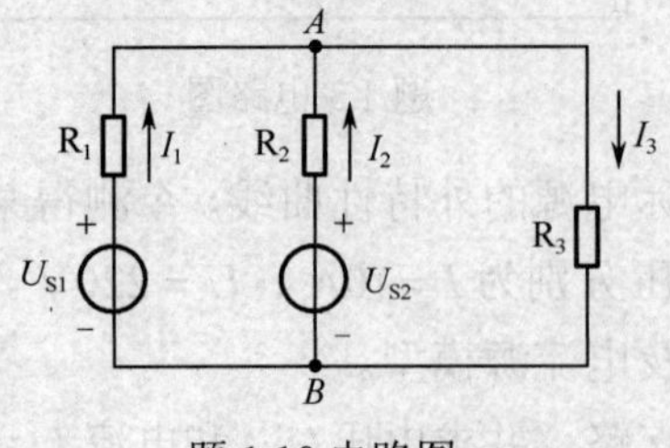

题 1.10 电路图

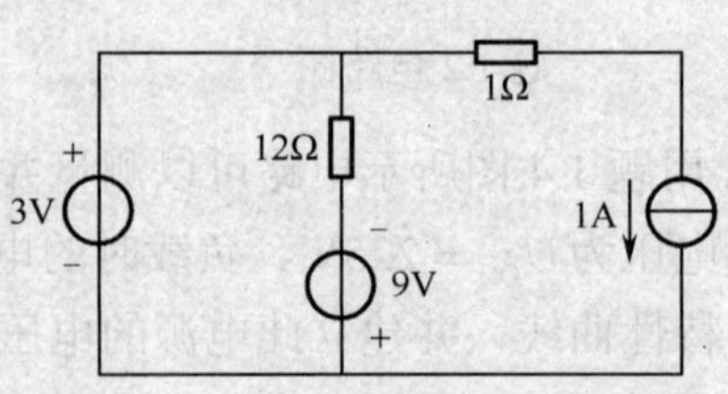

题 1.11 电路图

1.12　试求题1.12图所示电路中 A 点的电位。

1.13　试求题1.13图所示电路中 A 点和 B 点的电位。如将 A、B 两点之间直接相连或接一电阻，对电路工作有无影响？

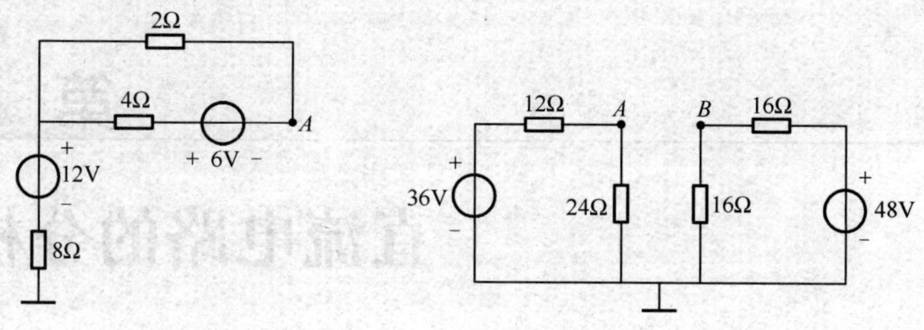

题1.12电路图　　　　　　　　　　　　题1.13电路图

1.14　在题1.14图所示电路中，已知 A 点电位为 $V_A = -10\text{V}$，求电流 I_1、I_2、I_3。

1.15　在题1.15图所示电路中，如果10Ω电阻上的电压降为30V，其极性如图所示，求 R 及 A 点电位。

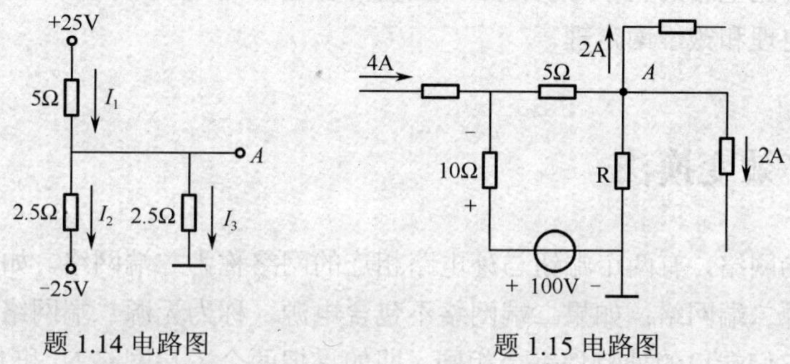

题1.14电路图　　　　　　　　　　　　题1.15电路图

1.16　一直流发电机，其额定电压为 $U_N = 220\text{V}$，额定功率为 $P_N = 1.1\text{kW}$。

（1）试求该发电机的额定电流 I_N 和额定负载电阻 R_N。

（2）将5只220V、20W的灯泡并联作为该发电机的负载，这些灯泡是否能正常工作？为什么？

1.17　一直流电源，其开路电压为220V，短路电流为88A。现将一个220V、40W的电烙铁接在该电源上，电烙铁能否正常工作？它实际消耗多少功率？

第 2 章 直流电路的分析方法

本章介绍直流电路的基本分析方法，主要内容包括：等效变换法、支路电流法、节点电压法、叠加定理和戴维南定理。

2.1 等效变换法

电路也称为网络，有两个端钮与外电路相连的网络称为二端网络。如果二端网络含有电源，称为有源二端网络；如果二端网络不包含电源，称为无源二端网络。两个二端网络等效的条件是它们端口的外特性完全相同，即如果把两个二端网络 N_1 和 N_2 接到任何相同的电源上，得到的端口电压和电流完全相同，则称二端网络 N_1 和 N_2 等效。但等效只是对外电路而言，二端网络内部并不等效。两个二端网络等效，就可以进行等效变换，以便达到简化电路分析和计算的目的。本节介绍电阻串并联连接的等效变换、理想电源串并联连接的等效变换及实际电源两种模型之间的等效变换。

2.1.1 电阻串并联连接的等效变换

对电阻元件而言，其主要有串联和并联这两种连接方式，串联电阻具有分压作用，并联电阻具有分流作用。

1. 电阻串联电路的等效变换

（1）电阻串联。

两个或多个电阻依次首尾连接，通过的是同一电流，这种电阻的连接方式称为电阻串联。

（2）等效变换。

电阻串联电路可以用一个等效电阻来代替，使电路得到简化，如图 2-1 所示。等效电

阻的计算公式为

$$R = R_1 + R_2 + \cdots + R_n \tag{2-1}$$

（3）串联电阻的分压作用。

串联电阻具有分压作用，阻值较大的电阻分得的电压较高，阻值较小的电阻分得的电压较低。两个电阻串联的分压公式为

$$U_1 = IR_1 = \frac{R_1}{R_1 + R_2}U\text{，}\ U_2 = IR_2 = \frac{R_2}{R_1 + R_2}U \tag{2-2}$$

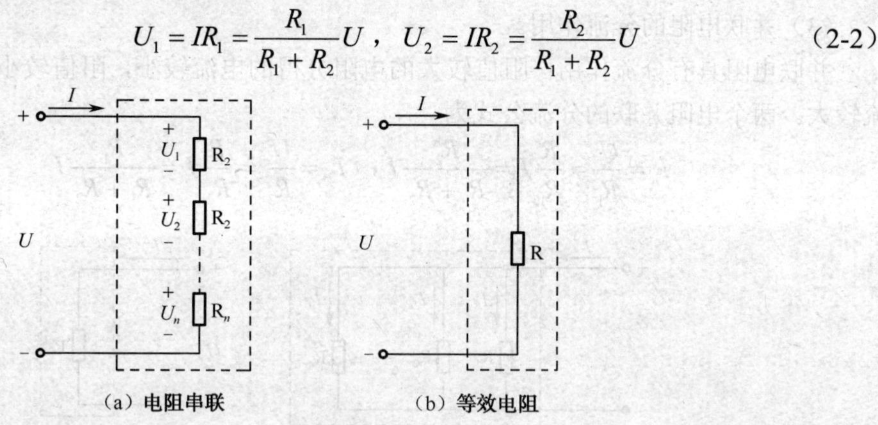

图 2-1　电阻串联的等效变换

【例 2-1】　如图 2-2 所示，有一个万用表的表盘，其内阻 R_g=1000Ω，满偏电流 I_g=100μA，要把量程扩大到 U=10V，求需要串入的电阻 R。

解： 利用表盘串联电阻可以扩大电压表的量程，电路如图 2-2 所示。

直接用表盘可以测得电压的最大值为

$$U_g = I_g R_g = 100 \times 10^{-6} \times 1000 = 0.1\text{V}$$

串入的电阻应分得的电压为

$$U_R = U - U_g = 10 - 0.1 = 9.9\text{V}$$

串入的电阻 R 为

$$R = \frac{U_R}{I_g} = \frac{9.9}{100 \times 10^{-6}} = 99000\Omega = 99\text{k}\Omega$$

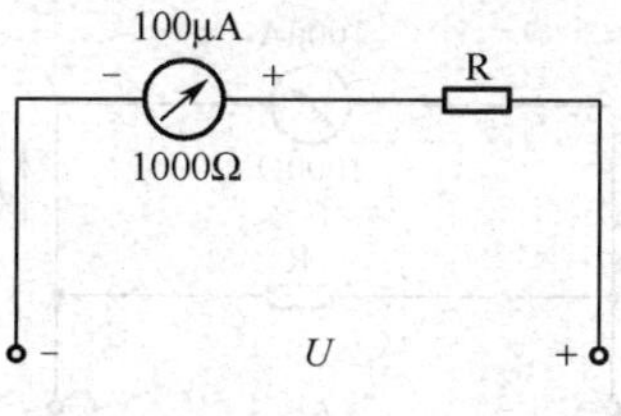

100μA
R
1000Ω
U

图 2-2　例 2-1 电路图

2．电阻并联电路的等效变换

（1）电阻并联。

两个或多个电阻首端和尾端分别接在一起，各电阻承受同一电压，这种电阻的连接方式称为电阻并联。

（2）等效变换。

电阻并联电路可以用一个等效电阻来代替，使电路得到简化，如图 2-3 所示。等效电阻的计算公式为

$$\frac{1}{R}=\frac{1}{R_1}+\frac{1}{R_2}+\cdots+\frac{1}{R_n} \tag{2-3}$$

（3）并联电阻的分流作用。

并联电阻具有分流作用，阻值较大的电阻分得的电流较小，阻值较小的电阻分得的电流较大。两个电阻并联的分流公式为

$$I_1=\frac{U}{R_1}=\frac{R}{R_1}I=\frac{R_2}{R_1+R_2}I\text{，}\quad I_2=\frac{U}{R_2}=\frac{R}{R_2}I=\frac{R_1}{R_1+R_2}I \tag{2-4}$$

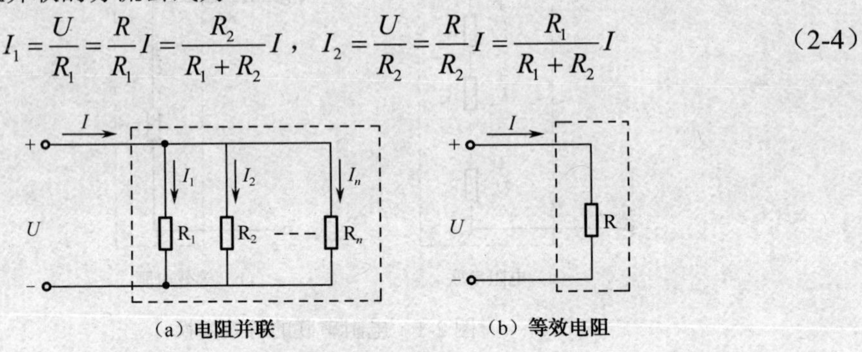

（a）电阻并联　　（b）等效电阻

图 2-3　电阻并联的等效变换

【例 2-2】 如图 2-4 所示，有一个万用表的表盘，其内阻 R_g=1000Ω，满偏电流 I_g=100μA，要把量程扩大到 I=1A，求需要并入的电阻 R。

解： 表盘两端电压的最大值为

$$U_g=I_gR_g=0.1\text{V}$$

并入的电阻应分得的电流为

$$I_R=I-I_g=1-100\times10^{-6}=0.9999\text{A}$$

并入的电阻 R 为

$$R=\frac{U_g}{I_R}=\frac{0.1}{0.9999}=0.1\Omega$$

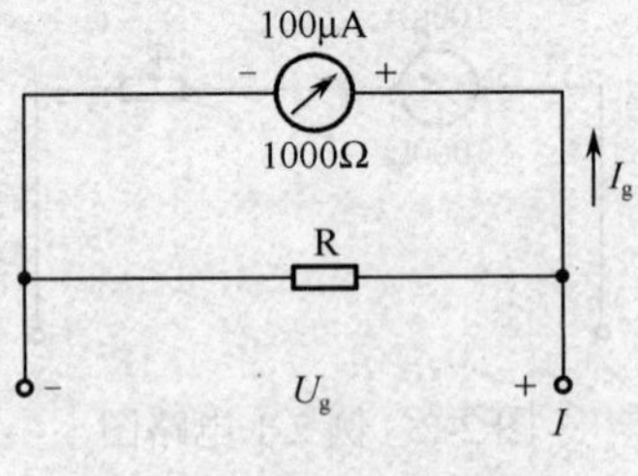

图 2-4　例 2-2 电路图

实际电路往往是既有串联，又有并联的混联电路，但都可以用串联和并联等效电阻的计算公式进行简化。

2.1.2　理想电源串并联连接的等效变换

1．理想电压源串联的等效变换

两个或多个理想电压源串联后向外电路供电，对外电路而言，可以用一个与之等效的理想电压源来代替。下面以多个直流理想电压源串联的电路为例，来推导其等效理想电压源电压的计算公式。对如图2-5（a）所示的电路列写KVL方程，可得等效理想电压源的电压 U_S 为

$$U_S = U_{S1} + U_{S2} + \cdots + U_{Sn} \tag{2-5}$$

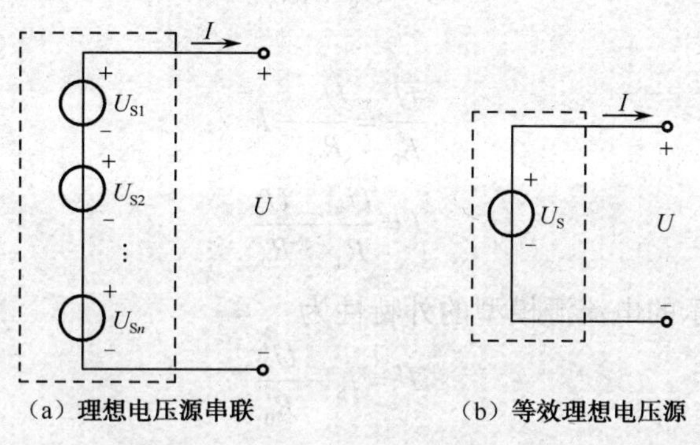

（a）理想电压源串联　　（b）等效理想电压源

图2-5　理想电压源串联的等效变换

可见，等效理想电压源的电压等于串联理想电压源各电压的代数和。应当注意，对于式（2-5），串联理想电压源中与等效理想电压源极性相反的电压取负值。

2．理想电流源并联的等效变换

两个或多个理想电流源并联后向外电路供电，对外电路而言，可以用一个与之等效的理想电流源来代替。下面以多个直流理想电流源并联的电路为例，来推导其等效理想电流源电流的计算公式。对如图2-6（a）所示的电路列写KCL方程，可得等效理想电流源的电流 I_S 为

$$I_S = I_{S1} + I_{S2} + \cdots + I_{Sn} \tag{2-6}$$

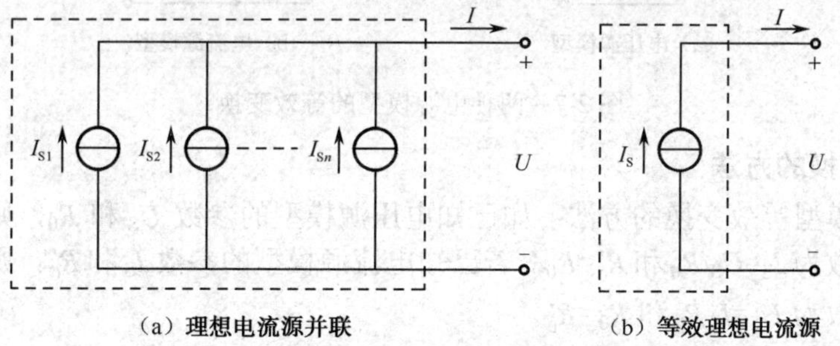

（a）理想电流源并联　　（b）等效理想电流源

图2-6　理想电流源并联的等效变换

可见，等效理想电流源的电流等于并联理想电流源各电流的代数和。应当注意，对于式（2-6），并联理想电流源中与等效理想电流源方向相反的电流取负值。

2.1.3 实际电源两种模型之间的等效变换

电阻串并联等效变换可以将无源二端网络等效化简，而两种电源模型之间的等效变换可以将有源二端网络等效化简，是分析、计算电路的方法之一。

1．等效变换的条件

如图 2-7（a）所示的电压源模型的外特性为

$$U = U_S - IR_0$$

经整理可得

$$\frac{U}{R_0} = \frac{U_S}{R_0} - I$$

$$I = \frac{U_S}{R_0} - \frac{U}{R_0}$$

如图 2-7（b）所示的电流源模型的外特性为

$$I' = I_S - \frac{U'}{R_0'}$$

由于两个二端网络等效的条件是它们端口的外特性完全相同，即 $U = U'$，$I = I'$，因此，要使实际电源的电压源模型和电流源模型等效，相关参数必须满足如下条件，即

$$I_S = \frac{U_S}{R_0}, \quad R_0' = R_0 \tag{2-7}$$

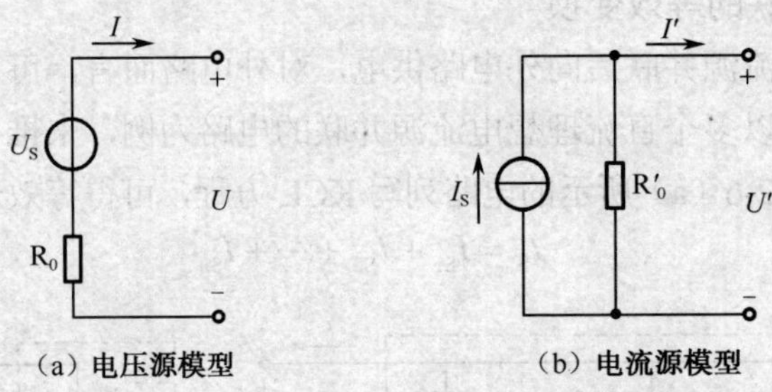

图 2-7 两种电源模型的等效变换

2．等效变换的方法

两种电源模型等效变换的方法：如已知电压源模型的参数 U_S 和 R_0，则与之等效的电流源模型的参数为 $I_S=U_S/R_0$ 和 $R_0'=R_0$；若已知电流源模型的参数 I_S 和 R_0'，则与之等效的电压源模型的参数为 $U_S=I_S R_0'$ 和 $R_0=R_0'$。

等效变换时应当注意：

（1）在进行等效变换时，电压 U_S 的正极性端和电流 I_S 的流出端要对应。

（2）由于理想电压源的内阻为零，理想电流源的内阻为无穷大，不满足 $R_0=R_0'$ 的条件，因此，理想电压源与理想电流源不能等效变换。

【例 2-3】 将如图 2-8（a）所示的电流源模型转换为电压源模型。

解：
$$U_S = I_S R_0' = 5 \times 4 = 20\text{V}$$
$$R_0 = R_0' = 4\Omega$$

电压源电压的参考方向如图 2-8（b）所示。

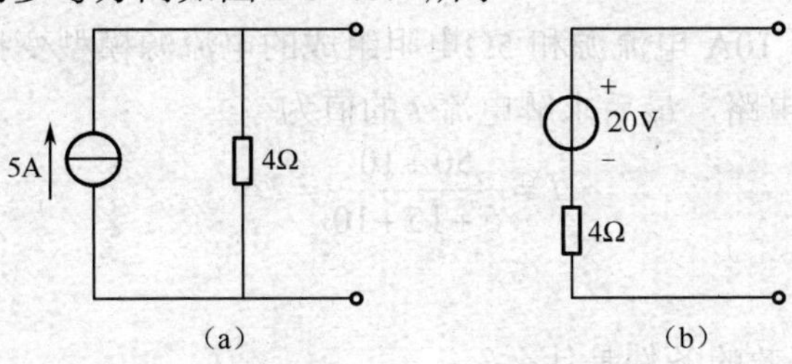

图 2-8　例 2-3 电路图

【例 2-4】　将如图 2-9（a）所示的电压源模型转换为电流源模型。

解：
$$I_S = \frac{U_S}{R_0} = \frac{10}{5} = 2\text{A}$$
$$R_0' = R_0 = 5\Omega$$

电流源电流的参考方向如图 2-9（b）所示。

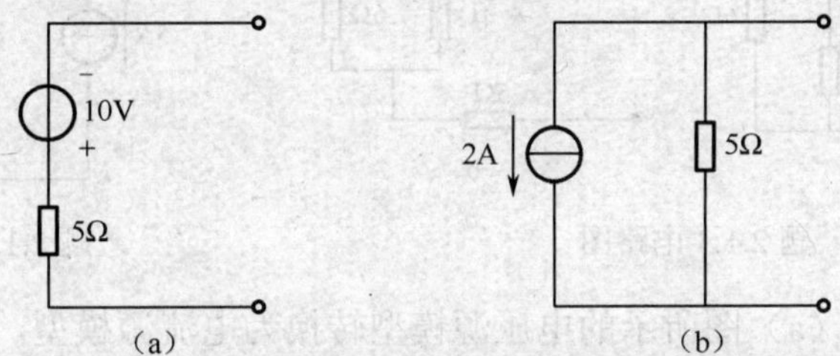

图 2-9　例 2-4 电路图

【例 2-5】　在如图 2-10（a）所示的电路中，求电流 I。

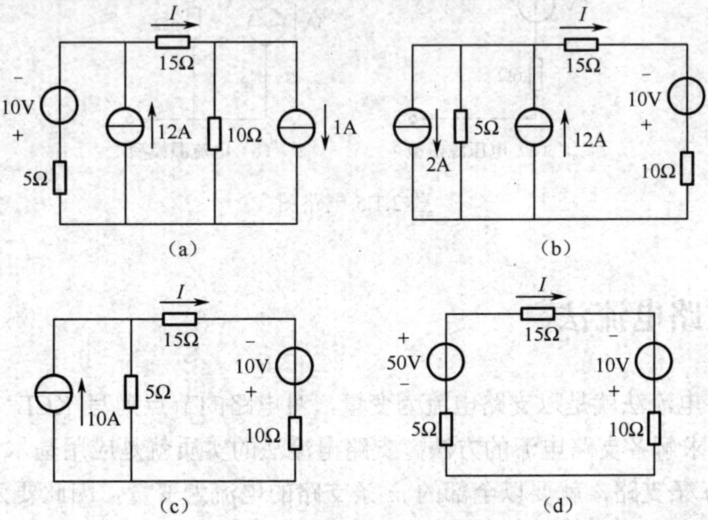

图 2-10　例 2-5 电路图

解：用等效变换法求解该电路。将图 2-10（a）所示的 10V 电压源和 5Ω电阻组成的电压源模型变换为电流源模型，1A 电流源和 10Ω电阻组成的电流源模型变换为电压源模型，得到如图 2-10（b）所示的电路。再将 2A 和 12A 电流源进行等效变换，得到如图 2-10（c）所示的电路。然后，将 10A 电流源和 5Ω电阻组成的电流源模型变换为电压源模型，得到如图 2-10（d）所示的电路，最后求解电流 I 的值为

$$I = \frac{50+10}{5+15+10} = 2\text{A}$$

【思考与练习】

2.1.1　二端网络等效的条件是什么？

2.1.2　两种电源模型等效变换时应注意什么？

2.1.3　已知电路如题 2.1.3 图所示，试计算 A、B 两端的电阻 R_{AB}。

2.1.4　如题 2.1.4 图所示电路中，求 2Ω 电阻中的电流 I 的值。

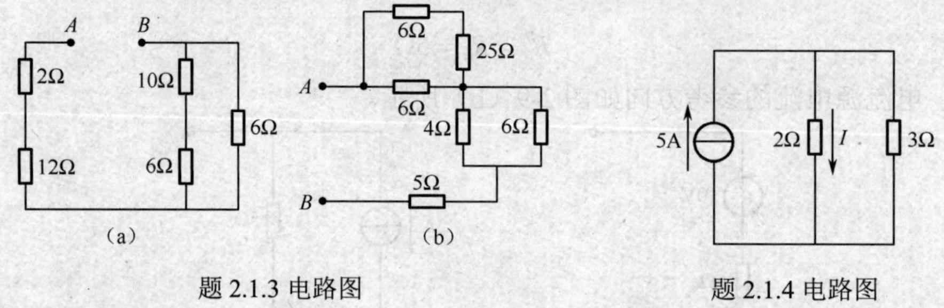

题 2.1.3 电路图　　　　题 2.1.4 电路图

2.1.5　将题 2.1.5（a）图所示的电压源模型转换为电流源模型，题 2.1.5（b）图所示的电流源模型转换为电压源模型。

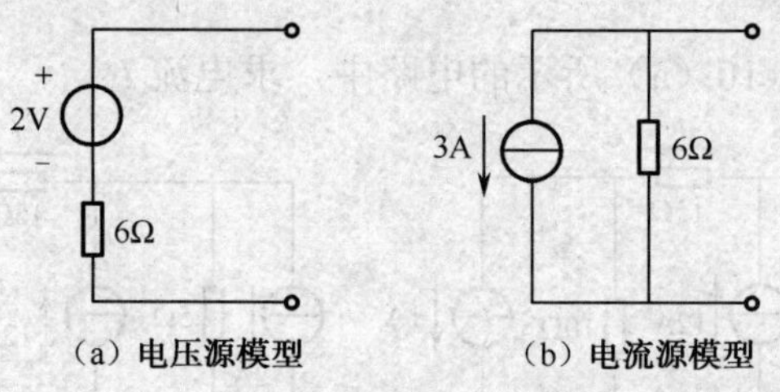

题 2.1.5 电路图

2.2　支路电流法

所谓的支路电流法就是以支路电流为变量，对电路的节点列写 KCL 方程，对回路列写 KVL 方程，求解各支路电流的方法。支路电流法的实质就是应用基尔霍夫定律求解电路。若电路有 m 条支路，就要以全部的 m 条支路的电流为变量，因此要列出 m 个独立方程，这是应用支路电流法的关键。当要求解多条支路的电流时，应用支路电流法比较方便。

应用支路电流法，可以按以下步骤求解电路。

（1）确定支路数 m，设定各支路的电流。

（2）确定节点数 n，列写 $n-1$ 个独立的 KCL 方程。

（3）选定回路，列写 $m-(n-1)$ 个独立的 KVL 方程。为了保证列出的每个方程都是独立的，常用的方法是对网孔列写 KVL 方程。

（4）联立方程式，求解各支路电流。

【例 2-6】　如图 2-11 所示的电路，已知 U_{S1}=20V，U_{S2}=11V，R_1=5Ω，R_2=3Ω，R_3=5Ω，R_4=1Ω，求支路电流 I_1、I_2、I_3。

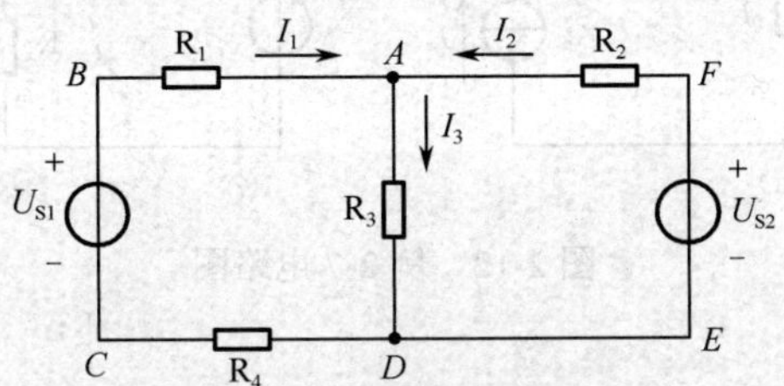

图 2-11　例 2-6 电路图

解：（1）确定支路数 m。本例电路中共有 m=3 条支路，支路电流分别为 I_1、I_2、I_3。

（2）确定节点数 n。本例电路中共有 n=2 个节点，只需列 $n-1$=2−1=1 个 KCL 方程。对节点 A 列写 KCL 方程，即

$$I_1 + I_2 = I_3$$

（3）选定回路，列写 $m-(n-1)$=3−（2−1）=2 个独立的 KVL 方程。对网孔 $ABCDA$ 和 $AFEDA$ 列写 KVL 方程，即

$$U_{S1} - I_1R_1 - I_3R_3 - I_1R_4 = 0$$
$$U_{S2} - I_2R_2 - I_3R_3 = 0$$

（4）联立方程式，求解各支路电流。

$$\begin{cases} I_1 + I_2 = I_3 \\ 20 - 5I_1 - 5I_3 - I_1 = 0 \\ 11 - 3I_2 - 5I_3 = 0 \end{cases}$$

解方程组，得

$$\begin{cases} I_1 = 1.67\text{A} \\ I_2 = 0.33\text{A} \\ I_3 = 2\text{A} \end{cases}$$

【例 2-7】　如图 2-12 所示的电路，已知 U_S=20V，I_S=1A，$R_1=R_2$=4Ω，R_3=8Ω，求电流 I_1、I_2、I_3。

解：该电路有 3 条支路，3 条支路的电流为 I_1、I_2、I_3，但电流源支路电流 $I_2=I_S$=1A，因此变量只有 I_1 和 I_3 2 个，列写 2 个独立方程即可。由于该电路有 2 个节点，可以列出 1 个 KCL 方程，另外可以对含有电压源的网孔列写 1 个 KVL 方程。这样，就可以满足 2 个

变量，需要 2 个独立方程求解的要求。

$$\begin{cases} I_1 + I_S = I_3 \\ U_S - I_1 R_1 - I_3 R_3 = 0 \end{cases}$$

求解联立方程组，得

$$I_1=1\text{A}，I_2=1\text{A}，I_3=2\text{A}$$

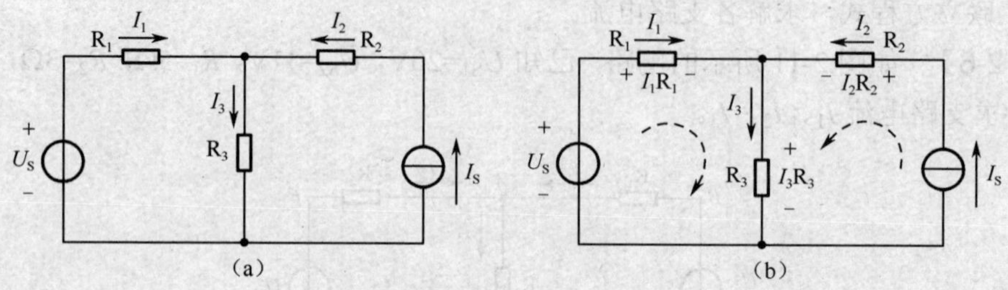

图 2-12　例 2-7 电路图

【思考与练习】

2.2.1　什么是支路电流法？支路电流法的实质是什么？

2.2.2　什么情况下应用支路电流法比较方便？应用支路电流法的关键是什么？

2.2.3　若电路有 n 个节点，m 条支路，应用支路电流法时应列写几个 KCL 方程？几个 KVL 方程？

2.3　节点电压法

若选定电路的任意一个节点为参考节点，则其余节点称为独立节点，独立节点与参考节点之间的电压称为节点电压，节点电压的参考方向总假定为由独立节点指向参考节点。只有两个节点的电路称为单节点偶电路，该电路在电力系统中有较多的应用。本节介绍单节点偶电路（只有两个节点的电路）节点电压和各支路电流的求解方法。

如图 2-13 所示的两个节点的电路，选定 O 点为参考节点，则 A 点为独立节点，节点电压 U_{AO} 的参考方向由 A 点指向 O 点。

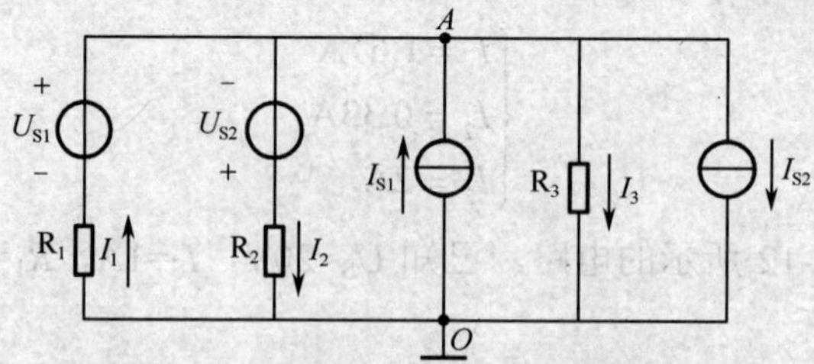

图 2-13　两个节点的电路

由于

$$U_{AO}-U_{S1}+I_1R_1=0$$
$$U_{AO}+U_{S2}-I_2R_2=0$$
$$U_{AO}=I_3R_3$$

则

$$\left.\begin{aligned}I_1&=\frac{U_{S1}-U_{AO}}{R_1}\\I_2&=\frac{U_{S2}+U_{AO}}{R_2}\\I_3&=\frac{U_{AO}}{R_3}\end{aligned}\right\}\tag{2-8}$$

对 A 点列写 KCL 方程，即

$$I_1+I_{S1}=I_2+I_3+I_{S2}$$

将各支路电流代入，得

$$\frac{U_{S1}-U_{AO}}{R_1}+I_{S1}=\frac{U_{S2}+U_{AO}}{R_2}+\frac{U_{AO}}{R_3}+I_{S2}$$

即节点电压为

$$U_{AO}=\frac{\dfrac{U_{S1}}{R_1}-\dfrac{U_{S2}}{R_2}+I_{S1}-I_{S2}}{\dfrac{1}{R_1}+\dfrac{1}{R_2}+\dfrac{1}{R_3}}=\frac{\sum I}{\sum G}\tag{2-9}$$

式（2-9）中，分子为含源支路等效电流的代数和，分母为各支路的电导之和。应当注意的是，当理想电压源端电压参考方向与节点电压参考方向一致时，电压源支路的等效电流取正，相反时取负；电流源的电流流入独立节点时取正，反之取负。求出节点电压后，依据式（2-8）就可以求解各支路的电流。

实质上，节点电压法就是应用基尔霍夫电流定律列出的以节点电压为变量的方程式，并求解节点电压和各支路电流的方法。应用节点电压法，可以按以下步骤求解电路。

（1）假定参考节点，其余节点与参考节点的电压就是节点电压，其参考方向由独立节点指向参考节点。

（2）依据节点电压公式计算节点电压。

（3）计算各支路电流。

【例 2-8】　在图 2-13 所示的电路中，若 U_{S1}=18V，U_{S2}=12V，I_{S1}=3A，I_{S2}=5A，R_1=2Ω，R_2= R_3=4Ω，求节点电压 U_{AO} 及支路电流 I_1、I_2、I_3。

解： 依据式（2-9）可以求得节点电压 U_{AO}。

$$U_{AO}=\frac{\dfrac{U_{S1}}{R_1}-\dfrac{U_{S2}}{R_2}+I_{S1}-I_{S2}}{\dfrac{1}{R_1}+\dfrac{1}{R_2}+\dfrac{1}{R_3}}=\frac{\dfrac{18}{2}-\dfrac{12}{4}+3-5}{\dfrac{1}{2}+\dfrac{1}{4}+\dfrac{1}{4}}=\frac{4}{1}=4\text{V}$$

依据式（2-8）求解支路电流 I_1、I_2、I_3。

$$I_1 = \frac{U_{S1} - U_{AO}}{R_1} = \frac{18-4}{2} = 7\text{A}$$

$$I_2 = \frac{U_{S2} + U_{AO}}{R_2} = \frac{12+4}{4} = 4\text{A}$$

$$I_3 = \frac{U_{AO}}{R_3} = \frac{4}{4} = 1\text{A}$$

【思考与练习】

2.3.1　什么是单节点偶电路？什么是独立节点？什么是节点电压？

2.3.2　应用节点电压公式求解节点电压时应注意什么？

2.4　叠加定理

叠加定理是线性电路的重要性质，是线性电路普遍适用的规律，应用叠加定理可以简化电路的分析和计算。其内容为：在多电源作用的线性电路中，任意一个支路产生的电压或电流等于各个电源分别单独作用在该支路时产生的电压或电流的代数和。

考虑某一电源单独作用时，要假定其他电源不作用于该电路，对不作用的电源进行处理时，只处理理想电源，其内阻保留。不作用的理想电压源提供的电压为零，应视为短路，用短路线代替；不作用的理想电流源提供的电流为零，应视为开路，用开路代替。这样，多电源作用的复杂电路就转换为简单电路，使复杂问题变得简单。但叠加定理仅适用于计算线性电路中的电压和电流，不能用于计算功率。应用叠加定理时，可以按以下步骤求解电路。

（1）画分电路图，并依据分电路图的特点标注待求量的参考方向。

（2）计算各分量。

（3）将各分量叠加，对分量求代数和。求代数和时要考虑分量的正、负，当分量的参考方向与总量的参考方向一致时取正值；相反时取负值。

【例 2-9】　电路如图 2-14（a）所示，用叠加定理计算 3Ω电阻上的电压 U。

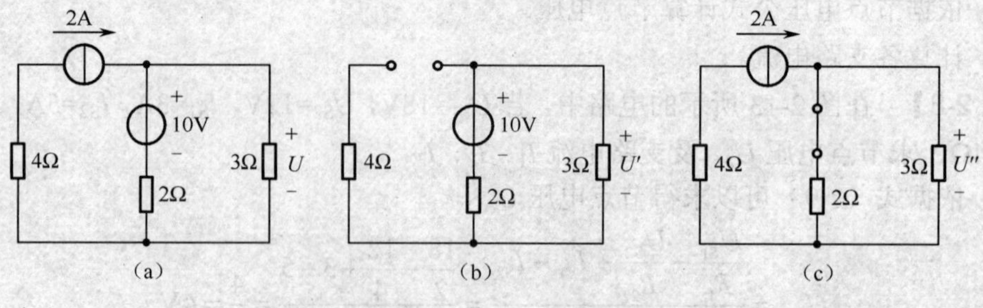

图 2-14　例 2-9 电路图

解：（1）画分电路图。电压源单独作用时，成为单回路电路。电流从正极流出，经过

3Ω电阻时从上向下流，因此其电压U'的参考方向设定为与电流的参考方向关联，为上正下负，如图 2-14（b）所示；电流源单独作用时，2A 的电流被 2Ω和 3Ω电阻分流，U''的参考方向设定为上正下负，如图 2-14（c）所示。

（2）计算各分量。

电压源单独作用时，应用分压公式计算U'。

$$U' = \frac{10}{3+2} \times 3 = 6\text{V}$$

电流源单独作用时，应用分流公式计算 3Ω电阻上的电流，再用欧姆定律计算其上的电压U''。

$$U'' = \frac{2}{2+3} \times 2 \times 3 = 2.4\text{V}$$

（3）将U'和U''叠加，求总电压 U。

因为U'和U''的参考方向与总电压 U 的参考方向相同，因此都取正值。则总电压 U 为

$$U = U' + U'' = 6 + 2.4 = 8.4\text{V}$$

【例 2-10】 电路如图 2-15（a）所示，求电流 I 及 2Ω电阻上的功率 P。

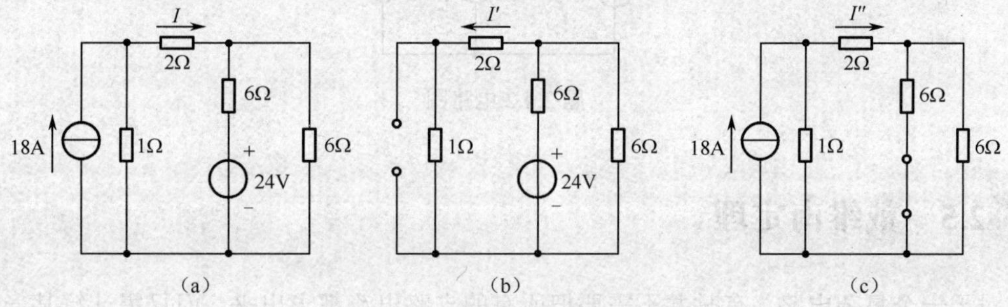

图 2-15 例 2-10 电路图

解：（1）画分电路图，并依据分电路图的特点标注待求量I'和I''的参考方向，如图 2-15（b）和图 2-15（c）所示。

（2）计算各分量。

电压源单独作用时，先求图 2-15（b）所示电压源支路的电流，然后用分流公式求I'。

$$I' = \frac{24}{6 + \frac{(1+2)\times 6}{(1+2)+6}} \times \frac{6}{(1+2)+6} = 2\text{A}$$

电流源单独作用时，用分流公式求图 2-15（c）所示电路中的I''。

$$I'' = \frac{1}{1 + (2 + \frac{6\times 6}{6+6})} \times 18 = 3\text{A}$$

（3）将I'和I''叠加，求总电流 I 及功率 P。

因为I'的参考方向与 I 的参考方向相反，取负值；I''的参考方向与 I 的参考方向相同，取正值。因此，总电流 I 为

$$I = -I' + I'' = -2 + 3 = 1\text{A}$$

功率 P 为

$$P = I^2 \times R = 1^2 \times 2 = 2\text{W}$$

若用叠加定理求功率，则

$$P' = I'^2 \times R = (-2)^2 \times 2 = 8\text{W}$$

$$P'' = I''^2 \times R = 3^2 \times 2 = 18\text{W}$$

$$P = P' + P'' = 26\text{W} \neq 2\text{W}$$

可见，不能用叠加定理计算功率，应在求出电压或电流后，在总电路中求解功率。

【思考与练习】

2.4.1　叠加定理的适用范围是什么？

2.4.2　如题 2.4.2 图所示的电路中，电压源单独作用时，电流 I 的值为多少？电流源单独作用时，电流 I 的值为多少？

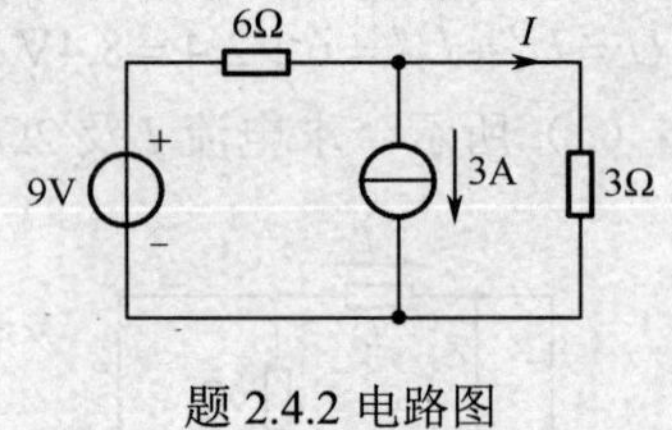

题 2.4.2 电路图

2.5　戴维南定理

对于一个复杂电路，有时并不需要把所有的支路电流都求出来，而只需计算某一支路的电流或电压，在这种情况下，用戴维南定理比较方便。

戴维南定理的内容为：任何一个线性有源二端网络都可以用一个电压为 U_S 的理想电压源与阻值为 R_0 的内阻串联的电压源模型来等效代替，如图 2-16 所示。其中理想电压源的电压 U_S 等于有源二端网络端口的开路电压 U_0，电阻 R_0 等于有源二端网络内部所有理想电源不起作用（所有的电压源短路，所有的电流源开路）时的等效电阻。这个与有源二端网络等效的电压源模型又称为戴维南等效电路，如图 2-16（b）所示，R_0 称为戴维南等效电阻。

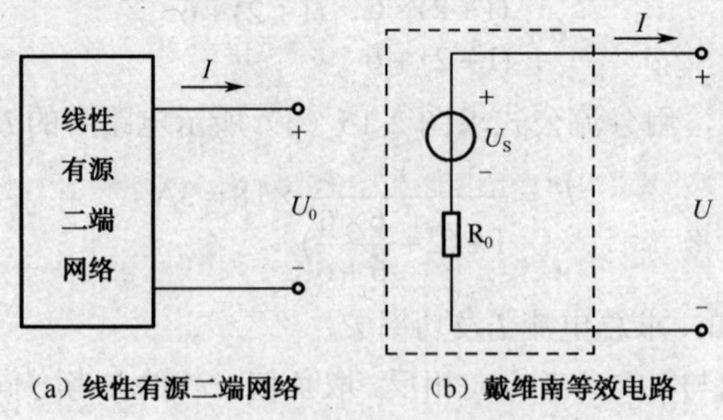

（a）线性有源二端网络　（b）戴维南等效电路

图 2-16　戴维南定理

线性有源二端网络变换为与之等效的电压源模型后，一个复杂的电路就变换为简单电路。应用戴维南定理，可以按以下步骤求解电路。

（1）将待求支路移走，求出余下的有源二端网络的开路电压 U_0，得到戴维南等效电路的 U_S。

（2）将有源二端网络内的理想电源除去（理想电压源短路处理，理想电流源开路处理），求出网络两端的等效电阻，得到戴维南等效电路的 R_0。

（3）画出有源二端网络的戴维南等效电路，将移走的待求支路接在戴维南等效电路的两端，然后求解待求量。

【例 2-11】 求图 2-17（a）所示电路的戴维南等效电路。

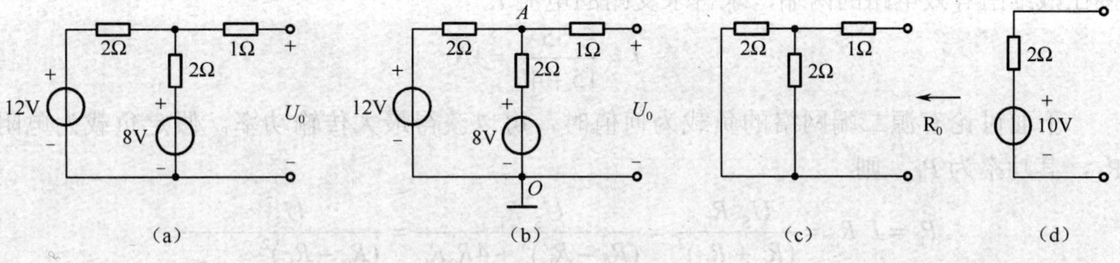

图 2-17　例 2-11 电路图

解：（1）开路电压 U_0 即为 U_{AO}，如图 2-17（b）所示。该电路可以视为两个节点的电路，因此，依据节点电压法求开路电压 U_0。

$$U_0 = \frac{\frac{12}{2}+\frac{8}{2}}{\frac{1}{2}+\frac{1}{2}} = \frac{10}{1} = 10\text{V}$$

（2）将有源二端网络内的理想电源除去，如图 2-17（c）所示，求戴维南等效电路的电阻 R_0。

$$R_0 = \frac{2\times 2}{2+2}+1 = 2\Omega$$

（3）画出有源二端网络的戴维南等效电路，如图 2-17（d）所示。

【例 2-12】 应用戴维南定理求解图 2-18（a）所示电路中的电流 I。

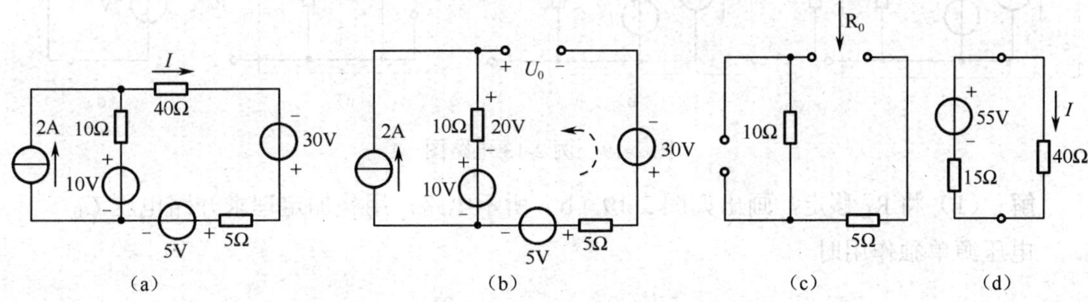

图 2-18　例 2-12 电路图

解：（1）将待求支路 40Ω电阻移走，求余下的有源二端网络的开路电压 U_0，如图 2-18（b）所示。列 KVL 方程，求开路电压 U_0。

$$U_0 - 20 - 10 + 5 - 30 = 0\text{，}\ U_0 = 55\text{V}$$

即

$$U_S = U_0 = 55\text{V}$$

（2）将有源二端网络内的理想电源除去，如图 2-18（c）所示，求戴维南等效电路的电阻 R_0。

$$R_0 = 10 + 5 = 15\Omega$$

（3）画出有源二端网络的戴维南等效电路，如图 2-18（d）所示。将移走的待求支路接在戴维南等效电路的两端，求待求支路的电流 I。

$$I = \frac{55}{15+40} = 1\text{A}$$

下面讨论有源二端网络的负载为何值时，可以获得最大传输功率。假定负载为电阻 R_L，其功率为 P_L，则

$$P_L = I^2 R_L = \frac{{U_S}^2 R_L}{(R_0 + R_L)^2} = \frac{{U_S}^2 R_L}{(R_0 - R_L)^2 + 4R_0 R_L} = \frac{{U_S}^2}{\dfrac{(R_0 - R_L)^2}{R_L} + 4R_0}$$

要使 P_L 最大，R_L 应等于 R_0。可见，负载获得最大功率的条件为

$$R_L = R_0 \tag{2-10}$$

负载 R_L 获得的最大功率为

$$P_{L\max} = \frac{{U_S}^2}{4R_0} \tag{2-11}$$

【例 2-13】 在如图 2-19（a）所示的电路中，已知 R_1=6Ω，R_2=2Ω，R_3=4Ω，I_S=2A，U_S=9V。（1）求图中网络 N 的戴维南等效电路；（2）R_L 为何值时获得最大功率，并求最大功率 $P_{L\max}$。

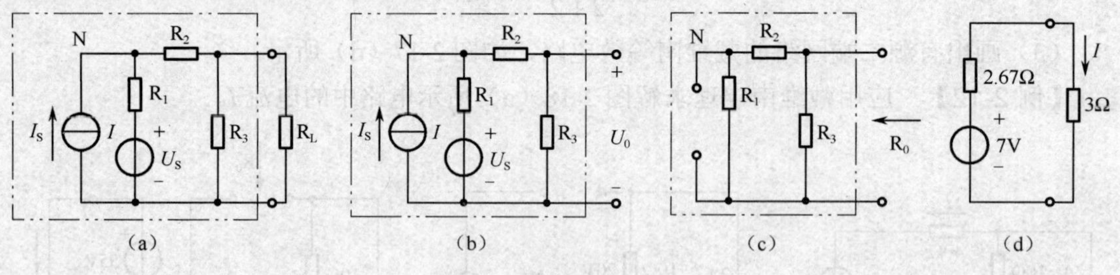

图 2-19 例 2-13 电路图

解：（1）将 R_L 移走，画出如图 2-19（b）所示电路，用叠加定理求开路电压 U_0。

电压源单独作用时

$$U_0' = 9 \times \frac{4}{6+2+4} = 3\text{V}$$

电流源单独作用时

$$U_0'' = \frac{6}{6+(2+4)} \times 2 \times 4 = 4\text{V}$$

则

$$U_0 = U_0' + U_0'' = 3 + 4 = 7\text{V}$$

画出如图 2-19（c）所示电路，求戴维南等效电阻 R_0。

$$R_0 = \frac{(6+2)\times 4}{6+2+4} = 2.67\Omega$$

画出戴维南等效电路，如图 2-19（d）所示。其中

$$U_S = U_0 = 7\text{V}，\quad R_0 = 2.67\Omega$$

（2）当 $R_L=R_0=2.67\Omega$时，负载上获得的功率最大。其最大功率为

$$P_{L\max} = \frac{U_S^2}{4R_0} = \frac{7^2}{4\times 2.67} = 4.59\text{W}$$

【思考与练习】

2.5.1　负载获得最大功率的条件是什么？负载获得最大功率时电源的效率为多少？

2.5.2　如题 2.5.2 图所示的电路，求 AB 间电压 U_{AB} 的值。

2.5.3　如题 2.5.3 图所示的电路中，R_L 为何值时可以获得最大功率？

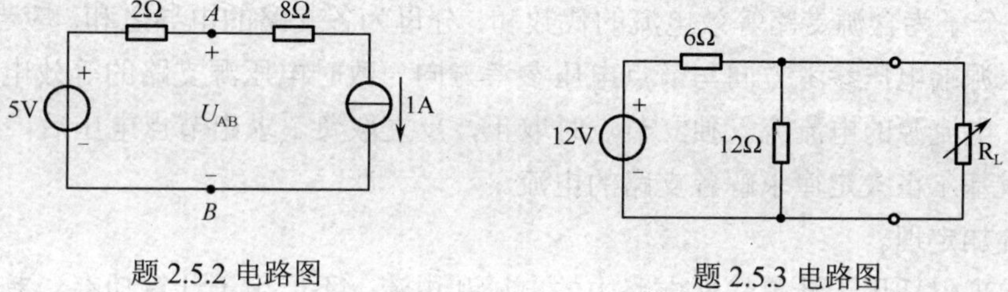

题 2.5.2 电路图　　　　题 2.5.3 电路图

2.5.4　将题 2.5.4 图所示电路的图（a）等效变换成图（b）。

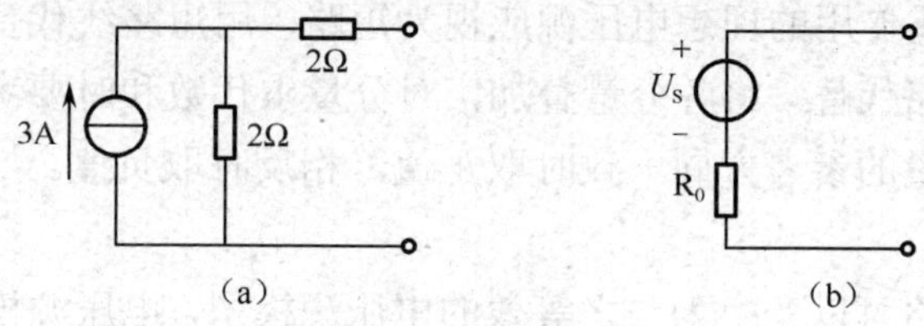

题 2.5.4 电路图

本章小结

1．单电源多电阻组成的直流电路，可以用电阻的串并联等效变换、欧姆定律、分压公式、分流公式进行计算。

串联电阻具有分压作用，阻值较大的电阻分得的电压较大，阻值较小的电阻分得的电压较小。并联电阻具有分流作用，阻值较大的电阻分得的电流较小，阻值较小的电阻分得的电流较大。

2．多电源多电阻组成的直流电路，可以用电源串并联的等效变换法、支路电流法、节点电压法、叠加定理、戴维南定理进行计算。求解多个支路电流时，用支路电流法；求解两个节点电路中的节点电压和各支路电流时用节点电压法；求解某个支路的电流或电压并且电路中的电源较少，且电路分解后求解支路电流和电压比较容易时用叠加定理；求解某个支路的电流或电压，电路比较复杂，用其他方法不便求解时可以考虑用戴维南定理。具体应用时应注意以下几点。

（1）支路电流法。

若支路数为 m，节点数为 n 的电路，则要以全部的 m 条支路的电流为变量，列出 m 个独立方程，是应用支路电流法的关键。列写方程时可以先列写 $n-1$ 个 KCL 方程，然后对网孔列写 $m-(n-1)$ 个 KVL 方程，这样就可以保证所列写的方程都是独立方程。

（2）节点电压法。

两节点电路节点 A、O（A 为独立节点、O 为参考点）之间电压的计算公式为

$$U_{AO}=\frac{\sum I}{\sum G}$$

其中，分子为含源支路等效电流的代数和，分母为各支路的电导之和。应当注意的是，当理想电压源端电压参考方向与节点电压参考方向一致时电压源支路的等效电流取正，相反时取负；电流源的电流流入独立节点时取正，反之取负。求出节点电压后，就可以依据欧姆定律或基尔霍夫定律求解各支路的电流。

（3）叠加定理。

叠加定理仅适用于计算线性电路中的电压和电流，不能用于计算功率。考虑某一电源单独作用时，要假定其他电源不作用于该电路。对不作用的电源进行处理时，只处理理想电源，其内阻保留。不作用的理想电压源应视为短路，用短路线代替；不作用的理想电流源应视为开路，用开路代替。将各分量叠加，对分量求代数和时要考虑分量的正、负，当分量的参考方向与总量的参考方向一致时取正值，相反时取负值。

（4）戴维南定理。

线性有源二端网络可以变换为与之等效的电压源模型，电压源模型中理想电压源的电压 U_S 等于有源二端网络的开路电压，电压源模型的内阻 R_0 等于有源二端网络的戴维南等效电阻。

二端网络负载 R_L 获得最大功率的条件为

$$R_L=R_0$$

负载 R_L 获得的最大功率为

$$P_{L\max}=\frac{U_S^2}{4R_0}$$

习题

2.1　求如题 2.1 图所示各电路中 A、B 两端的等效电阻。

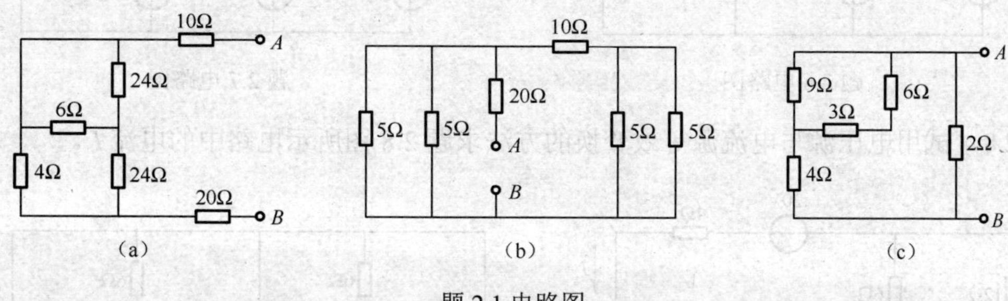

题 2.1 电路图

2.2　求如题 2.2 图所示电路中的电流 U。

2.3　求如题 2.3 图所示电路中的电流 I 及电压 U_{AB}。

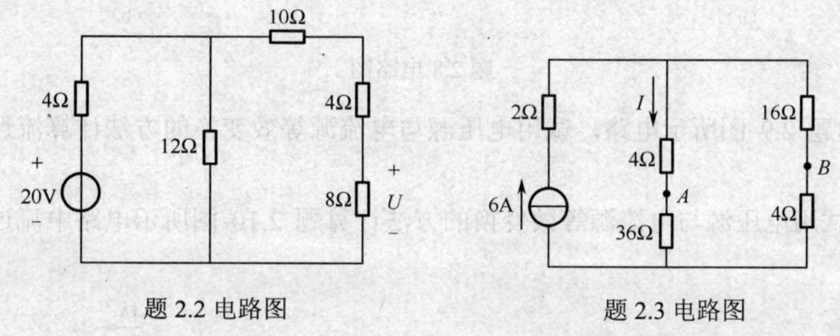

题 2.2 电路图　　　　题 2.3 电路图

2.4　如题 2.4 图所示的电路中，已知 $U_{S1}=244\text{V}$，$U_{S2}=252\text{V}$，$R_1=8\Omega$，$R_2=2\Omega$，$R_3=10\Omega$，试用支路电流法计算各支路电流，并证明电源产生的功率等于所有电阻消耗的总功率。

2.5　如题 2.5 图所示的电路中，试用支路电流法计算各支路电流。

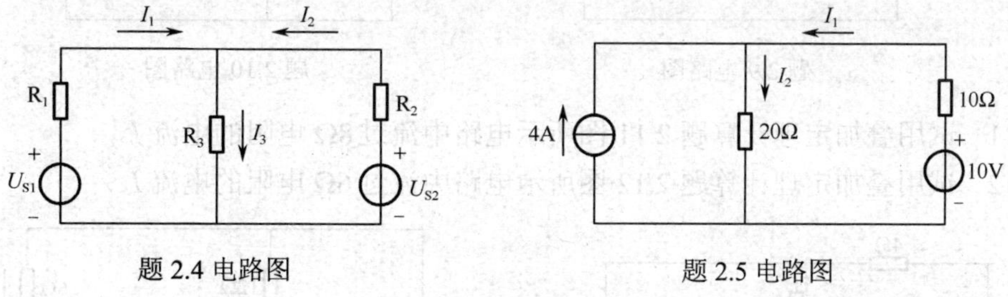

题 2.4 电路图　　　　题 2.5 电路图

2.6　如题 2.6 图所示的电路中，试用节点电压法计算节点电压及各支路电流。

2.7　如题 2.7 图所示的电路中，已知 $U_{S1}=U_{S3}=6\text{V}$，$U_{S2}=24\text{V}$，$R_1=R_4=1\Omega$，$R_2=R_3=4\Omega$，试用节点电压法计算节点电压及各支路电流。

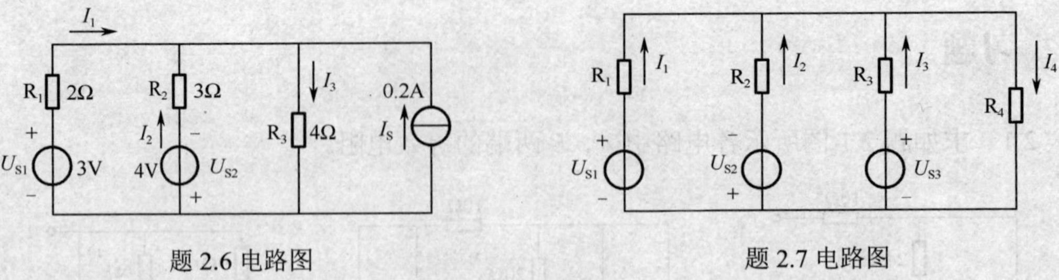

题 2.6 电路图　　题 2.7 电路图

2.8　试用电压源与电流源等效变换的方法求题 2.8 图所示电路中的电流 I 。

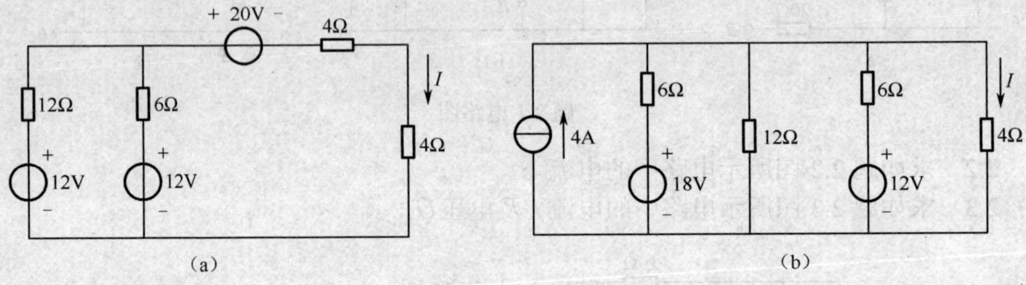

题 2.8 电路图

2.9　如题 2.9 图所示电路，试用电压源与电流源等效变换的方法计算流过 4Ω 电阻的电流 I 。

2.10　试用电压源与电流源等效变换的方法计算题 2.10 图所示电路中流过 6Ω 电阻的电流 I 。

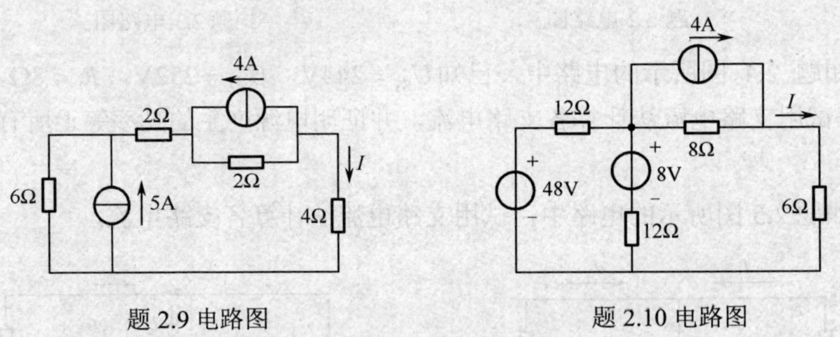

题 2.9 电路图　　题 2.10 电路图

2.11　试用叠加定理计算题 2.11 图所示电路中流过 8Ω 电阻的电流 I。

2.12　试用叠加定理计算题 2.12 图所示电路中流过 6Ω 电阻的电流 I。

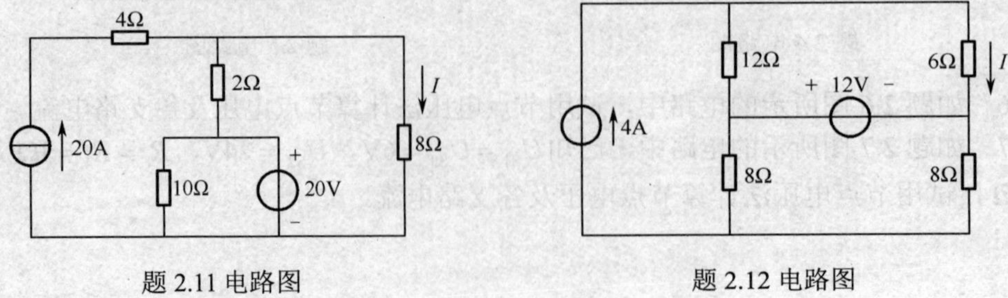

题 2.11 电路图　　题 2.12 电路图

2.13　用戴维南定理化简题 2.13 图所示的二端网络。

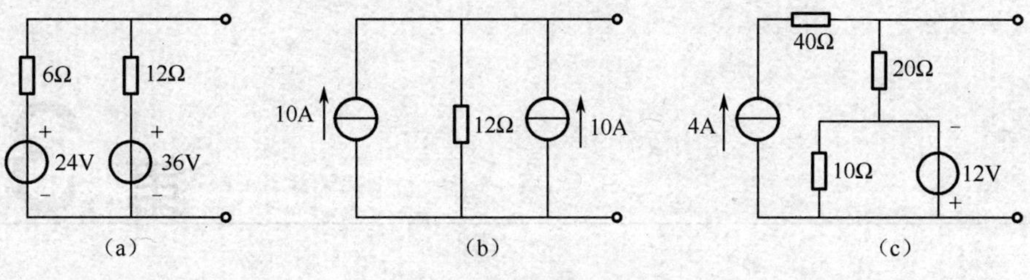

题 2.13 电路图

2.14　用戴维南定理化简题 2.14 图所示的二端网络。

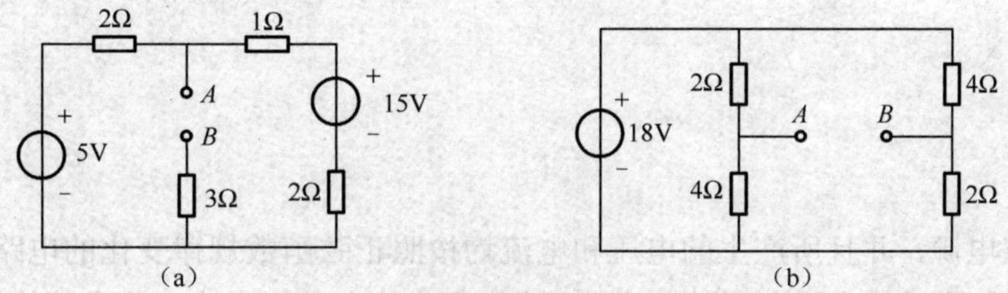

题 2.14 电路图

2.15　用戴维南定理求题 2.15 图所示电路中的电流 I。

2.16　用戴维南定理求题 2.16 图所示电路中的电流 I。

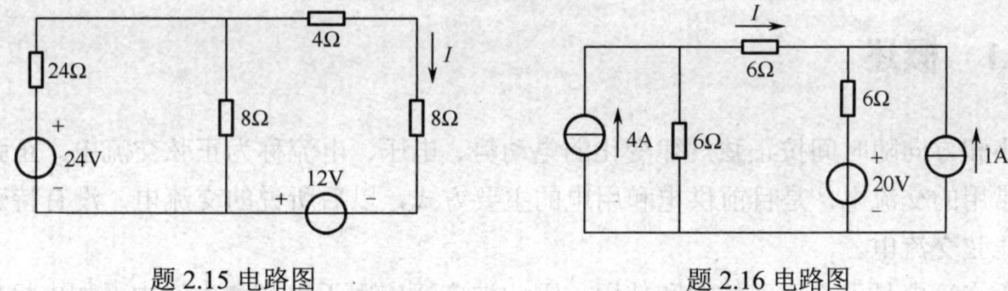

题 2.15 电路图　　　　题 2.16 电路图

2.17　在题 2.17 电路所示的电路中，试求：（1）二端网络的戴维南等效电路；（2）若 A、B 两端接 8Ω的电阻，求流过该电阻的电流。

2.18　在题 2.18 图所示的电路中，已知负载 R_L 可调，试问 R_L 的值等于多大时可以获得最大功率？它获得的最大功率是多少？

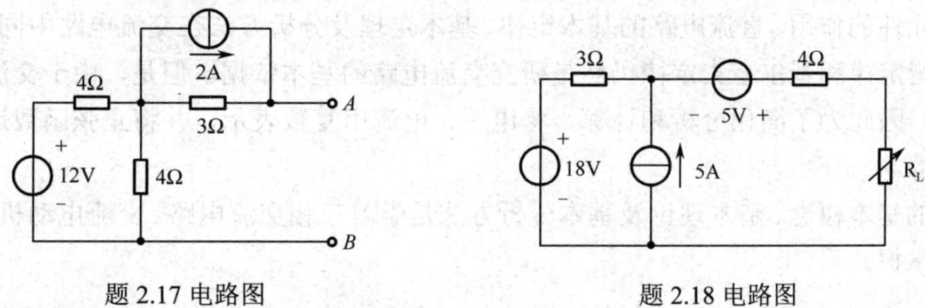

题 2.17 电路图　　　　题 2.18 电路图

第3章

正弦交流电路

含有正弦电源，并且所产生的电压和电流均按照正弦函数规律变化的电路称为正弦交流电路。本章介绍正弦交流电路的基本知识，主要内容包括：正弦交流电的特征及三要素、正弦量的相量表示法、相量形式的基尔霍夫定律、单一参数的正弦交流电路、简单正弦交流电路的分析、电路的谐振、正弦交流电路的功率及功率因数的提高。

3.1 概述

大小和方向随时间按正弦规律变化的电动势、电压、电流称为正弦交流电。正弦交流电是最常用的交流电，是目前供电和用电的主要方式，以后所说的交流电，没有特殊说明时均指正弦交流电。

由于交流电易于产生、传输和使用，因此被广泛应用于生产和生活中，如电机拖动、电视机、电冰箱等均使用交流电。另外某些行业，如电解、电镀、电信等需要的直流电，可以很容易由交流电变换得到，因此分析交流电路是电工技术领域中的重要部分。

在电路分析中，正弦电压和电流可以用正弦函数表示，也可以用余弦函数表示，本书采用正弦函数来表示。在分析交流电路时，除了要考虑电阻元件的作用，还要考虑电感元件和电容元件的作用。直流电路的基本定律、基本定理及分析方法在交流电路中同样适用。例如，欧姆定律和基尔霍夫定律仍然是研究交流电路的基本依据。但是，由于交流电随时间而变化，因此为了简化分析和计算，将电压、电流用复数表示，并将正弦函数运算转变为复数运算。

本章的基本概念、基本理论及基本分析方法是学习三相交流电路、交流电动机的基础，要很好地掌握。

3.2 正弦交流电的特征及三要素

正弦电压和电流等物理量统称为正弦量，正弦量的量值是时间 t 的正弦函数。以电压为例，如图 3-1 所示为正弦电压 u 的波形图，画波形图时，横坐标可以用时间 t 表示，也可以用电角度 ωt 表示。

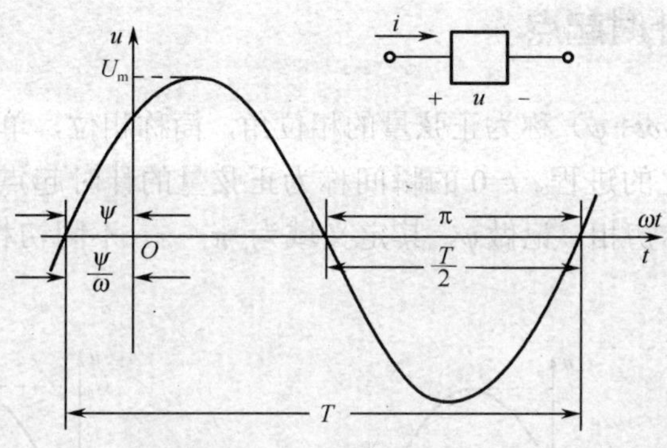

图 3-1　正弦电压 u 的波形图

正弦交流电压的正弦函数表达式为

$$u = U_m \sin(\omega t + \psi) \tag{3-1}$$

式（3-1）反映了正弦交流电压在不同时刻有不同的量值，称为瞬时值解析式。由瞬时值解析式及波形图可以看出，正弦交流电压的特征表现在变化的快慢、计时起点和大小三个方面，分别用其角频率 ω、初相位 ψ 和最大值 U_m 来确定。正弦交流电流也是如此。因此，将反映正弦量特征的角频率、初相位和最大值称为正弦量的三要素。已知三要素，一个正弦量就能被确定下来，进而可以写出其瞬时值解析式，画出波形图；反之，已知正弦量的瞬时值解析式或波形图，它的最大值、角频率、初相位也就能确定。

3.2.1 正弦量变化的快慢

正弦量变化的快慢可以用周期、频率或角频率来表征。在图 3-1 中，正弦量完成一个循环所需要的时间称为周期，用符号 T 表示，单位为秒（s）；每秒内循环的次数称为频率，用符号 f 表示，单位是赫兹（Hz）。周期和频率之间是倒数关系，即

$$T = \frac{1}{f} \tag{3-2}$$

正弦量在单位时间（1s）内变化的电角度称为角频率，用符号 ω 表示，单位为弧度/秒（rad/s）。周期、频率、角频率都是反映正弦量变化快慢的物理量，三者之间有如下关系。

$$\omega = \frac{2\pi}{T} = 2\pi f \tag{3-3}$$

周期越短，频率越高，角频率越大，表示正弦量变化越快；周期越长，频率越低，角

频率越小，表示正弦量变化越慢。我国及欧洲绝大多数国家的电力系统电网频率为 50Hz，这种频率在工业上应用广泛，习惯上称为工频。美国电网频率为 60Hz，日本同时存在 50Hz 和 60Hz 两种电力系统。另外，电视载波频率为（30～300）MHz，高速电动机的频率为（150～2000）Hz，调频广播用的中波段频率为（525～1605）kHz，飞机上经常采用 400Hz 的供电系统。

3.2.2 正弦量的计时起点

在式（3-1）中，$(\omega t+\psi)$ 称为正弦量的相位角，简称相位，单位为弧度（rad），它反映了正弦量瞬时值变化的进程。$t=0$ 的瞬间称为正弦量的计时起点，$t=0$ 时的相位角称为正弦量的初相角，简称初相，记做 ψ，其定义域为 $-\pi\sim\pi$。不同初相正弦电压的波形图如图 3-2 所示。

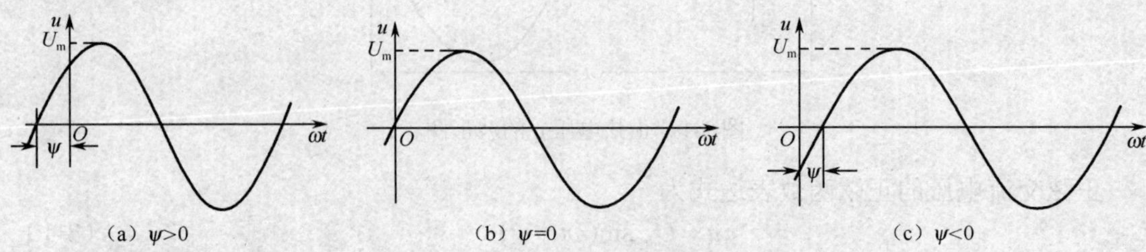

图 3-2 不同初相正弦电压的波形图

$t=0$ 时正弦量的瞬时值称为正弦量的初始值，由图 3-2 可以看出，选择的计时起点不同，正弦量的初相不同，初始值也不同。由波形图确定初相的方法如下。

（1）初相大小的确定：计时起点与距计时起点最近的正半周起点（正弦量由负值变化到正值经过的零值点）之间的角度（或电角度）为初相角。

（2）初相正负的确定：初始值为正，初相为正；初始值为负，初相为负。

【例 3-1】 已知某工频正弦电压如图 3-3 所示，试写出该电压的瞬时值解析式。

解： 由已知得

$$f=50\text{Hz}$$

则

$$\omega=2\pi f=2\pi\times 50=314\text{rad/s}$$

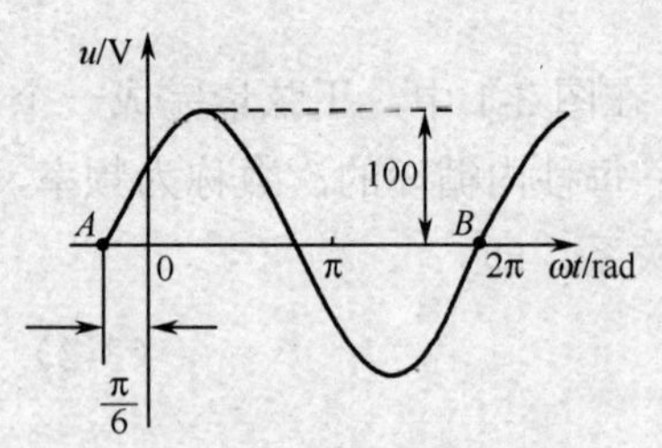

图 3-3 例 3-1 波形图

由波形图可知，A、B 两点均为正半周起点，但 A 点距计时起点近，因此，初相的大小为 $\frac{\pi}{6}$；由初始值为正，可以确定初相为正值。因此

$$\psi=\frac{\pi}{6}\text{rad}$$

另外，由波形图可知电压的最大值为

$$U_m=100\text{V}$$

电压的瞬时值解析式为

$$u = U_m \sin(\omega t+\psi)=100\sin(314t+\frac{\pi}{6})\text{V}$$

在正弦交流电路的分析和计算中，可以用绝对值小于π的相位差来比较两个同频率正弦量的变化步调（到达最大值或零值的先后）。假设有两个正弦量，其瞬时值解析式分别为$u=U_m\sin(\omega t+\psi_u)$，$i=I_m\sin(\omega t+\psi_i)$，两者相位之差称为相位差，用符号$\varphi$表示，其定义域为-π～π。则

$$\varphi=(\omega t+\psi_u)-(\omega t+\psi_i)=\psi_u-\psi_i \tag{3-4}$$

可见，同频率正弦量相位差等于它们的初相之差，若$\varphi=|\psi_u-\psi_i|>\pi$，则可以应用三角函数知识将相位差变换到绝对值小于π的范围内。下面对相位差进行讨论。

① 当$\psi_u=\psi_i$，即相位差$\varphi=0$，二者同时到达对应的零值点（或正的最大值点），说明 u 与 i 步调一致，此时称在相位上 u 与 i 同相，如图3-4（a）所示。

② 当ψ_u与ψ_i相差±π，即相位差$\varphi=\pm\pi$，说明 u 比 i 先半个周期到达对应的零值点（或正的最大值点），此时称在相位上 u 与 i 反相，如图3-4（b）所示。

③ 当$\psi_u>\psi_i$，即相位差$\varphi>0$，此时称在相位上 u 比 i 超前φ角，或者说 i 比 u 滞后φ角，如图3-4（c）所示。

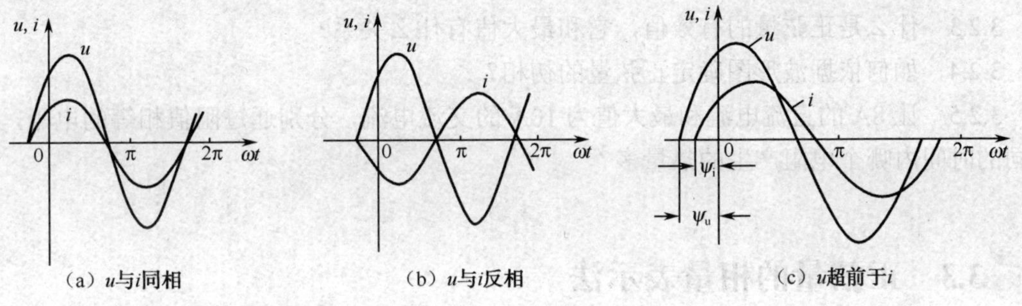

（a）u与i同相　（b）u与i反相　（c）u超前于i

图3-4　正弦量的相位差

3.2.3　正弦量的大小

正弦量在任意一个瞬间的值称为瞬时值，i、u 分别表示电流和电压的瞬时值。正弦量的瞬时值是周期性变化的，一个周期内，瞬时值都大于零的半周称为正半周，瞬时值都小于零的半周称为负半周。正弦量以正半周时的方向作为参考方向，正半周时，实际方向与参考方向相同，值为正，在横轴上方；负半周时，实际方向与参考方向相反，值为负，在横轴下方。

交流电在变化过程中出现的最大瞬时值称为最大值或幅值，I_m、U_m 分别表示电流和电压的最大值。在测量和使用中，用瞬时值和最大值来表示交流电的做功效果既不确切也不方便。因此，在电工技术中一般用有效值来表示交流电的量值，有效值是根据电流的热效应来规定的，电流和电压的有效值分别用 I 和 U 表示。

令直流电流 I 和交流电流 i 分别通过两个阻值相等的电阻 R，如果在相同的时间 T 内，两个电阻消耗的电能相等，那么定义该直流电流的量值 I 为交流电流 i 的有效值。即

$$I^2RT = \int_0^T i^2 R\mathrm{d}t$$

假设 $i = I_\mathrm{m}\sin\omega t$，则交流电流的有效值与最大值之间的关系为

$$I = \sqrt{\frac{1}{T}\int_0^T i^2\mathrm{d}t} = \sqrt{\frac{1}{T}\int_0^T (I_\mathrm{m}\sin\omega t)^2\mathrm{d}t} = \frac{I_\mathrm{m}}{\sqrt{2}} \tag{3-5}$$

同理，交流电压和电动势的有效值与其最大值之间的关系为

$$U = \frac{U_\mathrm{m}}{\sqrt{2}} \tag{3-6}$$

$$E = \frac{E_\mathrm{m}}{\sqrt{2}} \tag{3-7}$$

正弦量的大小在工程中通常都是指有效值，交流仪表（如交流电流表、电压表）测得的数值是有效值，一般电器设备的铭牌上标注的额定电流、额定电压也是有效值。

【思考与练习】

3.2.1　什么是正弦量的三要素？

3.2.2　正弦量的周期、频率、角频率三者之间有什么关系？

3.2.3　什么是正弦量的有效值，它和最大值有什么关系？

3.2.4　如何依据波形图确定正弦量的初相？

3.2.5　让 8A 的直流电流和最大值为 10A 的交流电流，分别通过阻值相等的电阻，在相同的时间内哪个电阻产生的热量多？

3.3　正弦量的相量表示法

在同一个正弦交流电路中，各电压、电流都是同频率的正弦量。由前面所学的知识可知，正弦量既可以用波形图表示，也可以用瞬时值解析式表示，但是，用这两种表示方法对正弦交流电路进行分析和计算都很不方便，计算难度大。因此，本节引入相量表示法来解决正弦交流电路中的计算问题。

正弦量的相量表示法是利用正弦量与复数之间的对应关系，采用复数来表示正弦量的方法。用复数来表示正弦量后，正弦量之间的运算就转化为复数的运算，可以大大简化正弦交流电路的分析和计算。下面首先对复数及其运算法则进行复习，然后介绍正弦量的相量表示法。

3.3.1　复数的基本形式

在直角坐标系中，以横轴为实数轴，纵轴为虚数轴，构成的平面称为复平面。复平面

内任意一个矢量（有向线段）都可以用复数来表示。

复数有多种表达形式，常见的有四种表示式。如图 3-5 所示的矢量 **A**，它的四种复数表示式如下。

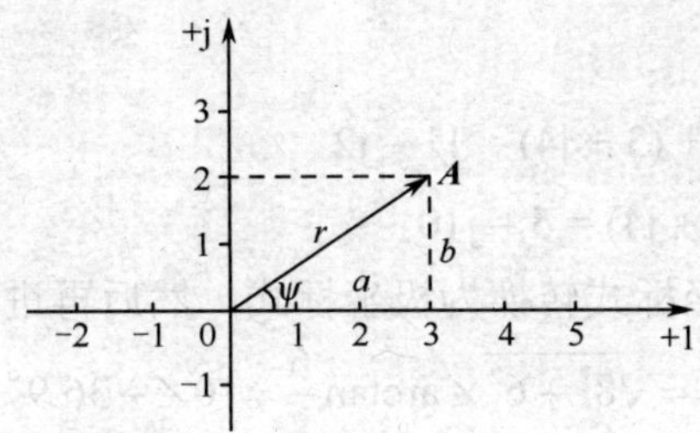

图 3-5　在复平面上表示复数

（1）直角坐标式。

$$A=a+\mathrm{j}b \tag{3-8}$$

式中，a 称为实部，b 称为虚部，j 为虚数单位。定义虚数单位为

$$\mathrm{j}=\sqrt{-1} \tag{3-9}$$

即 $\mathrm{j}^2=-1$。某量乘以 j 意味着其沿逆时针方向旋转 90°，值不变；某量乘以-j 意味着其沿顺时针方向旋转 90°，值不变。故虚数单位 j 又称为 90° 旋转因子。

（2）极坐标式。

在图 3-5 中，复数 A 与实轴正方向的夹角为 ψ，则其极坐标式为

$$A=r\angle\psi \tag{3-10}$$

（3）三角函数式。

$$A=r(\cos\psi+\mathrm{j}\sin\psi) \tag{3-11}$$

式中，r 称为模，$r=\sqrt{a^2+b^2}$。ψ 称为辐角，$\psi=\arctan\dfrac{b}{a}$。复数 A 的实部 a、虚部 b 与模 r 构成一个直角三角形。

（4）指数式。

将欧拉公式 $\mathrm{e}^{\mathrm{j}\psi}=\cos\psi+\mathrm{j}\sin\psi$ 代入式（3-11）中，可以把三角函数式转换为指数式，即

$$A=r(\cos\psi+\mathrm{j}\sin\psi)=r\mathrm{e}^{\mathrm{j}\psi} \tag{3-12}$$

以上四种表示式可以相互转换，即可以从任意一种形式推导出其他三种形式。用复数进行运算时，直角坐标式常用于复数的加减法运算，极坐标式常用于复数的乘除法运算。

3.3.2　复数的运算法则

设两个复数：$A_1=a_1+\mathrm{j}b_2=r_1\angle\psi_1$，$A_2=a_2+\mathrm{j}b_2=r_2\angle\psi_2$，则运算法则如下。

（1）加减法运算：$A_1\pm A_2=(a_1\pm a_2)+\mathrm{j}(b_1\pm b_2)$

（2）乘法运算：$A_1\times A_2=r_1\times r_2\angle(\psi_1+\psi_2)$

（3）除法运算：$\dfrac{A_1}{A_2}=\dfrac{r_1}{r_2}\angle(\psi_1-\psi_2)$

【例 3-2】 已知 $A_1=8-\mathrm{j}6$，$A_2=3+\mathrm{j}4$。试求：（1）A_1+A_2；（2）A_1-A_2；（3）$A_1\times A_2$；（4）$\dfrac{A_1}{A_2}$。

解：（1）$A_1+A_2=(8-\mathrm{j}6)+(3+\mathrm{j}4)=11-\mathrm{j}2$

（2）$A_1-A_2=(8-\mathrm{j}6)-(3+\mathrm{j}4)=5-\mathrm{j}10$

乘除运算时应先将直角坐标式转换为极坐标式，然后再进行运算。

$$A_1=\sqrt{8^2+6^2}\angle\arctan\frac{6}{8}=10\angle-36.9^\circ$$

$$A_2=\sqrt{3^2+4^2}\angle\arctan\frac{4}{3}=5\angle53.1^\circ$$

（3）$A_1\times A_2=(10\angle-36.9^\circ)\times(5\angle53.1^\circ)=50\angle16.2^\circ$

（4）$\dfrac{A_1}{A_2}=\dfrac{10\angle-36.9^\circ}{5\angle53.1^\circ}=2\angle-90^\circ$

3.3.3 正弦量的相量表示法

下面通过一个例子来说明正弦量可以用复平面内的旋转矢量（有向线段）表示，从而推出正弦量可以用复数表示的结论。

如图 3-6（a）所示，复平面内有一旋转矢量 $\boldsymbol{A}$，其长度等于正弦量的最大值 U_m（以正弦电压为例），初始位置与横轴正方向的夹角等于正弦量的初相ψ，并且矢量 $\boldsymbol{A}$ 以正弦量的角频率ω逆时针方向旋转。可见，旋转矢量 $\boldsymbol{A}$ 具有正弦量的三个特征，并且，$\boldsymbol{A}$ 在旋转过程中任意时刻在纵轴上的投影值等于该时刻正弦量的瞬时值。因此，正弦量可以用复平面内的旋转矢量来表示。

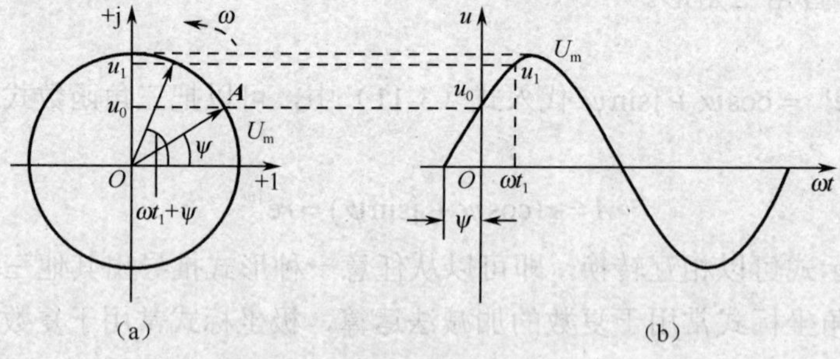

图 3-6　正弦量的相量表示

由于同一个正弦交流电路中所有的电压、电流均为同频率的正弦量，那么，这些正弦量之间进行分析和计算时，就可以不考虑变化快慢的特征，对表示正弦量的矢量也可以不考虑旋转的特征。这样，参与分析和运算的正弦量可以用只体现其大小和计时起点两个要素的矢量来表示，即正弦量可以用矢量来表示。由前面所学的知识可知，矢量可以用复数来表示，因此，正弦量可以用复数来表示。为了与普通复数相区别，将表示正弦量的复数称为正弦量的相量。

正弦量的相量符号用大写字母上面加“·”表示，有最大值相量和有效值相量两种形式，其表示方法是用正弦量的最大值或有效值作为相量的模、用正弦量的初相作为相量的辐角，写成极坐标式。

正弦电流和正弦电压的有效值相量为

$$\dot{I}=I\angle\psi_{\mathrm{i}}\qquad \dot{U}=U\angle\psi_{\mathrm{u}}\tag{3-13}$$

正弦电流和正弦电压的最大值相量为

$$\dot{I}_{\mathrm{m}}=I_{\mathrm{m}}\angle\psi_{\mathrm{i}}\qquad \dot{U}_{\mathrm{m}}=U_{\mathrm{m}}\angle\psi_{\mathrm{u}}\tag{3-14}$$

【例 3-3】　设某正弦交流电压 $u=311\sin(\omega t+30^\circ)$ V，电流 $i=45\sqrt{2}\sin(\omega t-45^\circ)$ A，试分别用有效值相量表示。

解： 正弦电压 u 的有效值 $U=\frac{1}{\sqrt{2}}\times311=220\text{V}$，初相 $\psi_{\mathrm{u}}=30^\circ$，所以它的有效值相量为

$$\dot{U}=U\angle\psi_{\mathrm{u}}=220\angle30^\circ\ \text{V}$$

正弦电流 i 的有效值 $I=45\sqrt{2}\times\frac{1}{\sqrt{2}}$ A，初相 $\psi_{\mathrm{i}}=-45^\circ$，所以它的有效值相量为

$$\dot{I}=I\angle\psi_{\mathrm{i}}=45\angle-45^\circ\ \text{A}$$

【例 3-4】　已知 $\dot{U}=90\angle-65^\circ$ V，$\dot{I}=53\angle120^\circ$ A，设角频率均为 ω，试写出电压相量和电流相量所对应的瞬时值解析式。

解： $u=90\sqrt{2}\sin(\omega t-65^\circ)$ V

$i=53\sqrt{2}\sin(\omega t+120^\circ)$ A

注意： 把相量在复平面上表示出来，相量之间的运算就可以用作图的方法来实现。将反映正弦量初始位置的矢量图称为相量图，同频率的相量可以画在一个图上。

【例 3-5】　已知电压 $u=220\sqrt{2}\sin(\omega t+60^\circ)$ V，$i=110\sqrt{2}\sin(\omega t-30^\circ)$ A，写出电压及电流的相量，求相位差，并绘出相量图。

解：（1）电压及电流的有效值相量分别为

$$\dot{U}=220\angle60^\circ\ \text{V},\quad \dot{I}=110\angle-30^\circ\ \text{A}$$

（2）相位差为

$$\varphi=\varphi_{\mathrm{u}}-\varphi_{\mathrm{i}}=60^\circ-(-30^\circ)=90^\circ$$

（3）相量图如图 3-7 所示，由相量图也可以看出相位差为 90°。

学习本节知识应当注意以下几点。

（1）相量只用来表示正弦量而不等于正弦量。

（2）只有正弦量才有相量。

（3）相量的运算规则与复数的运算规则相同。

（4）只有同频率正弦量对应的相量才能画在同一相量图中。

（5）相量与其所表示的正弦量具有相同的量纲。

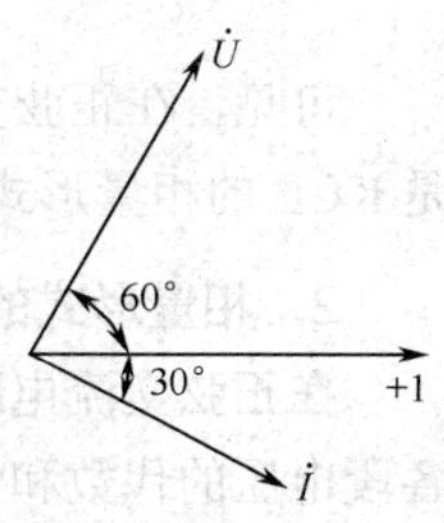

图 3-7　例 3-5 相量图

【思考与练习】

3.3.1 常用的复数表达形式有哪些?

3.3.2 什么是正弦量的相量，它有几种表达形式?

3.3.3 正弦量等于相量，这种说法正确吗?

3.3.4 将下列复数的直角坐标式转换为极坐标式。

（1）$A_1 = 3 + \mathrm{j}4$；（2）$A_2 = 8 - \mathrm{j}6$。

3.3.5 将下列复数的极坐标式转换为直角坐标式。

（1）$A_1 = 50\angle 45^\circ$；（2）$A_2 = 8\angle -60^\circ$。

3.3.6 试写出下列正弦量的有效值相量，并做出相量图。

（1）$u = 5\sin(\omega t - 30^\circ)\mathrm{V}$；（2）$u = 10\sqrt{2}\sin\left(\omega t + \dfrac{\pi}{3}\right)\mathrm{V}$。

3.3.7 若频率为50Hz，求下列相量对应的正弦量的解析式。

（1）$\dot{U} = 10\angle 0^\circ\ \mathrm{V}$；（2）$\dot{I}_{\mathrm{m}} = 10\angle 55^\circ\ \mathrm{A}$；（3）$\dot{I} = \mathrm{j}4\mathrm{A}$。

3.3.8 说明下列各式错在哪里。

（1）$i = 10\sin(\omega t - 30^\circ)\mathrm{A} = 10\angle -30^\circ\ \mathrm{A}$；

（2）$I = 5\angle 45^\circ\ \mathrm{A}$；

（3）$U = 20\angle 60^\circ\ \mathrm{V} = 20\sqrt{2}\sin(\omega t + 60^\circ)\mathrm{V}$。

3.4 相量形式的基尔霍夫定律

由第1章所学的知识可知，基尔霍夫定律不仅适用于直流电路，也适用于交流电路。但是，在交流电路中，正弦量之间的运算是通过三角函数的运算进行的，比较麻烦。因此，对正弦交流电路的分析和计算一般采用基尔霍夫定律的相量形式。

1．相量形式的KCL

在正弦交流电路中，KCL的内容为：任意时刻，电路中任一个节点电流的代数和恒等于零。即

$$\sum i = 0$$

如果这些电流是同频率的正弦量，那么KCL可以用相量形式表示为

$$\sum \dot{I} = 0 \tag{3-15}$$

可见，在正弦交流电路中，任意时刻、任一个节点电流相量的代数和恒等于零。这就是KCL的相量形式。这样，正弦电流的求和运算可以转变为相量的求和运算。

2．相量形式的KVL

在正弦交流电路中，KVL的内容为：任意时刻，沿任意一个方向，绕行闭合回路一周，各段电压的代数和恒等于零。即

$$\sum u = 0$$

如果这些电压是同频率的正弦量，那么 KVL 可以用相量形式表示为

$$\sum \dot{U} = 0 \tag{3-16}$$

可见，在正弦交流电路中，任意时刻，沿任意一个方向，绕行闭合回路一周，各段电压相量的代数和恒等于零。这就是 KVL 的相量形式。这样，正弦电压的求和运算可以转变为相量的求和运算。

【例 3-6】 如图 3-8 所示的电路中，已知 $i_1 = 4\sqrt{2}\sin(\omega t - 60^\circ)$ A，$i_2 = 3\sqrt{2}\sin(\omega t + 30^\circ)$ A。求总电流 i。

解： 首先用有效值相量表示正弦量 i_1、i_2，并将结果转化为直角坐标式，即

$$\dot{I}_1 = 4\angle -60^\circ = 4(\cos 60^\circ - \text{j}\sin 60^\circ) = 2 - \text{j}3.5\text{A}$$

$$\dot{I}_2 = 3\angle 30^\circ = 3(\cos 30^\circ + \text{j}\sin 30^\circ) = 2.6 + \text{j}1.5\text{A}$$

然后做相量的加法运算，并将运算结果转化为极坐标式，即

$$\dot{I} = \dot{I}_1 + \dot{I}_2 = (2.6 + 2) + \text{j}(-3.5 + 1.5) = 4.6 - \text{j}2 = 5\angle -23^\circ \text{ A}$$

电流 i 的瞬时值解析式为

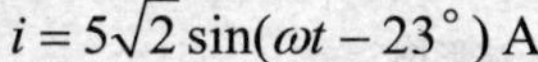

$$i = 5\sqrt{2}\sin(\omega t - 23^\circ) \text{ A}$$

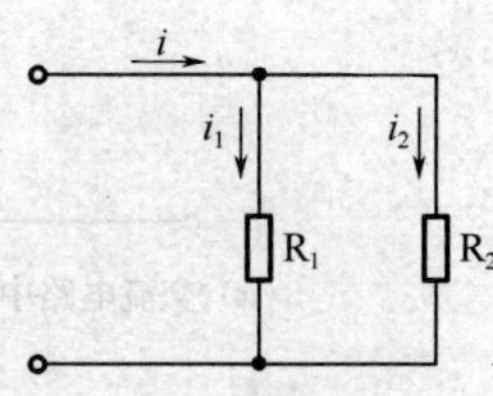

图 3-8　例 3-6 电路图

【思考与练习】

3.4.1　简述相量形式的基尔霍夫电流定律和电压定律。

3.4.2　串联电路的总电压一定大于分电压吗？并联电路的总电流一定大于分电流吗？

3.4.3　下列几种表示正弦交流电路基尔霍夫定律的公式中，哪些是正确的？哪些是错误的？

（a）$\sum i = 0,\ \sum u = 0$;　（b）$\sum I = 0,\ \sum U = 0$;　（c）$\sum \dot{I} = 0,\ \sum \dot{U} = 0$。

3.5　单一参数的正弦交流电路

在正弦交流电路中，常见的无源元件有电阻、电感和电容。当这些元件单独连接到正弦交流电源上时，称为单一参数的正弦交流电路，电路中的电压和电流满足各自不同的伏安关系，这些都是分析正弦交流电路的重要依据。因此，熟悉单一参数正弦交流电路的特点，有助于对多参数组合正弦交流电路进行分析。

3.5.1　电阻电路

1．电阻元件上电压与电流的关系

如图 3-9（a）所示，电阻 R 上的电压与电流采用关联参考方向，设通过电阻的电流为 $i = \sqrt{2}I\sin(\omega t + \psi_\text{i})$，其相量为 $\dot{I} = I\angle\psi_\text{i}$，依据欧姆定律，电阻 R 两端的电压为

$$u = Ri = \sqrt{2}RI\sin(\omega t + \psi_\text{i}) \tag{3-17}$$

可见，电阻上的电压与电流频率相同、相位相同，电压与电流有效值之间的关系为

$$U = RI \tag{3-18}$$

由于 $\dot{I} = I\angle\psi_{\mathrm{i}}$，$u = Ri = \sqrt{2}RI\sin(\omega t + \psi_{\mathrm{i}})$，则电压与电流的相量关系为

$$\dot{U} = U\angle\psi_{\mathrm{u}} = RI\angle\psi_{\mathrm{i}} = R\dot{I}$$

即

$$\dot{U} = R\dot{I} \tag{3-19}$$

由于电阻的电压和电流相位相同，为了简化，假设 $\psi_{\mathrm{u}}=\psi_{\mathrm{i}}=0$，则电压与电流的波形图和相量图如图 3-9（b）和图 3-9（c）所示。

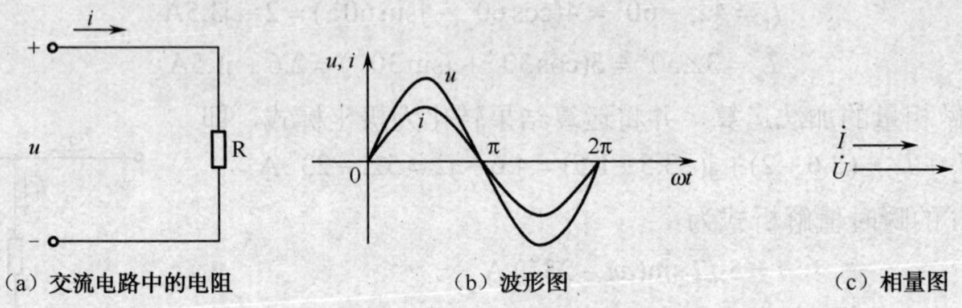

（a）交流电路中的电阻　（b）波形图　（c）相量图

图 3-9　电阻元件的电压、电流的波形图和相量图

2．电阻元件的功率

电阻在任意瞬间的功率称为瞬时功率，其值为瞬时电压与瞬时电流的乘积，用符号 p 表示。设 $u = \sqrt{2}U\sin\omega t$，$i = \sqrt{2}I\sin\omega t$，则瞬时功率为

$$p = u \times i = \sqrt{2}U\sin\omega t \times \sqrt{2}I\sin\omega t = 2UI\sin^2\omega t = UI(1 - \cos 2\omega t) \tag{3-20}$$

可见，正弦交流电路中电阻的瞬时功率也随时间变化。瞬时功率总是大于或等于零，说明电阻总是从电源吸收电能，并将其转化为热能而消耗掉，这种能量的转化是不可逆的，所以电阻元件被称为耗能元件。

由于瞬时功率随时间而变化，在电工技术中，常采用瞬时功率的平均值来衡量功率的大小。一个周期内电路所消耗功率的平均值称为平均功率，用符号 P 表示，即

$$P = \frac{1}{T}\int_0^T p\mathrm{d}t = \frac{1}{T}\int_0^T (UI - UI\cos 2\omega t)\mathrm{d}t = UI \tag{3-21}$$

平均功率又称为有功功率，单位为瓦[特]（W）。通常所说的功率一般都是指平均功率，习惯上把“平均”、“有功”省略，简称功率。如 25W 的白炽灯、50W 的电烙铁、1500W 的电阻炉等，都是指它们的平均功率。

【例 3-7】 有一个 220V、40W 的白炽灯，其两端电压为 u=311sin(314t+30°)V。试求通过白炽灯的电流 i。

解：（1）白炽灯属于电阻性负载，其电压的相量为

$$\dot{U} = U\angle\psi_{\mathrm{u}} = \frac{311}{\sqrt{2}}\angle 30^\circ = 220\angle 30^\circ\ \mathrm{V}$$

电阻 R 为

$$R=\frac{U^2}{P}=\frac{220^2}{40}=1210\Omega$$

电流的相量为

$$\dot{I}=\frac{\dot{U}}{R}=\frac{220\angle 30^\circ}{1210}=0.182\angle 30^\circ \text{ A}$$

电流的瞬时值解析式为

$$i=0.182\times\sqrt{2}\,(314t+30^\circ)=0.26\sin(314t+30^\circ)\text{A}$$

3.5.2　电感元件及电感电路

1．电感元件

电感元件是实际电感器的理想化模型，如图 3-10 所示。简单的电感器是由电阻很小的金属导线绕制而成的，也称为电感线圈。线圈通过电流时，在线圈中产生磁通，磁通与每一匝线圈交链，称为线圈的磁通链数，简称磁链。理想电感器只具有储存磁场能的性质，在电路分析中用电感元件来表示这种电磁性质，电感元件简称电感，其电路模型如图 3-10（b）所示。

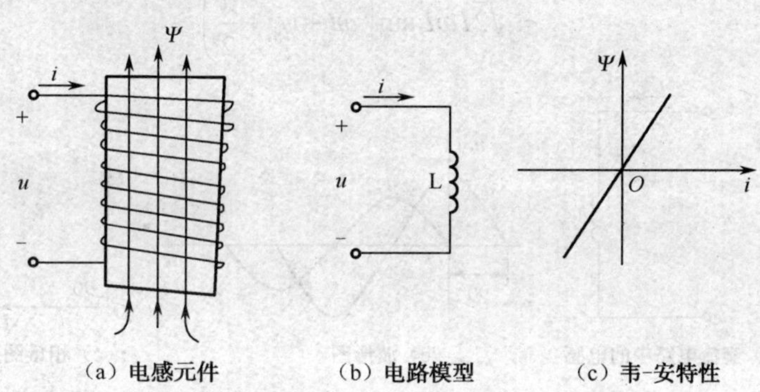

图 3-10　电感元件及其电路模型、韦-安特性

如果电流 i 的参考方向与磁链 Ψ 的参考方向之间符合右手螺旋法则，称 i 与 Ψ 参考方向关联，如图 3-10（a）所示，此时两者成正比关系，称为韦-安特性，如图 3-10（c）所示。两者之间满足关系式

$$\psi=Li \tag{3-22}$$

式中，比例系数 L 称为电感元件的电感量，简称电感，它既表示电感元件，又表示元件的参数。若 L 为常数，称该电感为线性非时变电感。本书只讨论线性非时变电感。

电感的 SI 单位是亨[利]（H），实际电感常以毫亨（mH）、微亨（μH）为单位，它们之间的换算关系为：$1\text{H}=10^3\text{mH}$，$1\text{mH}=10^3\mu\text{H}$。

当通过电感的电流变化时，电感两端会出现感应电压，这个感应电压等于磁链的变化率。在电感的电压与电流参考方向关联时，有

$$u=\frac{\mathrm{d}\Psi}{\mathrm{d}t}=L\frac{\mathrm{d}i}{\mathrm{d}t} \tag{3-23}$$

式（3-23）为电感的伏安关系式，该式表明：

（1）只有当电流变化时，电感两端才会有电压。

（2）电流变化越快，电压越大。

（3）流过电感元件的电流不能跃变，即电感的电流是连续的。因为如果电流跃变，$\frac{\mathrm{d}i}{\mathrm{d}t}$为无穷大，$u$ 也为无穷大，这是不可能的。

2．电感电路

（1）电感元件上电压与电流的关系。

如图 3-11（a）所示，电感 L 的电压与电流采用关联参考方向，设通过电感的电流 $i=\sqrt{2}I\sin(\omega t+\psi_{\mathrm{i}})$，其相量为$\dot{I}=I\angle\psi_{\mathrm{i}}$，由电感的伏安关系得出电感两端的电压为

$$\begin{aligned}u&=L\frac{\mathrm{d}i}{\mathrm{d}t}\\&=L\frac{\mathrm{d}[\sqrt{2}I\sin(\omega t+\psi_{\mathrm{i}})]}{\mathrm{d}t}\\&=\sqrt{2}I\omega L\cos(\omega t+\psi_{\mathrm{i}})\\&=\sqrt{2}I\omega L\sin\left(\omega t+\psi_{\mathrm{i}}+\frac{\pi}{2}\right)\end{aligned} \tag{3-24}$$

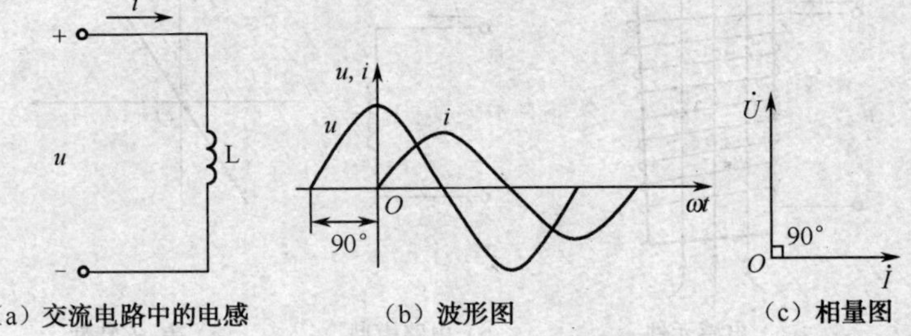

（a）交流电路中的电感　　（b）波形图　　（c）相量图

图 3-11　电感元件的电压电流波形图和相量图

式（3-24）表明，电感电压、电流的有效值关系、相位关系分别为

$$\left.\begin{aligned}U&=I\omega L=IX_{\mathrm{L}}\\\psi_{\mathrm{u}}&=\psi_{\mathrm{i}}+\frac{\pi}{2}\end{aligned}\right\} \tag{3-25}$$

式中，$X_{\mathrm{L}}=\omega L$ 称为感抗，单位为欧姆（Ω），它反映了电感对电流的阻碍作用。对一定的电感量 L，频率越高，感抗越大，电感对电流的阻碍作用越大；频率越低，感抗越小，电感对电流的阻碍作用越小；当电源频率 $\omega=0$ 时（相当于直流电），$X_{\mathrm{L}}=\omega L=0$，电感对直流电没有阻碍作用，相当于短路。因此，电感具有通低频、阻高频的特点。

由于 $\dot{I}=I\angle\psi_{\mathrm{i}}$，$u=\sqrt{2}I\omega L\sin\left(\omega t+\psi_{\mathrm{i}}+\frac{\pi}{2}\right)$，则电感元件电压、电流的相量关系为

$$\dot{U}=I\omega L\angle\left(\psi_{\mathrm{i}}+\frac{\pi}{2}\right)=\mathrm{j}\omega LI\angle\psi_{\mathrm{i}}=\mathrm{j}X_{\mathrm{L}}\dot{I}$$

即

$$\dot{U} = \mathrm{j}X_{\mathrm{L}}\dot{I} \tag{3-26}$$

可以看出，电感的电压超前于电流 90°。假设ψ_{i}=0，则电压与电流的波形图和相量图如图 3-11（b）和图 3-11（c）所示。

（2）电感元件的功率。

设电感上的电流和电压分别为$i = \sqrt{2}I\sin\omega t$，$u = \sqrt{2}U\sin\left(\omega t + \dfrac{\pi}{2}\right)$，则电感的瞬时功率为

$$p = ui = \sqrt{2}U\left(\sin\omega t + \frac{\pi}{2}\right) \times \sqrt{2}I\sin\omega t = UI\sin 2\omega t \tag{3-27}$$

从式（3-27）可以看出，电感的瞬时功率是幅值为UI、角频率为2ω的正弦量。其平均功率为

$$P = \frac{1}{T}\int_0^T p\mathrm{d}t = \frac{1}{T}\int_0^T (UI\sin 2\omega t)\mathrm{d}t = 0$$

可见，电感元件不消耗能量（平均功率为零），只与电源之间进行能量交换，是储能元件。电感元件与电源之间能量交换的规模（瞬时功率的最大值）用无功功率Q表征，其单位为乏（var）。即

$$Q = UI = I^2X_{\mathrm{L}} = \frac{U^2}{X_{\mathrm{L}}} \tag{3-28}$$

【例 3-8】 一个电感元件接到电压为u=220$\sqrt{2}$ sin(314t+120°)V 的电源上，其参数L为 1H，求电感元件的电流i及无功功率Q_{L}。

解：

由题意得：$\dot{U} = 220\angle 120°$ V，ω=314rad/s，于是

$$X_{\mathrm{L}}=\omega L=314\times 1=314\Omega$$

$$\dot{I} = \frac{\dot{U}}{\mathrm{j}X_{\mathrm{L}}} = \frac{220\angle 120°}{314\angle 90°} = 0.7\angle 30°\mathrm{A}$$

因此，电感元件上的电流为

$$i = 0.7\sqrt{2}\sin(314t+30°)\mathrm{A}$$

电感元件的无功功率为

$$Q_{\mathrm{L}}=UI=220\times 0.7=154\mathrm{var}$$

3.5.3　电容元件及电容电路

1．电容元件

两块金属极板之间用绝缘介质隔开，就构成了最简单的电容器，当两极板接通电源后，两个极板间就会建立电场，储存电场能。理想电容器只具有储存电场能的性质，在电路分析中用电容元件来表示这种电磁性质，电容元件简称电容，其电路模型如图 3-12（a）所示。

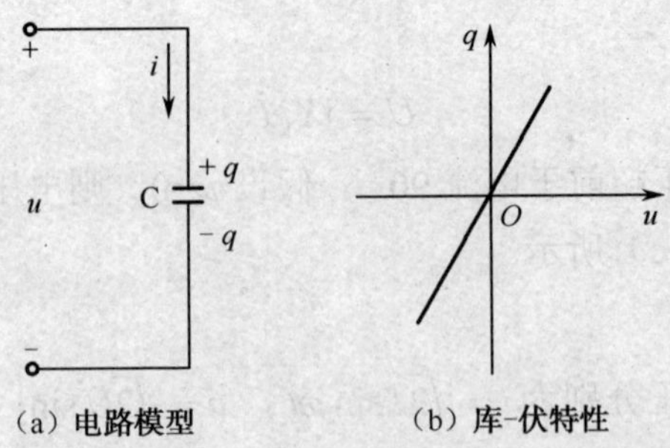

（a）电路模型　　（b）库-伏特性

图 3-12　电容元件的电路模型及其库-伏特性

电容元件所容纳的电荷量 q 和它的端电压 u 之间成正比关系，称为库-伏特性，如图 3-12（b）所示，其比值为

$$C=\frac{q}{u} \tag{3-29}$$

式中，比例系数 C 称为电容元件的电容量，简称电容，它既表示电容元件，又表示元件的参数。若 C 为常数，称该电容为线性非时变电容。本书只讨论线性非时变电容。

在国际单位制中，电容的单位为法［拉］，简称法（F），由于法（F）的单位太大，工程上常用更小的微法(μF)和皮法(pF)为单位，它们之间的换算关系：$1\text{F}=10^6\mu\text{F}$，$1\mu\text{F}=10^6\text{pF}$。

电容元件电容量的大小取决于电容器的结构，平板电容器的电容量可用下式计算。

$$C=\varepsilon\frac{S}{d} \tag{3-30}$$

式中，ε 为绝缘介质的介电常数，S 为两极板间的相对面积，d 为两极板间的距离。如图 3-12（a）所示，电容的端电压 u 与流过的电流 i 参考方向相关联时，有

$$i=\frac{\mathrm{d}q}{\mathrm{d}t}=C\frac{\mathrm{d}u}{\mathrm{d}t} \tag{3-31}$$

式（3-31）为电容的伏安关系式，该式表明：

（1）某一时刻流过电容的电流取决于此时电压的变化率，只有当电压变化时，电容中才会有电流流过。电压变化越快，通过的电流就越大。

（2）当电压升高时，$\frac{\mathrm{d}u}{\mathrm{d}t}>0$，$\frac{\mathrm{d}q}{\mathrm{d}t}>0$，$i>0$，极板上电荷增加，电容被充电；当电压降低时，$\frac{\mathrm{d}u}{\mathrm{d}t}<0$，$\frac{\mathrm{d}q}{\mathrm{d}t}<0$，$i<0$，极板上电荷减少，电容放电。

（3）由电容的伏安关系式可知，电容元件两端的电压不能跃变，即电容的电压是连续的。因为如果电压跃变，$\frac{\mathrm{d}u}{\mathrm{d}t}$ 为无穷大，i 也为无穷大，这是不可能的。

2. 电容电路

（1）电容元件上电压与电流的关系。

如图 3-13（a）所示，电容 C 两端的电压与电流采用关联参考方向。设电容两端的电压 $u=\sqrt{2}U\sin(\omega t+\psi_{\mathrm{u}})$，其相量为 $\dot{U}=U\angle\psi_{\mathrm{u}}$，由电容的伏安关系得出电容的电流为

$$
\begin{aligned}
i &= C\frac{\mathrm{d}u}{\mathrm{d}t} \\
&= C\frac{\mathrm{d}[\sqrt{2}U(\sin\omega t+\psi_{\mathrm{u}})]}{\mathrm{d}t} \\
&= \sqrt{2}U\omega C\cos(\omega t+\psi_{\mathrm{u}}) \\
&= \sqrt{2}U\omega C\sin\left(\omega t+\psi_{\mathrm{u}}+\frac{\pi}{2}\right)
\end{aligned} \tag{3-32}
$$

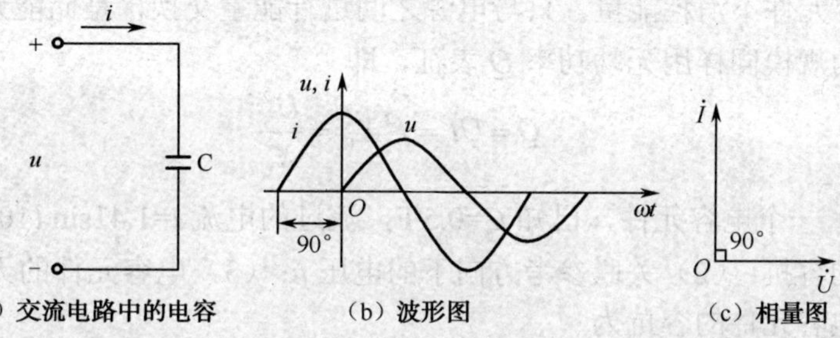

（a）交流电路中的电容　（b）波形图　（c）相量图

图 3-13　交流电路中电容元件及其电压、电流的波形图、相量图

式（3-32）表明，电容电压、电流的有效值关系、相位关系分别为

$$
\left.\begin{aligned}
I &= \omega CU = \frac{U}{X_{\mathrm{C}}} \\
\psi_{\mathrm{i}} &= \psi_{\mathrm{u}} + \frac{\pi}{2}
\end{aligned}\right\} \tag{3-33}
$$

式中，$X_{\mathrm{C}} = \frac{1}{\omega C}$，称为容抗，它反映了电容对电流的阻碍作用，单位为欧姆（Ω）。对于一定的电容量 C，频率越高时，容抗越小，电容对电流的阻碍作用越小；频率越低，容抗越大，电容对电流的阻碍作用越大；在直流电路中，容抗视为∞，电容相当于开路。因此，电容具有通交流、隔直流，通高频、阻低频的特点。

由于 $\dot{U} = U\angle\psi_{\mathrm{u}}$，$i = \sqrt{2}U\omega C\sin\left(\omega t+\psi_{\mathrm{u}}+\frac{\pi}{2}\right)$，则电容元件电压、电流相量之间的关系为

$$
\dot{I} = U\omega C\angle\left(\psi_{\mathrm{u}}+\frac{\pi}{2}\right) = \mathrm{j}\frac{1}{X_{\mathrm{C}}}U\angle\psi_{\mathrm{u}} = \mathrm{j}\frac{1}{X_{\mathrm{C}}}\dot{U}
$$

即

$$
\dot{U} = -\mathrm{j}X_{\mathrm{C}}\dot{I} \tag{3-34}
$$

可以看出，电容的电压滞后于电流 90°。假设 $\psi_{\mathrm{u}}=0$，则电压与电流的波形图和相量图如图 3-13（b）和图 3-13（c）所示。

（2）电容元件的功率。

设电容元件上的电流和电压分别为 $u = \sqrt{2}U\sin\omega t$，$i = \sqrt{2}I\sin\left(\omega t+\frac{\pi}{2}\right)$，电容的瞬时

功率为

$$p = u \times i = \sqrt{2}U\sin\omega t\sqrt{2}I\sin\left(\omega t + \frac{\pi}{2}\right) = 2UI\sin\omega t\cos\omega t = UI\sin 2\omega t \qquad (3\text{-}35)$$

从式（3-35）可以看出，电容的瞬时功率是幅值为UI、角频率为2ω的正弦量。其平均功率为

$$P = \frac{1}{T}\int_0^T p\mathrm{d}t = \frac{1}{T}\int_0^T (UI\sin 2\omega t)\mathrm{d}t = 0$$

可见，电容元件不消耗能量，只与电源之间进行能量交换，是储能元件。电容与电源之间能量交换的规模同样用无功功率Q表征，即

$$Q = UI = I^2 X_\mathrm{C} = \frac{U^2}{X_\mathrm{C}} \qquad (3\text{-}36)$$

【例 3-9】 一个电容元件，已知C=0.5 F，流过的电流i=1.41sin (100t−30°)A。试求：（1）电容元件的容抗；（2）关联参考方向下的电压u；（3）电容元件的无功功率。

解：（1）电容元件的容抗为

$$X_\mathrm{C} = \frac{1}{\omega C} = \frac{1}{100 \times 0.5} = 0.02\Omega$$

（2）电流的相量为

$$\dot{I} = 1\angle -30^\circ\ \mathrm{A}$$

电压的相量和瞬时值解析式为

$$\dot{U} = -\mathrm{j}X_\mathrm{C}\dot{I} = -\mathrm{j}0.02\angle -30^\circ = 0.02\angle -120^\circ\ \mathrm{V}$$

$$u = \sqrt{2} \times 0.02\sin(100t - 120^\circ) = 2.82 \times 10^{-2}\sin(100t - 120^\circ)\mathrm{V}$$

（3）无功功率为

$$Q = UI = 0.02 \times 1 = 0.02\mathrm{var}$$

【思考与练习】

3.5.1 将一个 100Ω的电阻元件分别接到频率为 50Hz 和 5000Hz、电压有效值为 10V 的正弦电源上，问电流大小分别为多少？

3.5.2 什么是感抗和容抗？它们由哪些因素决定？

3.5.3 在直流电路中，电感和电容应视为什么？

3.5.4 当电路的电感中有电流时，电感两端就一定有电压吗？若电感两端的电压为零，储能是否一定为零？

3.5.5 当电路的电容两端有电压时，电容中一定有电流吗？若电容中的电流为零，储能是否一定为零？

3.5.6 单一参数的正弦交流电路，若电源电压大小不变，当频率变化时，通过电感元件的电流大小发生变化吗？

3.5.7 电阻元件的无功功率为多少？电感元件和电容元件的有功功率为多少？

3.5.8 单一参数的正弦交流电路中，下列各式是否正确？

（1）$u = X_L i$；（2）$\dfrac{u}{i} = X_C$；（3）$\dfrac{U}{I} = \mathrm{j}\omega L$；（4）$\dfrac{\dot{U}}{\dot{I}} = \mathrm{j}\omega C$；（5）$\dot{I} = -\mathrm{j}\dfrac{1}{X_L}\dot{U}$。

3.6　简单正弦交流电路的分析

3.6.1　阻抗及阻抗的串联、并联

1．阻抗的定义

在正弦交流电路的分析中，将二端网络电压相量与电流相量的比值定义为阻抗，记做 Z，单位是欧（姆）（Ω）。即

$$Z = \frac{\dot{U}}{\dot{I}} = \frac{\dot{U}_m}{\dot{I}_m}，\ \dot{U} = Z\dot{I}，\ \dot{U}_m = Z\dot{I}_m \tag{3-37}$$

式（3-37）也称为欧姆定律的相量形式。Z 是复数，不是正弦量，故其上不加点。阻抗也可写成极坐标式，即

$$Z = |Z|\angle\varphi = \frac{U}{I}\angle(\psi_u - \psi_i) = \frac{U_m}{I_m}\angle(\psi_u - \psi_i) \tag{3-38}$$

式（3-38）中，$|Z|$称为阻抗模，φ 称为阻抗角。阻抗模体现了网络对电流的阻碍作用，其值等于网络端口电压与电流有效值之比或最大值之比，即

$$|Z| = \frac{U}{I} = \frac{U_m}{I_m} \tag{3-39}$$

阻抗角等于网络端口电压与电流的相位差，即

$$\varphi = \psi_u - \psi_i \tag{3-40}$$

若网络为单一元件电阻、电感及电容，则其阻抗分别为

电阻元件：$Z=R$

电感元件：$Z = \mathrm{j}\omega L$

电容元件：$Z = -\mathrm{j}\dfrac{1}{\omega C}$

若将正弦交流电路中各个正弦量用对应的相量表示，各个元件的参数用对应的阻抗表示，即为电路的相量模型。在相量模型中，各电压、电流相量遵循电路的基本定律（欧姆定律和基尔霍夫定律）的相量形式，对相量模型进行分析可以利用直流电路的分析方法。下面介绍两个阻抗串并联电路的分析和计算。

（1）阻抗的串联。

如图 3-14 所示为阻抗串联电路及其等效阻抗电路的相量模型图，依据相量形式的基尔霍夫定律和欧姆定律，总电压相量为

$$\dot{U} = \dot{U}_1 + \dot{U}_2 = Z_1\dot{I} + Z_2\dot{I} = (Z_1 + Z_2)\dot{I} = Z\dot{I}$$

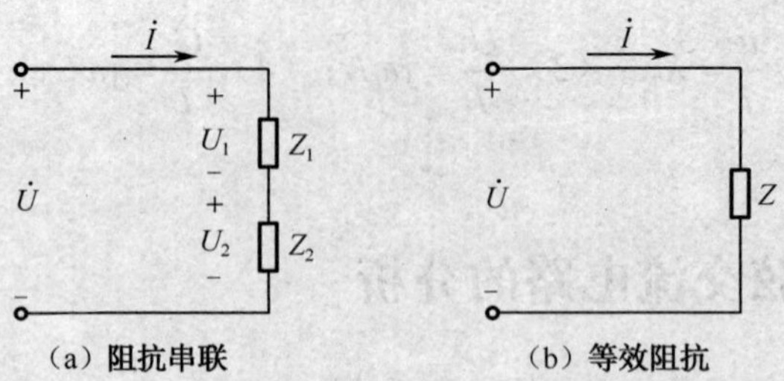

图 3-14　阻抗串联及其等效阻抗电路的相量模型图

串联电路的等效阻抗 Z 为

$$Z=Z_1+Z_2 \tag{3-41}$$

电路的电流相量为

$$\dot{I}=\frac{\dot{U}}{Z_1+Z_2} \tag{3-42}$$

依据欧姆定律得分压公式为

$$\left.\begin{aligned}\dot{U}_1&=Z_1\dot{I}=\frac{Z_1}{Z_1+Z_2}\dot{U}\\ \dot{U}_2&=Z_2\dot{I}=\frac{Z_2}{Z_1+Z_2}\dot{U}\end{aligned}\right\} \tag{3-43}$$

可见，阻抗串联后等效阻抗的计算公式、分压公式均与直流电路中电阻串联后等效电阻的计算公式、分压公式相似。

（2）阻抗的并联。

如图 3-15 所示为阻抗并联电路及其等效阻抗电路的相量模型图，应用相量形式的基尔霍夫定律和欧姆定律，总电流相量为

$$\dot{I}=\dot{I}_1+\dot{I}_2=\frac{\dot{U}}{Z_1}+\frac{\dot{U}}{Z_2}=\frac{\dot{U}}{Z}$$

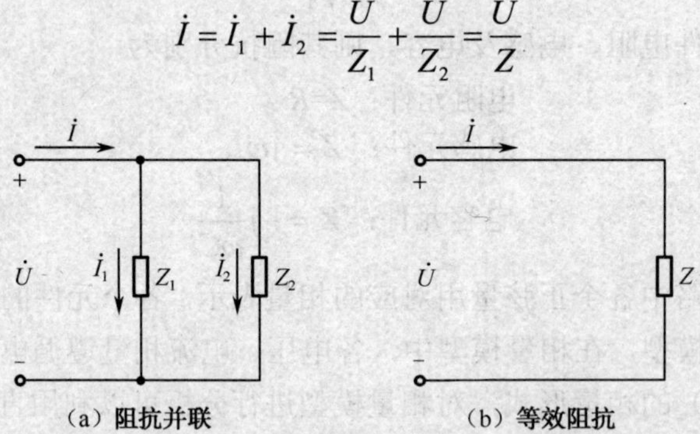

图 3-15　阻抗并联及其等效阻抗电路的相量模型图

并联电路的等效阻抗 Z 为

$$\frac{1}{Z}=\frac{1}{Z_1}+\frac{1}{Z_2}\text{ 或 }Z=\frac{Z_1Z_2}{Z_1+Z_2} \tag{3-44}$$

电路的电压相量为

$$\dot{U} = Z\dot{I} = \frac{Z_1 Z_2}{Z_1 + Z_2}\dot{I} \tag{3-45}$$

依据欧姆定律得分流公式为

$$\left.\begin{aligned} \dot{I}_1 &= \frac{\dot{U}}{Z_1} = \frac{Z_2}{Z_1 + Z_2}\dot{I} \\ \dot{I}_2 &= \frac{\dot{U}}{Z_2} = \frac{Z_1}{Z_1 + Z_2}\dot{I} \end{aligned}\right\} \tag{3-46}$$

可见，两个阻抗并联后等效阻抗的计算公式、分流公式在形式上均与直流电路中电阻并联后等效电阻的计算公式、分流公式相似。

由多个阻抗组合而成的阻抗混联电路，都可以转化为阻抗的串联、并联电路后再进行分析和计算。

【例 3-10】　两个阻抗的串联电路中，已知 Z_1=12Ω，Z_2= j5Ω，电压 $u = 130\sqrt{2}\sin 314t\text{V}$ 。求：（1）电路的电流 $\dot{I}$；（2）各元件上的电压 u_1 和 u_2。

解：（1）依据式（3-41），可得等效阻抗为

$$Z = Z_1 + Z_2 = 12 + \text{j}5 = 13\angle 22.6^\circ\ \Omega$$

电压相量为

$$\dot{U} = 130\angle 0^\circ\ \text{V}$$

依据欧姆定律的相量形式，可得电流相量为

$$\dot{I} = \frac{\dot{U}}{Z} = \frac{130\angle 0^\circ}{13\angle 22.6^\circ} = 10\angle -22.6^\circ\ \text{A}$$

（2）各元件上的电压相量为

$$\dot{U}_1 = 12 \times 10\angle -22.6^\circ = 120\angle -22.6^\circ\ \text{V}$$

$$\dot{U}_2 = \text{j}5 \times 10\angle -22.6^\circ = 50\angle(90^\circ - 22.6^\circ) = 50\angle 67.4^\circ\ \text{V}$$

电压瞬时值解析式为

$$u_1 = 120\sqrt{2}\sin(314t - 22.6^\circ)\text{V}$$

$$u_2 = 50\sqrt{2}\sin(314t + 67.4^\circ)\text{V}$$

3.6.2　RLC 串联的正弦交流电路

正弦交流电路的连接有多种方式，常见的一种为 RLC 串联电路，即电阻、电感、电容三个元件串联的正弦交流电路，下面以该电路模型为例来介绍正弦交流电路的分析方法。

如图 3-16（a）所示为 RLC 串联电路的电路模型，如果将电路中所有的电压和电流用对应的相量表示，R、L、C 用对应的阻抗表示，得到其相量模型如图 3-16（b）所示。

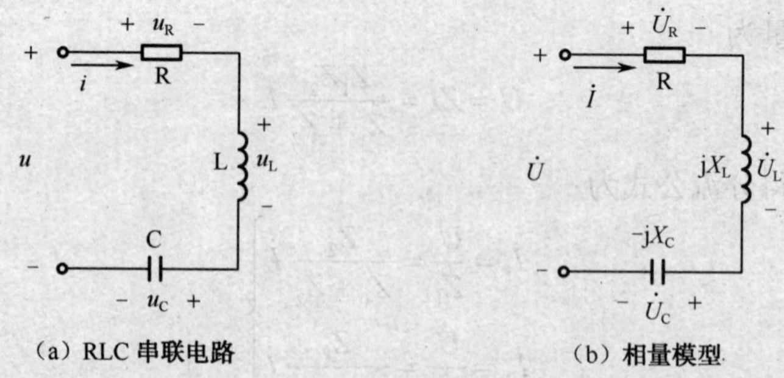

图 3-16　RLC 串联电路及其相量模型

1. 电压与电流的关系

依据相量形式的 KVL，如图 3-16（b）所示的相量模型中各电压相量之间的关系为

$$\dot{U} = \dot{U}_R + \dot{U}_L + \dot{U}_C$$

以电流作为参考相量，各电压的相量图如图 3-17 所示。由相量图可以看出，$\dot{U}_R$、$\dot{U}_X$、$\dot{U}$ 组成一个直角三角形，称为电压三角形，其中 φ 为总电压与电流的相位差。

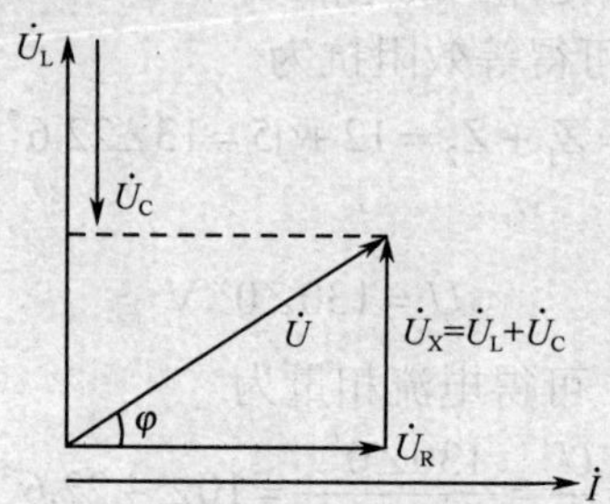

图 3-17　RLC 串联电路电压相量图

由电压三角形可得

$$U = \sqrt{U_R^2 + (U_L - U_C)^2} \tag{3-47}$$

$$\varphi = \arctan\frac{U_L - U_C}{U_R} \tag{3-48}$$

由于 $\dot{U}_R = R\dot{I}$，$\dot{U}_L = jX_L\dot{I}$，$\dot{U}_C = -jX_C\dot{I}$，则

$$\dot{U} = \dot{U}_R + \dot{U}_L + \dot{U}_C = \dot{U}_R + \dot{U}_X = \left[R + j(X_L - X_C)\right]\dot{I} = Z\dot{I} \tag{3-49}$$

电路的总阻抗为

$$Z = \frac{\dot{U}}{\dot{I}} = R + j(X_L - X_C) = R + jX \tag{3-50}$$

由式（3-50）可知，阻抗 Z 是一个复数。其中 R 为实部，称为电阻，X 为虚部，称为电抗，电抗的单位也是欧（姆）（Ω）。

在 RLC 串联电路中，电流处处相等，将图 3-17（a）所示的电压三角形每条边的边长 U、U_R、U_X 同时缩小 I 倍，得到由 $|Z|$、R、X 组成的直角三角形，称为阻抗三角形，如图 3-18 所示。其中

$$\left.\begin{aligned}|Z| &= \sqrt{R^2 + X^2} \\ \varphi &= \arctan\frac{X}{R} = \frac{X_L - X_C}{R}\end{aligned}\right\} \tag{3-51}$$

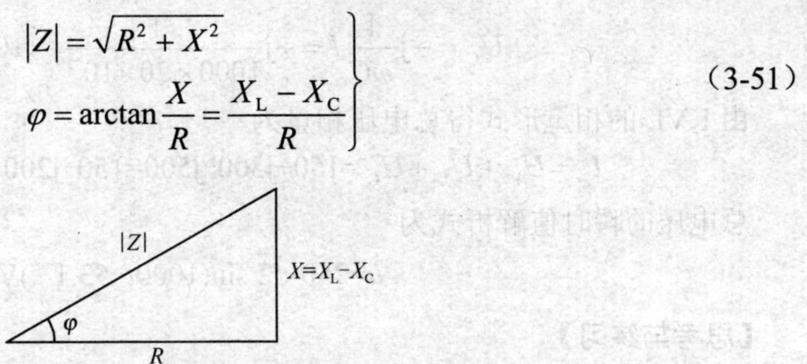

图 3-18　RLC 串联电路的阻抗三角形

显然，阻抗三角形与电压三角形相似，阻抗角 φ 即为电路总电压与电流的相位差。

2．电路的性质

由式（3-51）可知，当频率一定时，电路的性质（总电压与电流的相位差）由电路的参数决定。不同情况下的电路性质如下。

① 当 $X_L>X_C$（即 $\omega L>\dfrac{1}{\omega C}$）时，$\varphi>0$，在相位上电压超前电流 φ 角，电路呈电感性，如图 3-19（a）所示。

② 当 $X_L=X_C$（即 $\omega L=\dfrac{1}{\omega C}$）时，$\varphi=0$，电压与电流同相，电路呈电阻性，如图 3-19（b）所示。

③ 当 $X_L<X_C$（即 $\omega L<\dfrac{1}{\omega C}$）时，$\varphi<0$，电压滞后电流 φ 角，电路呈电容性，如图 3-19（c）所示。

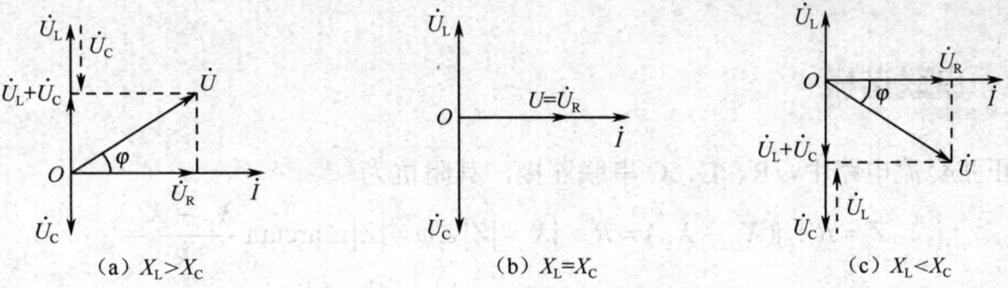

图 3-19　RLC 串联电路的相量图

【例 3-11】　R、L、C 三个元件串联，已知 R=15Ω，L=30mH，C=20μF，电流 $i=10\sqrt{2}\sin1000t$A。求总电压 u。

解：电流的初相为 0，计算中可以省去不写，即 $\dot{I}=10\angle0^\circ=10\text{A}$。依据三个元件伏安关系的相量形式，分别求得电阻、电感、电容上的电压相量为

$$\dot{U}_R = R\dot{I} = 15\times10 = 150\text{V}$$

$$\dot{U}_L = \text{j}\omega L\dot{I} = \text{j}1000\times30\times10^{-3}\times10 = \text{j}300\text{V}$$

$$\dot{U}_C=-j\frac{1}{\omega C}\dot{I}=-j\frac{1}{1000\times20\times10^{-6}}\times10=-j500V$$

由 KVL 的相量形式得总电压相量为

$$\dot{U}=\dot{U}_R+\dot{U}_L+\dot{U}_C=150+j300-j500=150-j200=250\angle-53.1°\ V$$

总电压的瞬时值解析式为

$$u=250\sqrt{2}\sin(1000t-53.1°)V$$

【思考与练习】

3.6.1　说明 RLC 串联电路中电压与电流之间的有效值关系、相量关系。

3.6.2　RLC 串联的正弦交流电路中，下列各式哪些是正确的？哪些是错误的？

（1）$U=U_R+U_L+U_C$　　（2）$\dot{U}=\dot{U}_R+\dot{U}_L+\dot{U}_C$

（3）$Z=R+X_L+X_C$　　（4）$Z=R+j(X_L-X_C)$

3.6.3　若线圈（含 R、L）与 3V 的直流电压接通时，电流为 0.1A；与正弦电压 $u(t)=3\sqrt{2}\sin(200t)$V 接通时，电流为 60mA，则线圈的 R 和 L 分别为多少？

3.6.4　什么是电抗？电抗与电路性质有什么关系？

3.7　电路的谐振

在含有电抗的正弦交流电路中，端口电压与电流同相位的现象称为谐振，谐振电路会产生过电压或过电流。在实际应用中，为了既能利用电路的谐振又能避免它所产生的危害，有必要充分认识谐振现象，并研究谐振条件、谐振频率及谐振电路的特征。谐振可以分为串联谐振和并联谐振，下面分别介绍。

3.7.1　串联谐振

在正弦交流电路中，R、L、C 串联连接，其阻抗为

$$Z=R+j(X_L-X_C)=R+jX=|Z|\angle\varphi=|Z|\angle\arctan\frac{X_L-X_C}{R}$$

由前面的讨论可知，当 $X=X_L-X_C=0$ 时，电路呈电阻性，其端口电压与电流同相。电路出现的这种现象称为谐振。串联电路出现的谐振又称串联谐振。因此，串联谐振的条件是 $X_L=X_C$，即

$$\omega L=\frac{1}{\omega C}$$

$$\omega=\omega_0=\frac{1}{\sqrt{LC}} \tag{3-52}$$

其中，ω_0 称为谐振角频率。

由于 $\omega=2\pi f$，则

$$f = f_0 \frac{1}{2\pi\sqrt{LC}} \tag{3-53}$$

其中，f_0 称为谐振频率，它反映了串联电路的一种固有性质，所以又称为固有频率，对于每一个 RLC 串联电路，总有一个对应的谐振频率 f_0。

当电路参数 L 和 C 一定时，可以改变电源的频率使电路谐振；当电源的频率 f_0 一定时，可改变电容 C 或电感 L 使电路谐振。通常把调节 L 或 C 使电路谐振的过程称为调谐。

串联谐振电路的基本特征如下。

① 谐振时，阻抗模$|Z|=R$ 最小，电路中的电流 I 最大，并且电流与外加电源电压同相。

$$I = I_0 = \frac{U}{R} \tag{3-54}$$

② 谐振时，感抗 X_L 和容抗 X_C 相等，其值称为电路的特性阻抗 ρ。

③ 谐振时，电感和电容上的电压大小相等，相位相反，其大小为端口电压 U 的 Q 倍。Q 称为电路的品质因数。

$$Q = \frac{U_{L0}}{U} = \frac{I\omega_0 L}{IR} = \frac{\omega_0 L}{R} = \frac{\rho}{R} \tag{3-55}$$

串联谐振电路中，$X_L=X_C$ 并远大于 R，电感和电容上的电压值相等，为端口电压的 Q 倍，所以串联谐振又称为电压谐振。电路的 Q 值一般为 50～200。因此，即使端口电压不高，谐振时电感和电容上的电压仍有可能很高。对于电力系统来说，由于端口电压本身较高，如果电路在接近于谐振的情况下工作，在电感和电容两端将出现过电压，从而击穿电气设备的绝缘层，所以在电力系统中应避免谐振的发生。在电子电路中，可以利用谐振获得较高的电压，达到选出所需信号的目的。

【例 3-12】 某收音机的输入回路（调谐回路）可简化为一个由 R、L、C 组成的串联电路，已知电感 L=250μH，R=20Ω，今欲收到频率范围为(525～1610)kHz 的中波段信号，试求电容 C 的变化范围。

解：由式（3-52）可知

$$C = \frac{1}{\omega^2 L} = \frac{1}{(2\pi f)^2 L}$$

当 f=525kHz 时，电路谐振，则

$$C_1 = \frac{1}{(2\pi \times 525 \times 10^3)^2 \times 250 \times 10^{-6}} = 368\text{pF}$$

当 f=1610kHz 时，电路谐振，则

$$C_2 = \frac{1}{(2\pi \times 1610 \times 10^3)^2 \times 250 \times 10^{-6}} = 39.1\text{pF}$$

所以电容 C 的变化范围为（39.1～368）pF。

【例 3-13】 一个 C=300pF 的电容和一个线圈组成串联谐振电路，线圈的电感 L=0.3mH，电阻 R=10Ω，若电路输入端的信号电压 U=1mV，求谐振频率 f_0、谐振电流 I_0、品质因数 Q 和电容电压 U_{C0} 各为多少？

解：谐振频率为

$$f_0=\frac{1}{2\pi\sqrt{LC}}=\frac{1}{2\times3.14\times\sqrt{0.3\times10^{-3}\times300\times10^{-12}}}$$
$$=531\times10^3\text{Hz}$$
$$=531\text{kHz}$$

谐振电流为

$$I_0=\frac{U}{R}=\frac{1\times10^{-3}}{10}=0.1\times10^{-3}\text{A}=0.1\text{mA}$$
$$\omega_0L=2\pi f_0L=2\times3.14\times531\times10^3\times0.3\times10^{-3}=1000\Omega$$

品质因数和电容电压为

$$Q=\frac{\omega_0L}{R}=\frac{1000}{10}=100$$
$$U_{C0}=QU=100\times1=100\text{mV}$$

3.7.2 并联谐振

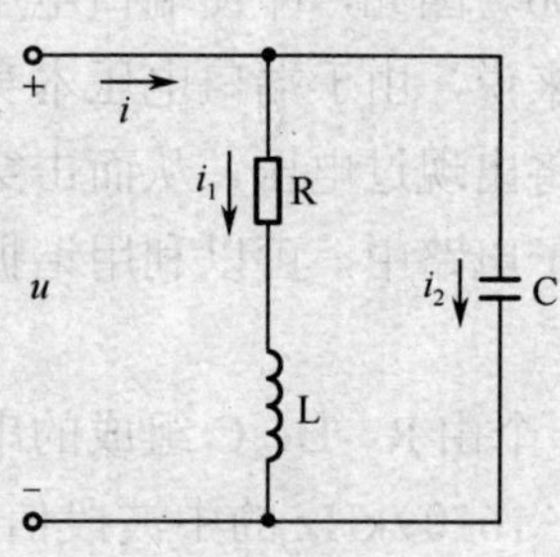

图 3-20 并联谐振电路模型

工程上也常用到电感线圈与电容并联的谐振电路，如图 3-20 所示，其中电感线圈的电路模型可以用 R 和 L 的串联来表示，并且电阻 R 远小于感抗 X_L。

和串联谐振相同，并联电路出现的端口电压与电流同相的现象称为并联谐振。采用导纳分析和讨论并联谐振电路较为方便。阻抗的倒数称为导纳（Y），则图 3-20 中电感支路的导纳为

$$Y_1=\frac{1}{R+\text{j}\omega L}=\frac{R-\text{j}\omega L}{R^2+(\omega L)^2}=\frac{R}{R^2+(\omega L)^2}-\frac{\text{j}\omega L}{R^2+(\omega L)^2}$$

电容支路的导纳为

$$Y_2=\frac{1}{-\text{j}X_C}=\text{j}\omega C$$

并联电路的总导纳为

$$Y=Y_1+Y_2=\frac{R}{R^2+(\omega L)^2}+\text{j}\left[\omega C-\frac{\omega L}{R^2+(\omega L)^2}\right]$$

当回路中总导纳的虚部（电纳）为 0 时，端口电压与电流同相，即电路处于谐振状态。则

$$\omega C=\frac{\omega L}{R^2+(\omega L)^2}$$

即

$$\omega_0=\sqrt{\frac{L-CR^2}{L^2C}}=\frac{1}{\sqrt{LC}}\sqrt{1-\frac{CR^2}{L}}$$

$$f_0=\frac{1}{2\pi\sqrt{LC}}\sqrt{1-\frac{CR^2}{L}}$$

由上式可以看出，电路的谐振频率由电路的参数决定，由于 $X_L \gg R$，品质因数 Q 很高，因此，ω_0 和 f_0 可以写成

$$\omega_0=\frac{1}{\sqrt{LC}}\sqrt{1-\frac{CR^2}{L}}=\frac{1}{\sqrt{LC}}\sqrt{1-\frac{R^2}{\rho^2}}=\frac{1}{\sqrt{LC}}\sqrt{1-\frac{1}{Q^2}}$$

$$\omega_0=\frac{1}{\sqrt{LC}} \tag{3-56}$$

$$f_0=\frac{1}{2\pi\sqrt{LC}} \tag{3-57}$$

并联谐振电路的基本特征如下。

① 谐振时，导纳为最小值，阻抗为最大值，且为电阻性。

② 谐振时，总电流最小，且与端口电压同相。

③ 谐振时，电感支路与电容支路的电流大小近似相等，相位相反，均为总电流的 Q 倍。因此并联谐振又称为电流谐振。

【思考与练习】

3.7.1　串联谐振的条件是什么？谐振频率等于多少？

3.7.2　说明串联谐振和并联谐振电路的特点。

3.7.3　为什么将串联谐振又称为电压谐振，并联谐振又称为电流谐振？

3.7.4　RLC 串联电路中，若 R=10kΩ，L=0.1mH，C=0.4pF，U_S=0.1V，则此电路的特性阻抗 ρ 及品质因数 Q 分别为多少？谐振时 U_{C0} 为多少？

3.8　正弦交流电路的功率及功率因数的提高

在多参数正弦交流电路中，瞬时功率随着时间的变化而变化。而在工程分析中，常常需要讨论电路消耗的功率、存储的功率及设备的容量等问题，这些都不方便用瞬时功率值来衡量，为此，本节介绍衡量多参数正弦交流电路功率的三种方式。

3.8.1　正弦交流电路的功率

1．瞬时功率

在如图 3-21 所示的无源线性二端网络中，设端口电压和电流为 $u=\sqrt{2}U\sin(\omega t+\psi_u)$，$i=\sqrt{2}I\sin(\omega t+\psi_i)$，则瞬时功率为

$$p = u \times i = \sqrt{2}U\sin(\omega t + \psi_{\mathrm{u}}) \times \sqrt{2}I\sin(\omega t + \psi_{\mathrm{i}})$$

整理上式可得

$$p = UI\left[\cos(\psi_{\mathrm{u}} - \psi_{\mathrm{i}}) - \cos(2\omega t + \psi_{\mathrm{u}} + \psi_{\mathrm{i}})\right] \tag{3-58}$$

式（3-58）表明瞬时功率由两部分组成，一部分为与时间无关的常量，通常被认为是耗能元件上的瞬时功率；另一部分为正弦量，其频率两倍于电压或电流的频率，通常被认为是储能元件上的瞬时功率。在每一瞬间，电源提供的功率一部分被耗能元件消耗掉，一部分与储能元件进行能量交换。根据式（3-58）可以画出电压 u、电流 i 及瞬时功率 p 的波形图，如图 3-22（a）所示。

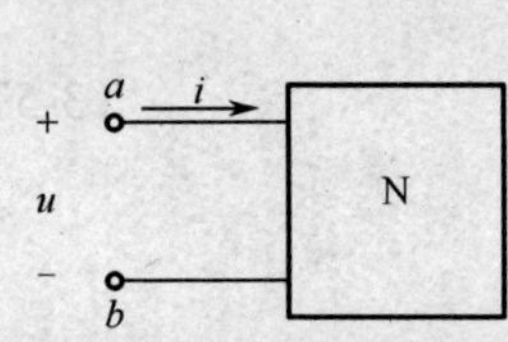

图 3-21　无源线性二端网络

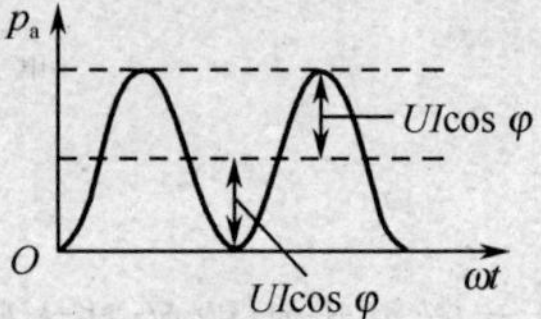

（a）电压u、电流i及瞬时功率p的波形图　（b）瞬时功率的有功分量

图 3-22　无源二端网络的瞬时功率和平均功率

2．有功功率和功率因数

在一个周期内，对瞬时功率求平均值便可得到网络的有功功率（平均功率）为

$$P = \frac{1}{T}\int_0^T p\mathrm{d}t = \frac{1}{T}\int_0^T UI[\cos(\psi_{\mathrm{u}} - \psi_{\mathrm{i}}) - \cos(2\omega t + \psi_{\mathrm{u}} + \psi_{\mathrm{i}})]\mathrm{d}t = UI\cos(\psi_{\mathrm{u}} - \psi_{\mathrm{i}})$$

上式可以写成

$$P = UI\cos\varphi \tag{3-59}$$

可见，有功功率不仅与电流、电压的大小有关，而且与 $\cos\varphi$ 有关，$\cos\varphi$ 称为功率因数，通常用 λ 表示，即 $\lambda = \cos\varphi$。当功率因数 $\cos\varphi$=1 时，$\varphi = 0^\circ$，电路为纯电阻电路，网络的有功功率 $P = UI = I^2R = \dfrac{U^2}{R}$；当功率因数 $\cos\varphi = 0$ 时，电路为纯电抗电路，网络的有功功率 $P = 0$。

正弦交流电路的瞬时功率随时间的变化而变化，测量起来很困难，而有功功率（平均功率）比较容易测量，测量方法在第 1 章中已介绍。

3．无功功率

如前所述，单一参数的正弦交流电路中，$Q_{\mathrm{L}}=U_{\mathrm{L}}I$，$Q_{\mathrm{C}}=U_{\mathrm{C}}I$。对 RLC 串联的正弦交流电路而言，无功功率 Q 应等于电路所有电感和电容无功功率之和。由于 $\dot{U}_{\mathrm{L}}$ 和 $\dot{U}_{\mathrm{C}}$ 相位相反，Q_{L} 和 Q_{C} 的作用也是相反的，若取 Q_{L} 为正值，则 Q_{C} 为负值，即

$$Q = Q_{\mathrm{L}} - Q_{\mathrm{C}} = U_{\mathrm{L}}I - U_{\mathrm{C}}I = U_{\mathrm{X}}I$$

在图 3-17 所示的电压三角形中 $U_{\mathrm{X}} = U\sin\varphi$，因此

$$Q = UI\sin\varphi \tag{3-60}$$

需要说明的是，“无功”的意义是“交换”而不是“消耗”，“无功”不等于“无用”。

很多应用电磁感应原理工作的设备，如变压器、异步电动机等，就是依靠与外电路之间进行能量交换来工作的。

4．视在功率

视在功率通常指电源的容量，在电工技术中，将 RLC 串联电路电源电压与电路中电流的有效值乘积称为视在功率，用符号 S 表示。即

$$S = UI \tag{3-61}$$

视在功率的单位为伏安（VA），它反映了电源设备可能提供的最大功率。

将前面介绍的电压三角形各边对应的电压的有效值都乘以电流的有效值，就可以得到有功功率 P、无功功率 Q 和视在功率 S。

$$P = IU_{\text{R}} = IU\cos\varphi$$
$$Q = IU_{\text{X}} = IU\sin\varphi$$
$$S = IU$$

P、Q、S 构成一个新的直角三角形，称为功率三角形，如图 3-23 所示。

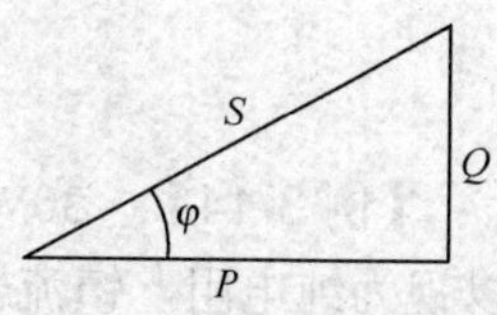

图 3-23　功率三角形

由功率三角形可以得出

$$S = \sqrt{P^2 + Q^2} \tag{3-62}$$

3.8.2　功率因数的提高

1．提高功率因数的意义

在正弦交流电路中，电阻性负载的端口电压与电流的相位差为零，功率因数等于 1。而在实际生产和生活中，大多数电气设备是电感性的，如电力系统中广泛使用的交流电动机，其电路模型可以视为由电阻和电感组成的串联电路，是电感性负载。电感性负载在工作时端口电压与电流有一定的相位差，功率因数小于 1，电路中发生能量互换，出现无功功率。功率因数低一方面使电源设备的容量得不到充分利用，造成电力能源的浪费；另一方面还会增加输电线路上的功率损耗。因此，电力系统必须提高功率因数。供用电规则规定，功率因数不能低于 0.9。

2．提高功率因数的方法

要提高功率因数，就要在保证设备工作状态不变的情况下，减小无功功率。所谓的工作状态不变，是指电感性负载的电压、电流及有功功率不变。提高功率因数常用的方法是在电感性负载两端并联适当大小的电容，如图 3-24（a）所示，并联的电容称为补偿电容。

由图 3-24（b）可见，并联电容后，由于电感性负载的电压未变，该支路的电流和有功功率不变，但电路中总电流由 I_1 减小到 I，总电流与电压的相位差由 φ_1 减小到 φ，从而提高了整个电路的功率因数。并联电容后，电路的总电流减小，电源就可以带更多的负载。通常，计算并联电容器的电容值可以用如下公式。

$$C = \frac{P}{\omega U^2}(\tan\varphi_1 - \tan\varphi) \tag{3-63}$$

式（3-63）中，P 为电感性负载的有功功率，U 为电源电压的有效值，ω为电源的角频率，并联电容前、后总电压与总电流的相位差分别为φ_1 和φ。

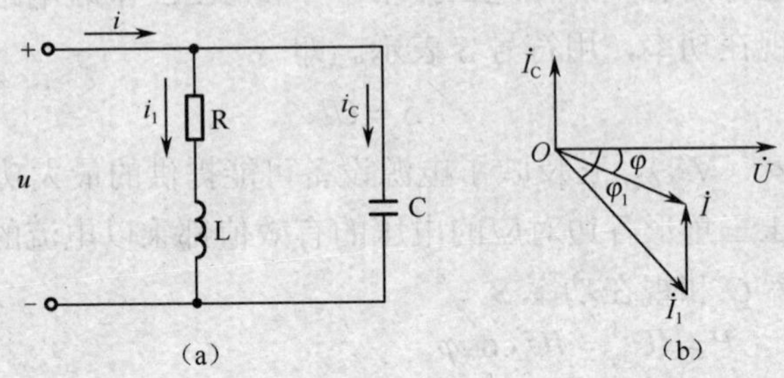

图 3-24　电容与电感性负载并联以提高功率因数

【例 3-14】　30W 的日光灯（电路模型可以视为电阻和电感串联电路，灯管工作时可以视为纯电阻，镇流器可以视为纯电感）接于 220V 工频电源电压上，已知灯管的管压降为 110V。求：（1）灯管的电阻 R 和镇流器的电感 L；（2）电路的功率因数；（3）若将电路的功率因数提高到 0.9 应并联多大的电容？

解：（1）由于日光灯消耗的功率即为电阻消耗的功率，则电路中的电流为

$$I = \frac{30}{110} = 0.27\text{A}$$

灯管的电阻 R 为

$$R = \frac{110}{0.27} = 407\Omega$$

镇流器的电感 L 为

$$|Z| = \sqrt{R^2 + {X_\text{L}}^2} = \frac{220}{0.27} = 815\Omega\text{，}\quad X_\text{L} = 706\Omega\text{，}\quad L = 2.25\text{H}$$

（2）由于 $P = UI\cos\varphi_1 = 220 \times 0.27 \times \cos\varphi_1 = 30\text{W}$，则电路的功率因数为

$$\cos\varphi_1 = 0.5\text{，}\quad \varphi_1 = 60^\circ$$

（3）由于 $\varphi = \arccos 0.9 = 25.84^\circ$，应并联的电容为

$$\begin{aligned}C &= \frac{P}{\omega U^2} = (\tan\varphi_1 - \tan\varphi)\\ &= \frac{30}{314 \times 220^2}(\tan 60^\circ - \tan 25.84^\circ)\\ &= 2.46\mu\text{F}\end{aligned}$$

【思考与练习】

3.8.1　试说明无源二端网络的有功功率、无功功率、视在功率的物理意义及三者之间的关系。

3.8.2　提高功率因数有什么意义？

3.8.3　感性负载提高功率因数常用的方法是什么？可否用串联电感和并联电阻的方

法提高功率因数？

3.8.4　试比较提高功率因数前后，电路的有功功率、感性负载的电流及电路总电流有何变化。

本章小结

1．正弦量的特征及三要素

正弦量的特征表现在大小、变化快慢、计时起点三个方面，分别用正弦量的三要素最大值、角频率、初相位来确定。正弦量的量值用有效值表示。

2．正弦量的三种表示方法

正弦量有波形图、瞬时值解析式、相量三种表示方法。其中相量表示法就是用复数表示正弦量。用复数表示正弦量后，正弦量之间的运算就可以转化为复数的运算，较好地解决了正弦量的计算问题。相量图是相量的图形表示，把几个同频率的正弦量画在同一相量图上，可以直观快捷地解决一些交流电路问题。

3．相量形式的基尔霍夫定律

（1）KCL 的相量形式：$\sum \dot{I}=0$。

（2）KVL 的相量形式：$\sum \dot{U}=0$。

4．单一参数的正弦交流电路

单一元件的正弦交流电路是研究交流电路的基础，应熟练掌握。其知识点如下表所示。

元件参数	R	L	C
瞬时值关系	$u_R=Ri$	$u_L=L\dfrac{di}{dt}$	$u_C=\dfrac{1}{C}\int_0^t i dt$
有效值关系	$U_R=RI$	$U_L=X_L I$	$U_C=X_C I$
相量关系	$\dot{U}_R=R\dot{I}$	$\dot{U}_L=jX_L\dot{I}$	$\dot{U}_C=-jX_C\dot{I}$
电阻或电抗	R	$X_L=\omega L$	$X_C=\dfrac{1}{\omega C}$
相位关系	u_R 与 i 同相	u_L 超前 i 90°	u_C 滞后 i 90°
相量图	$\dot{I}$　$\dot{U}_R$	$\dot{U}_L$　$\dot{I}$	$\dot{I}$　$\dot{U}_C$
有功功率	$P_R=U_R I=I^2R$	$P_L=0$	$P_C=0$
无功功率	$Q_R=0$	$Q_L=U_L I=I^2X_L$	$Q_C=U_C I=I^2X_C$

5．简单正弦交流电流的分析

（1）阻抗及阻抗的串联和并联。

① 阻抗：$Z=\dfrac{\dot{U}}{\dot{I}}=\dfrac{\dot{U}_m}{\dot{I}_m}$，$Z=|Z|\angle\varphi=\dfrac{U}{I}\angle(\psi_u-\psi_i)=\dfrac{U_m}{I_m}\angle(\psi_u-\psi_i)$。

② 阻抗串联及分压公式：$Z=Z_1+Z_2$，$\dot{U}_1=\dfrac{Z_1}{Z_1+Z_2}\dot{U}$，$\dot{U}_2=\dfrac{Z_2}{Z_1+Z_2}\dot{U}$。

③ 阻抗并联及分流公式：$\dfrac{1}{Z}=\dfrac{1}{Z_1}+\dfrac{1}{Z_2}$，$\dot{I}_1=\dfrac{Z_2}{Z_1+Z_2}\dot{I}$，$\dot{I}_2=\dfrac{Z_1}{Z_1+Z_2}\dot{I}$。

（2）RLC 串联的正弦交流电路。

$$\dot{U}=\dot{U}_{\rm R}+\dot{U}_{\rm L}+\dot{U}_{\rm C}=R\dot{I}+{\rm j}X_{\rm L}\dot{I}-{\rm j}X_{\rm C}\dot{I}=(R+{\rm j}\omega L-{\rm j}\frac{1}{\omega C})\dot{I}=Z\dot{I}$$

$$|Z|=\sqrt{R^2+(X_{\rm L}-X_{\rm C})^2}=\sqrt{R^2+X^2}\text{，}\varphi=\arctan\frac{X_{\rm L}-X_{\rm C}}{R}=\arctan\frac{X}{R}$$

$$U=\sqrt{{U_{\rm R}}^2+(U_{\rm L}-U_{\rm C})^2}=\sqrt{(IR)^2+(IX_{\rm L}-IX_{\rm C})^2}=I\sqrt{R^2+(X_{\rm L}-X_{\rm C})^2}$$

6．电路的谐振

在同时含有 L 和 C 的交流电路中，如果端口电压和电流同相，称电路处于谐振状态，电路呈现电阻性。

研究谐振的目的，就是一方面在生产上充分利用谐振的特点（如在无线电工程、电子测量技术等许多电路中的应用），另一方面又要预防它所产生的危害（如在电力系统中）。

7．正弦交流电路的功率及功率因数的提高

（1）正弦交流电路中的功率：$P=UI\cos\varphi$，$Q=UI\sin\varphi$，$S=UI$，$S=\sqrt{P^2+Q^2}$。

（2）提高功率因数的意义和方法：功率因数低不仅会造成电源的容量得不到充分利用，还会增加输电线路的损耗，因此应提高功率因数，常用的方法是在感性负载两端并联电容。

习题

3.1　分析正弦交流电路是否也与分析直流电路一样是从研究它们的大小和方向着手的？

3.2　若电压和电流的瞬时值解析式为$u=317\sin(\omega t-160^\circ)$V，$i_1=10\sin(\omega t-45^\circ)$A，$i_2=4\sin(\omega t+70^\circ)$A。在保持相位差不变的条件下，将电压的初相角改为0°，重新写出它们的瞬时值解析式。

3.3　一个正弦电流的初相位$\psi=15^\circ$、$t=\dfrac{T}{4}$时，$i(t)=0.5$A，试求该电流的有效值 I。

3.4　已知$u_1=220\sqrt{2}\sin(\omega t+60^\circ)$ V，$u_2=220\sqrt{2}\sin(\omega t+30^\circ)$ V，试画出u_1和u_2的相量图，并求：（1）u_1+u_2；（2）u_1-u_2。

3.5　已知两个正弦电流 $i_1=4\sin(\omega t+30^\circ)$A，$i_2=5\sin(\omega t-60^\circ)$A。试求 $i=i_1+i_2$。

3.6　在关联参考方向下，已知电感元件两端的电压为 $u_{\rm L}=100\sin(100t+30^\circ)$V，通过的电流为 $i_{\rm L}=10\sin(100t+\psi_{\rm i})$ A，试求电感的参数 L 及电流的初相 $\psi_{\rm i}$。

3.7　一个 C=50μF 的电容接于 $u=220\sin(314t+60^\circ)$V 的电源上，求 $i_{\rm C}$、$Q_{\rm C}$，并画出电流和电压的相量图。

3.8　如题 3.8 图所示电路中，已知电流表 A_1、A_2、A_3 的读数都是 10A，求图（a）、（b）电路中电流表 A 的读数。

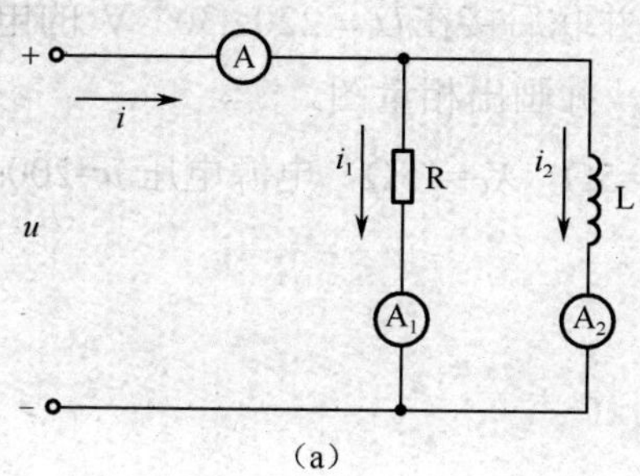

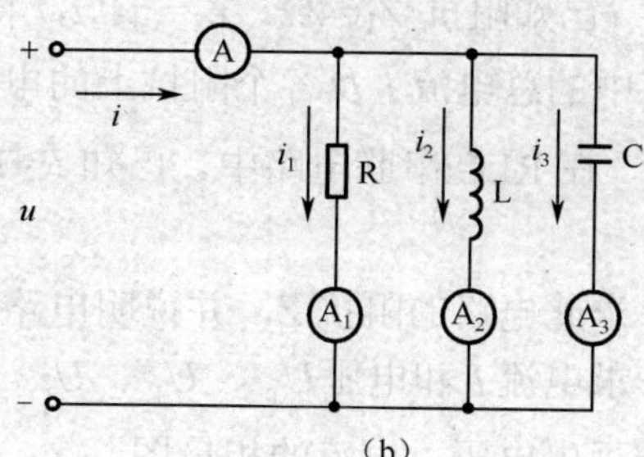

题 3.8 电路图

3.9　在题 3.9 图所示的正弦稳态电路中，已知 $\omega = 2\text{rad/s}$，$R = 2\Omega$，$L = 1\text{H}$，则 i_1 超前于 i_2 的角度为多少？

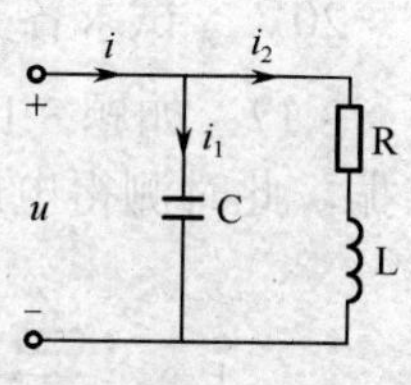

题 3.9 电路图

3.10　如题 3.10 图所示电路中，已知电压表 V_1、V_2、V_3 的读数都是 50V，求图（a）、（b）电路中电压表 V 的读数。

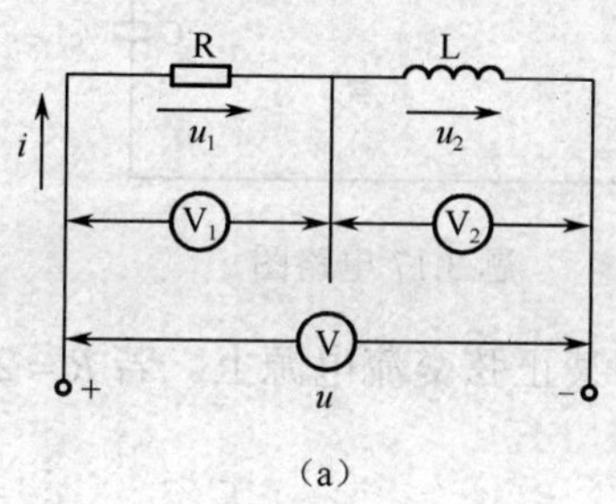

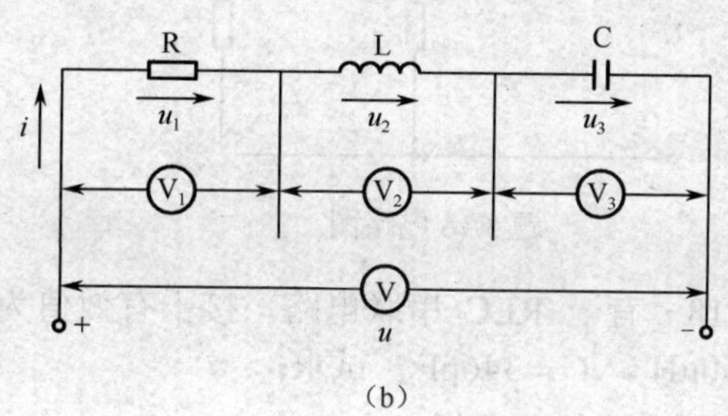

题 3.10 电路图

3.11　如题 3.11 图所示电路中，已知 V、V_1、V_2 各电压表的读数分别为 120V、150V、70V，ω=314rad/s，X_C=70Ω，试求电阻 R 和电感 L。

3.12　如题 3.12 图所示电路中，线圈接在频率为 50Hz 的正弦电源上，已知电压表的读数为 50V，电流表的读数为 1A，功率表的读数为 30W，试求该线圈的参数 R 和 L。

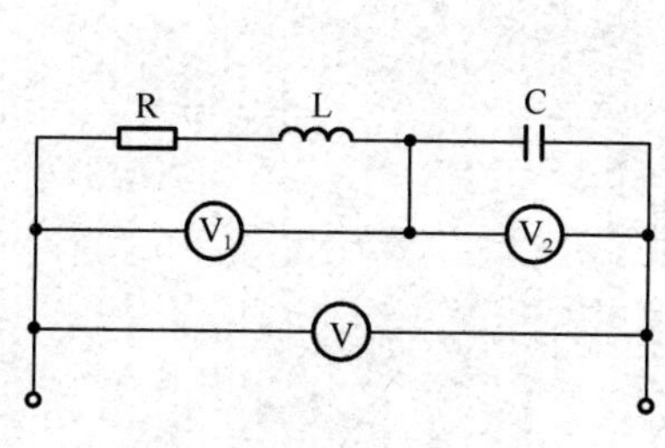

题 3.11 电路图

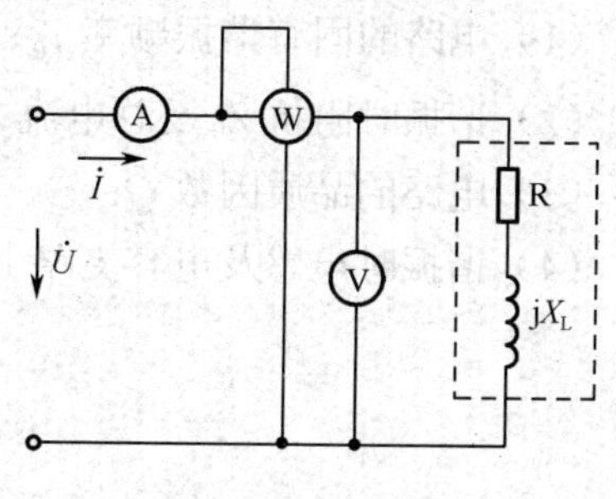

题 3.12 电路图

3.13　R、L、C 三个元件串联，已知 R=15Ω，L=30mH，C=20μF。若电流 $i=10\sqrt{2}\sin 1000t$A，求总电压 u。

3.14　已知阻抗 Z_1=4Ω，Z_2=−j4Ω，将 Z_1、Z_2 并联后接在 $\dot{U}=220\angle 30^\circ$ V 的电源上。试求电路中的总电流 $\dot{I}$ 及各个阻抗上的电流 $\dot{I}_1$、$\dot{I}_2$，并画出相量图。

3.15　在 RLC 串联电路中，已知 R=10Ω，X_L=5Ω，X_C=15Ω，电源电压 $u=200\sin(\omega t+30^\circ)$V。

（1）求此电路的阻抗 Z，并说明电路的性质。

（2）求电流 $\dot{I}$ 和电压 $\dot{U}_R$、$\dot{U}_L$、$\dot{U}_C$。

（3）画出电压、电流的相量图。

3.16　如题 3.16 图所示电路，已知 $Z_1=(3-\text{j}4)\Omega$，$Z_2=(2+\text{j}2)\Omega$，$Z_3=(4+\text{j}3)\Omega$，$\dot{U}=20\text{V}$。试求各支路电流 $\dot{I}_1$、$\dot{I}_2$、$\dot{I}_3$。

3.17　如题 3.17 图所示电路，在外施电压 U=50V，$\omega=10^3$ rad/s 时，调节电容使电路谐振。此时测得电压 $U_C=80\text{V}$，电流有效值 I=1A。试求该电路的参数 R、L、C。

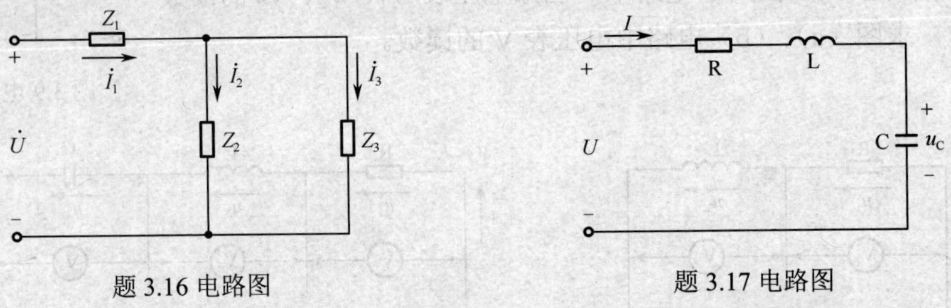

题 3.16 电路图　　　　题 3.17 电路图

3.18　有一 RLC 串联电路，接于有效值为 2.5V 的某正弦交流电源上。若 $R=20\Omega$，$L=250\mu\text{H}$，$C=346\text{pF}$，试求：

（1）电路的谐振频率 f_0；

（2）电路的品质因数 Q；

（3）谐振时的电流 I_0；

（4）谐振时各元件上电压的有效值。

3.19　已知电阻 R 为 2Ω、电感 L 为 40μH 的电感线圈与容量 C 为 0.001μF 的电容器并联后接于电压为 15V 的正弦交流电源上。

求：（1）电路的固有谐振频率 f_0；

（2）谐振时阻抗 Z_0 及总电流 I_0；

（3）电路的品质因数 Q；

（4）谐振时电感及电容支路上电流的有效值。

第 4 章

三相交流电路

由三相交流电源供电的电路称为三相交流电路。本章介绍三相交流电路的基本知识，主要内容包括：三相电源、三相电路的分析与计算、三相电路的功率。

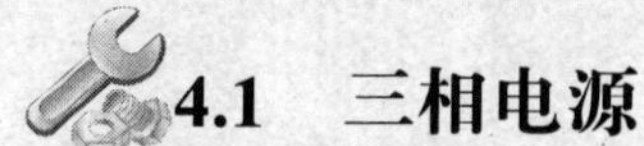

4.1 三相电源

4.1.1 三相电动势的产生

如图 4-1 所示为三相交流发电机的原理图。三相交流发电机由定子和转子组成，在发电机定子铁芯的凹槽内放置完全相同的三个绕组，分别为 U_1-U_2、V_1-V_2、W_1-W_2，称为 U 相、V 相、W 相。设始端为 U_1、V_1、W_1，末端为 U_2、V_2、W_2，在空间位置上始端（或末端）之间互差 120°。转子铁芯上绕有励磁绕组，通入直流电后会产生磁场，选择合适的磁极形状和励磁绕组，可使转子表面空气隙中的磁感应强度按正弦规律分布。

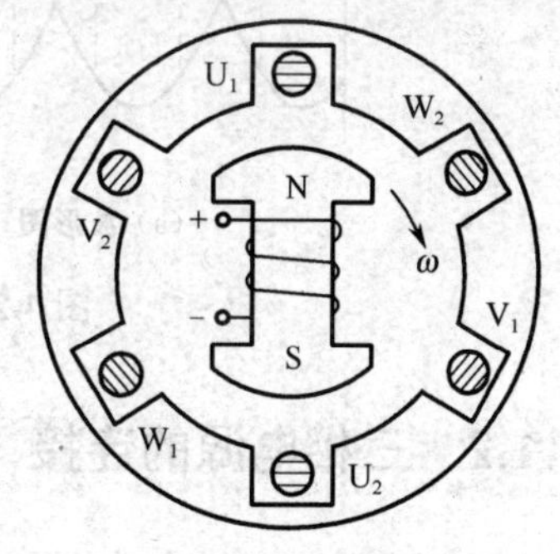

图 4-1 三相交流发电机的原理图

当转子在原动机带动下，以角速度 ω 匀速按顺时针方向旋转时，定子绕组切割磁力线，就会在定子绕组中产生按正弦规律变化的感应电动势，而且磁极依次与 U_1、V_1、W_1 正面相对时，相应的 U_1-U_2、V_1-V_2、W_1-W_2 绕组中的正弦感应电动势达到最大值。三相电动势的参考方向选定为由绕组的末端指向始端，并分别用 e_U、e_V、e_W 表示。若以 e_U 电动势为参考正弦量，则三相感应电动势分别为

$$
\left.\begin{aligned}
e_{\mathrm{U}} &= E_{\mathrm{m}} \sin \omega t \\
e_{\mathrm{V}} &= E_{\mathrm{m}} \sin(\omega t - 120^{\circ}) \\
e_{\mathrm{W}} &= E_{\mathrm{m}} \sin(\omega t - 240^{\circ}) = E_{\mathrm{m}} \sin(\omega t + 120^{\circ})
\end{aligned}\right\} \tag{4-1}
$$

有效值相量为

$$
\left.\begin{aligned}
\dot{E}_{\mathrm{U}} &= E\angle 0^{\circ} \\
\dot{E}_{\mathrm{V}} &= E\angle -120^{\circ} \\
\dot{E}_{\mathrm{W}} &= E\angle 120^{\circ}
\end{aligned}\right\} \tag{4-2}
$$

式（4-1）所示的一组幅值、频率相同，相位互差 120° 的三个电动势，称为三相对称电动势。它们达到正幅值的先后次序称为相序，显然，U、V、W 三相绕组在空间的位置确定后，相序与磁极的旋转方向有关。在图 4-1 中，如果磁极顺时针方向旋转，相序即为 U_1→V_1→W_1，这样的相序称为正序，若相序为 U_1→W_1→V_1（或 W_1→V_1→U_1），则称为负序。

三相对称电动势的波形图和相量图如图 4-2 所示。可见，三相对称电动势的瞬时值之和为零，相量之和也为零，即

$$
\left.\begin{aligned}
e_{\mathrm{U}} + e_{\mathrm{V}} + e_{\mathrm{W}} &= 0 \\
\dot{E}_{\mathrm{U}} + \dot{E}_{\mathrm{V}} + \dot{E}_{\mathrm{W}} &= 0
\end{aligned}\right\} \tag{4-3}
$$

这是三相对称电源的一个重要性质，以后所说的三相电源均指三相对称电源。

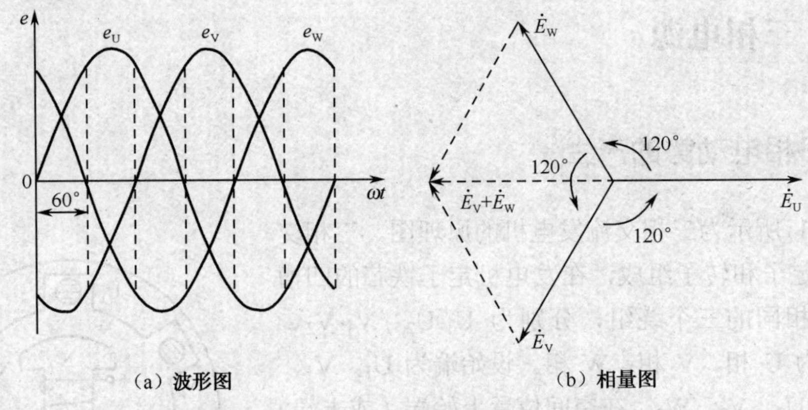

图 4-2　三相对称电动势的波形图和相量图

4.1.2　三相电源的连接

三相电源的绕组通常做适当的连接之后再给负载供电。通常绕组有两种连接方式：一种为星形连接，又称 Y 形连接；另一种为三角形连接，又称△形连接。

1. 三相电源的星形连接

星形连接的三相电源如图 4-3（a）所示，将绕组的末端 U_2、V_2、W_2 连接在一起作为公共点，称为电源的中性点或零点，用 N 表示。从中性点 N 引出的导线称为中性线，俗称零线，通常将中性线与大地直接相连接，这时中性线又称为地线，实际中其裸导线可涂

淡蓝色标志；从绕组的始端 U_1、V_1、W_1 分别引出的导线称为相线或端线，俗称火线，实际中其裸导线分别涂黄、绿、红三种颜色标志，常用 L_1、L_2、L_3 表示，如图 4-3（b）所示。

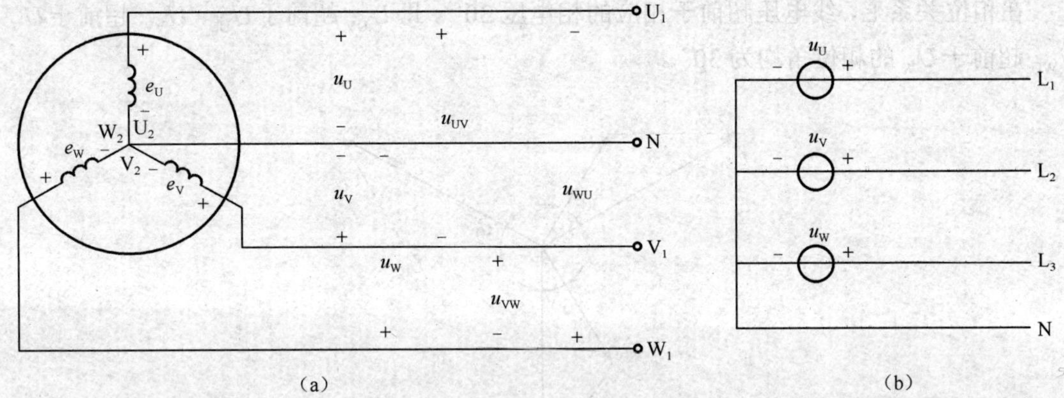

图 4-3　星形连接的三相电源

在三相四线制供电系统中，每相绕组始端与末端之间的电压，即电源相线与中性线之间的电压称为相电压，用 u_p 表示，其有效值用 $\dot{U}_U$、$\dot{U}_V$、$\dot{U}_W$ 表示；任意两根相线之间的电压称为线电压，用 u_l 表示，其有效值用 $\dot{U}_{UV}$、$\dot{U}_{VW}$、$\dot{U}_{WU}$ 表示。由于电源绕组的阻抗很小，其压降也很小，可以忽略不计。因此，相电压与对应的电动势基本相等，三个相电压也可视为一组对称电压，若以 u_U 相电压为参考，则有

$$\left.\begin{aligned} u_U &= U_m \sin \omega t \\ u_V &= U_m \sin(\omega t - 120^\circ) \\ u_W &= U_m \sin(\omega t + 120^\circ) \end{aligned}\right\} \tag{4-4}$$

相电压的有效值相量为

$$\left.\begin{aligned} \dot{U}_U &= U_p \angle 0^\circ \\ \dot{U}_V &= U_p \angle -120^\circ \\ \dot{U}_W &= U_p \angle 120^\circ \end{aligned}\right\} \tag{4-5}$$

由图 4-3 列写基尔霍夫电压方程，可求出三个线电压分别为

$$\left.\begin{aligned} u_{UV} &= u_U - u_V \\ u_{VW} &= u_V - u_W \\ u_{WU} &= u_W - u_U \end{aligned}\right\} \tag{4-6}$$

线电压的有效值相量为

$$\left.\begin{aligned} \dot{U}_{UV} &= \dot{U}_U - \dot{U}_V \\ \dot{U}_{VW} &= \dot{U}_V - \dot{U}_W \\ \dot{U}_{WU} &= \dot{U}_W - \dot{U}_U \end{aligned}\right\} \tag{4-7}$$

依据式（4-5）和式（4-7）绘出相电压 $\dot{U}_U$、$\dot{U}_V$、$\dot{U}_W$ 和线电压 $\dot{U}_{UV}$、$\dot{U}_{VW}$、$\dot{U}_{WU}$ 的相量图如图 4-4 所示。由相量图中的几何关系可以看出，三个线电压也对称，而且线电压

的有效值U_l与相电压有效值U_p之间的关系为

$$U_l = 2U_p \cos 30° = \sqrt{3}U_p \tag{4-8}$$

在相位关系上，线电压超前于相应的相电压 30°，即$\dot{U}_{UV}$超前于$\dot{U}_U$、$\dot{U}_{VW}$超前于$\dot{U}_V$、$\dot{U}_{WU}$超前于$\dot{U}_W$的相位角均为 30°。

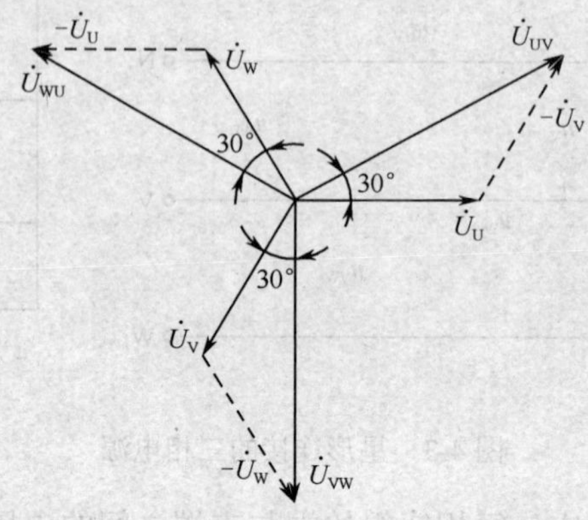

图 4-4　绕组星形连接时的电压相量图

星形连接的三相电源，引出四根导线，构成了低压电网中普遍采用的三相四线制供电系统。三相四线制供电时，可以给负载提供两种电压，即相电压 220V 和线电压 380V（$\sqrt{3} \times 220\text{V} = 380\text{ V}$）。

2．三相电源的三角形连接

绕组三角形连接的三相电源如图 4-5 所示。将完全相同的三个绕组的始、末端依次互相连接形成三角形，从三角形的三个顶点分别引出三根相线，这样就构成了三相三线制供电系统。

由于三角形连接的三相电源的线电压与相电压相等，所以只能提供给负载一组对称的电压，即

$$u_l = u_p \tag{4-9}$$

上式也可以写成

$$\left.\begin{aligned} u_{UV} &= u_U \\ u_{VW} &= u_V \\ u_{WU} &= u_W \end{aligned}\right\} \tag{4-10}$$

其有效值相量为

$$\left.\begin{aligned} \dot{U}_{UV} &= \dot{U}_U \\ \dot{U}_{VW} &= \dot{U}_V \\ \dot{U}_{WU} &= \dot{U}_W \end{aligned}\right\} \tag{4-11}$$

以$\dot{U}_U$为参考相量画出的电压相量图如图 4-6 所示。可见，在三角形闭合回路中电压的相量和等于零，即

$$\dot{U}_U + \dot{U}_V + \dot{U}_W = 0 \tag{4-12}$$

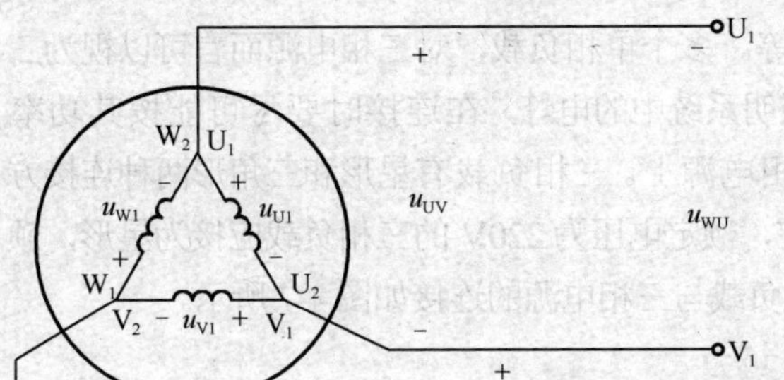

图 4-5　绕组三角形连接的三相电源

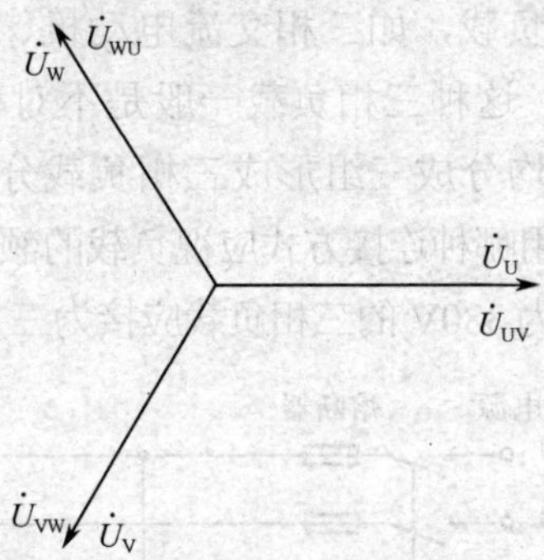

图 4-6　绕组三角形连接时的电压相量图

三相电源绕组三角形连接时，绕组自身形成回路，因此，绕组必须正确连接。若一相绕组接反，则三相电压之和不等于零。由于绕组的阻抗较小，在电源空载时，绕组内会产生很大的环行电流，引起绕组发热，严重时会烧坏电源设备。

【思考与练习】

4.1.1　三相电源星形连接时可以给负载提供几种电压？三角形连接时可以给负载提供几种电压？

4.1.2　当三相电源为星形连接时，若相电压 $u_{\mathrm{U}} = 220\sqrt{2}\sin 314t\mathrm{V}$，则线电压 $u_{\mathrm{UV}} = ?$

4.1.3　当发电机三相绕组星形连接时，设线电压 $u_{\mathrm{UV}} = 380\sqrt{2}\sin(\omega t - 15^\circ)\mathrm{V}$，试写出相电压 u_{V} 的解析式。

4.1.4　星形连接的发电机三相绕组中，若将其中一相的始末端接反，则相电压和线电压是否对称？

4.1.5　三角形连接的发电机三相绕组正确连接时其中的电流为多少？如果其中 $\mathrm{U_1}$-$\mathrm{U_2}$ 绕组的始末端接反会出现什么情况？

4.2　三相电路的分析与计算

三相交流电路简称三相电路。本节介绍三相四线制供电系统中负载星形连接和三角形连接的三相电路的分析与计算。

4.2.1　负载的连接

在实际应用中，用电负载一般分为单相负载和三相负载两类，单相负载需要单相电源供电就能正常工作，若负载的额定电压为 220V，应接在相线和中性线之间；若负载的额定电压为 380V，应接在两根相线之间；若负载的额定电压不等于电源提供的两种电压，则要用变压器进行变压。需要三相电源才能工作的负载称为三相负载，这类负载通常各相阻抗相同（阻抗模和阻抗角均相等），称为三相对称负载，工业上广泛使用的三相负载多为对称负载，如三相交流电动机、三相电炉等。多个单相负载，对三相电源而言可以视为三相负载，这种三相负载一般是不对称的，如照明系统中的电灯，在连接时要尽可能按其功率大小平均分成三组形成三相负载分别接在三相电源上。三相负载有星形和三角形两种连接方式，采用哪种连接方式应视负载的额定电压而定，额定电压为220V的三相负载应接为星形，额定电压为380V的三相负载应接为三角形，三相负载与三相电源的连接如图4-7所示。

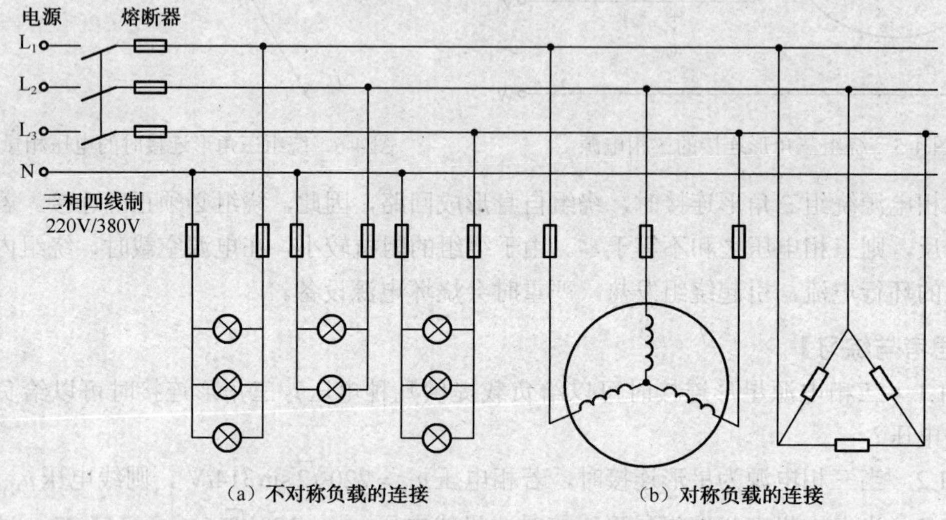

图4-7　三相负载与三相电源的连接

4.2.2　负载星形连接的三相电路

图4-8中的三相负载分别为Z_U、Z_V、Z_W，将其中一端连接在一起，称为负载的中性点，用N′表示，并接至电源的中性线上。将三相负载的另一端分别接至电源的三根相线上，形成负载星形连接的三相四线制电路，其电压和电流的参考方向如图4-8所示。

若忽略中性线的阻抗，电源的中性点N和负载的中性点N′是等电位点，若忽略相线的阻抗，则每相负载的电压等于电源的相电压。以$\dot{U}_U$相电源电压为参考，则$\dot{U}_U = U_p\angle 0^\circ$、$\dot{U}_V = U_p\angle -120^\circ$、$\dot{U}_W = U_p\angle 120^\circ$。每相负载的电流称为相电流，用$i_p$表示，其有效值用$I_p$表示，相线上的电流称为线电流，用$i_l$表示，其有效值用$I_l$表示，可见$i_l=i_p$。依据欧姆定律求得各相电流（也是线电流）的相量为

$$\left.\begin{aligned}\dot{I}_U &= \frac{\dot{U}_U}{Z_U} = \frac{U_p\angle 0^\circ}{|Z_U|\angle\varphi_U} = \frac{U_p}{|Z_U|}\angle -\varphi_U\\ \dot{I}_V &= \frac{\dot{U}_V}{Z_V} = \frac{U_p\angle -120^\circ}{|Z_V|\angle\varphi_V} = \frac{U_p}{|Z_V|}\angle(-\varphi_V - 120^\circ)\\ \dot{I}_W &= \frac{\dot{U}_W}{Z_W} = \frac{U_p\angle 120^\circ}{|Z_W|\angle\varphi_W} = \frac{U_p}{|Z_W|}\angle(-\varphi_W + 120^\circ)\end{aligned}\right\} \tag{4-13}$$

依据基尔霍夫电流定律，求得中性线的电流为

$$\dot{I}_{\mathrm{N}} = \dot{I}_{\mathrm{U}} + \dot{I}_{\mathrm{V}} + \dot{I}_{\mathrm{W}} \tag{4-14}$$

1．对称电路

电源和负载都对称的电路称为三相对称电路。在三相对称电路中，由于三相负载的相电压对称，各相负载对称，即 $Z_{\mathrm{U}} = Z_{\mathrm{V}} = Z_{\mathrm{W}} = Z = |Z|\angle\varphi$，因此各相电流也应是对称的，对称负载的电压、电流相量图如图4-9所示。对称电路只需计算其中一相负载的电流，然后，依据电路的对称性确定其他两相的电流。

$$\left.\begin{aligned}\dot{I}_{\mathrm{U}} &= \frac{\dot{U}_{\mathrm{U}}}{Z} = \frac{U_p\angle 0^\circ}{|Z|\angle\varphi} = \frac{U_p}{|Z|}\angle -\varphi \\ \dot{I}_{\mathrm{V}} &= \frac{U_p}{|Z|}\angle(-\varphi - 120^\circ) \\ \dot{I}_{\mathrm{W}} &= \frac{U_p}{|Z|}\angle(-\varphi + 120^\circ)\end{aligned}\right\} \tag{4-15}$$

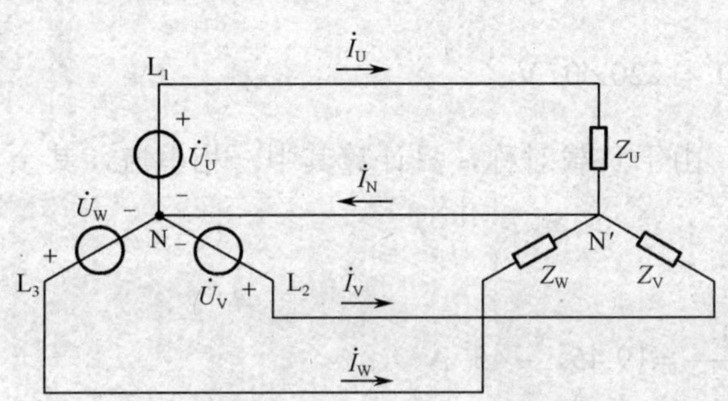

图4-8　负载星形连接的三相四线制电路

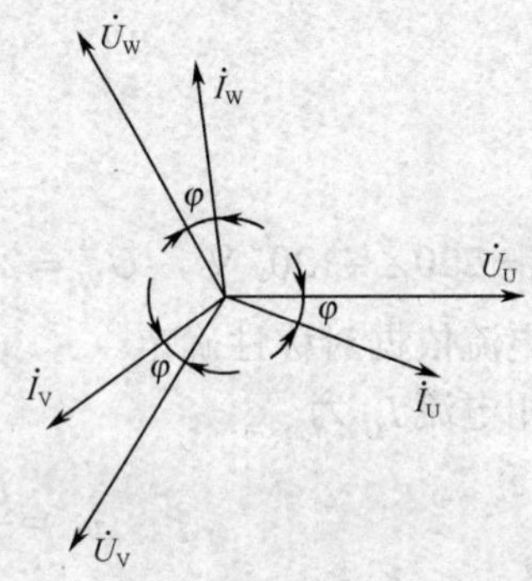

图4-9　对称负载的电压、电流相量图

中性线电流为

$$\dot{I}_{\mathrm{N}} = \dot{I}_{\mathrm{U}} + \dot{I}_{\mathrm{V}} + \dot{I}_{\mathrm{W}} = 0 \tag{4-16}$$

可见，在星形连接的三相对称电路中，中性线电流为零，这意味着即使断开中性线，对电路也不会产生任何影响，所以，可以省去中性线而成为三相三线制电路，如图4-10所示。三相三线制电路广泛应用在工业生产中。

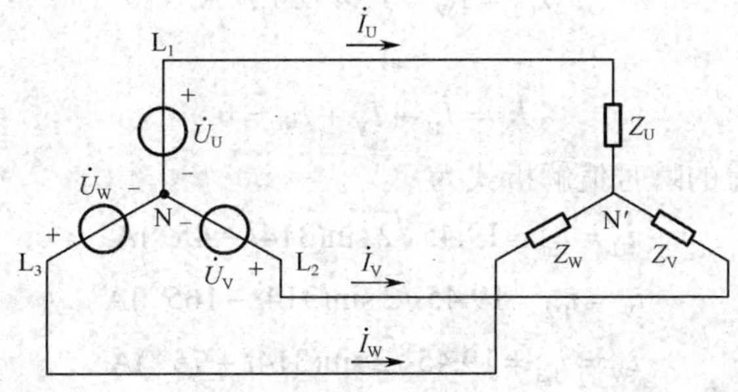

图4-10　三相对称电路负载星形连接的三相三线制电路

【例 4-1】 如图 4-11 所示的对称三相电路中，已知工频三相电源的线电压$U_l = 380\text{V}$，每相负载的阻抗为Z=8+j8，求相电流、线电流及中性线电流。

解：中性线存在时，各负载的电压等于电源的相电压。以$\dot{U}_U$电压为参考，即

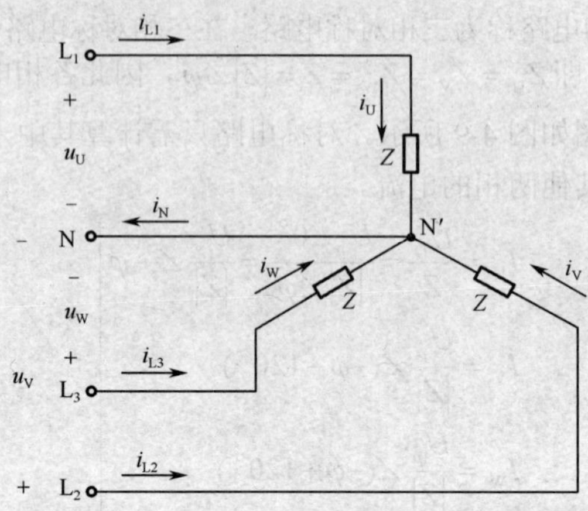

图 4-11 例 4-1 电路图

$$\dot{U}_U = \frac{380}{\sqrt{3}}\angle 0^\circ = 220\angle 0^\circ\ \text{V}$$

则$\dot{U}_V = 220\angle -120^\circ\ \text{V}$，$\dot{U}_W = 220\angle 120^\circ\ \text{V}$。由于负载对称，只计算其中一相电流，其余两相电流依据对称性确定。

相电流$\dot{I}_U$为

$$\dot{I}_U = \frac{\dot{U}_U}{Z} = \frac{220\angle 0^\circ}{8\sqrt{2}\angle 45^\circ} = 19.45\angle -45^\circ\ \text{A}$$

相电流$\dot{I}_V$和$\dot{I}_W$分别为

$$\dot{I}_V = 19.45\angle(-45^\circ - 120^\circ) = 19.45\angle -165^\circ\ \text{A}$$
$$\dot{I}_W = 19.45\angle(-45^\circ + 120^\circ) = 19.45\angle 75^\circ\ \text{A}$$

线电流等于相电流，即

$$\dot{I}_{L1} = \dot{I}_U = 19.45\angle -45^\circ\ \text{A}$$
$$\dot{I}_{L2} = \dot{I}_V = 19.45\angle -165^\circ\ \text{A}$$
$$\dot{I}_{L3} = \dot{I}_W = 19.45\angle 75^\circ\ \text{A}$$

中性线电流为

$$\dot{I}_N = \dot{I}_U + \dot{I}_V + \dot{I}_W = 0$$

各相电流、线电流的瞬时值解析式为

$$i_U = i_{L1} = 19.45\sqrt{2}\sin(314t - 45^\circ)\text{A}$$
$$i_V = i_{L2} = 19.45\sqrt{2}\sin(314t - 165^\circ)\text{A}$$
$$i_W = i_{L3} = 19.45\sqrt{2}\sin(314t + 75^\circ)\text{A}$$
$$i_N = 0$$

2．不对称电路

三相电源通常是对称的，若负载不对称，所形成的电路为不对称三相电路，这种不对称电路中必须有中性线。中性线的作用是使星形连接的不对称三相负载的电压为电源对称的相电压，保证各相负载能正常工作。若负载不对称而又没有中性线，各相负载的电压就不可能为电源对称的相电压，势必引起有的负载电压过高（高于负载的额定电压），有的负载电压过低（低于负载的额定电压），使电路不能正常工作。

造成三相负载不对称的原因主要是电网中存在大量的单相负载，如照明负载。因为单相负载是分散、单独使用的，绝大多数情况下运行在三相不对称状态，为保证每个单相负载始终都能获得电源的相电压，中性线要牢固地接在电路中，为了保证中性线不断开，中性线上不允许接入熔断器或开关。

【例 4-2】　如图 4-12 所示，三组白炽灯做星形连接，接至三相四线制电源上。已知 A 组为 20 盏，B 组和 C 组各为 10 盏。每盏灯的额定电压为 220V，额定功率为 60W，电源的线电压为 380V。试求：（1）开关 S 闭合时每相负载的相电压、相电流以及中性线电流。（2）开关 S 断开，并且 L_3 断开时会出现什么现象？

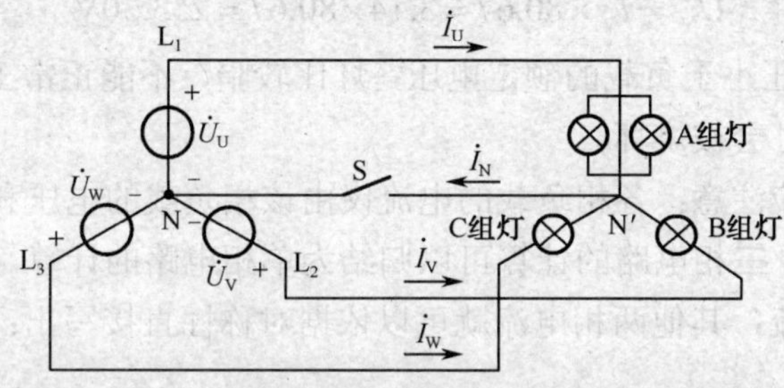

图 4-12　例 4-2 电路图

解：（1）开关 S 闭合时，各负载的相电压等于电源对称的相电压，以 $\dot{U}_{\mathrm{U}}$ 电压为参考，即

$$\dot{U}_{\mathrm{U}}=\frac{380}{\sqrt{3}}\angle 0^{\circ}=220\angle 0^{\circ}\ \mathrm{V}$$

则 $\dot{U}_{\mathrm{V}}=220\angle -120^{\circ}\ \mathrm{V}$，$\dot{U}_{\mathrm{W}}=220\angle 120^{\circ}\ \mathrm{V}$。由于负载不对称，相电流应分别计算。

每盏灯的电阻为

$$R=\frac{220^2}{60}=806.67\Omega$$

每相负载的阻抗为

$$Z_{\mathrm{U}}=\frac{806.67}{20}=40.33\Omega$$

$$Z_{\mathrm{V}}=Z_{\mathrm{W}}=\frac{806.67}{10}=80.67\Omega$$

各相电流为

$$\dot{I}_{\mathrm{U}}=\frac{\dot{U}_{\mathrm{U}}}{Z_{\mathrm{U}}}=\frac{220\angle 0^{\circ}}{40.33}=5.45\angle 0^{\circ}\ \mathrm{A}$$

$$\dot{I}_V=\frac{\dot{U}_V}{Z_V}=\frac{220\angle-120^\circ}{80.67}=2.73\angle-120^\circ\ \text{A}$$

$$\dot{I}_W=\frac{\dot{U}_W}{Z_W}=\frac{220\angle 120^\circ}{80.67}=2.73\angle 120^\circ\ \text{A}$$

中性线电流为

$$\begin{aligned}\dot{I}_N&=\dot{I}_U+\dot{I}_V+\dot{I}_W\\&=5.45\angle 0^\circ+2.73\angle-120^\circ+2.73\angle 120^\circ\\&=5.45+2.73(-0.5-\text{j}0.866)+2.73(-0.5+\text{j}0.866)\\&=2.72\text{A}\end{aligned}$$

（2）开关 S 断开，并且 L_3 断开时，A 组负载和 B 组负载串联后接在电源的线电压上，电路的电流、电压有效值为

$$I_U=I_V=\frac{380}{40.33+80.67}=\frac{380}{121}=3.14\text{A}$$

$$U_U=I_U\times 40.33=3.14\times 40.33=126.64\text{V}$$

$$U_V=I_V\times 80.67=3.14\times 80.67=253.30\text{V}$$

这时 A 组灯的电压小于负载的额定电压，灯比较暗，不能正常工作；B 组灯的电压大于负载的额定电压，灯会被烧坏。

理解三相电路时应注意：各相负载的电流仅由该相负载的电压和阻抗决定，各相的计算具有独立性，因此，三相电路的计算可以归结为单相电路的计算。若三相电路对称，只计算某一相负载的电流，其他两相电流就可以依据对称性直接写出；若三相电路不对称，则每一相应分别计算。

4.2.3 负载三角形连接的三相电路

图 4-13 中的三相负载分别为 Z_{UV}、Z_{VW}、Z_{WU}，将三相负载依次互相连接构成三角形，再将其中的三个顶点分别接至电源的三根相线上，就形成了负载三角形（△）连接的三相三线制电路，其电压和电流的参考方向如图 4-13 所示。若忽略相线的阻抗，负载的相电压等于电源的线电压，即 $U_p=U_l$，无论负载对称与否，其相电压总是对称的。

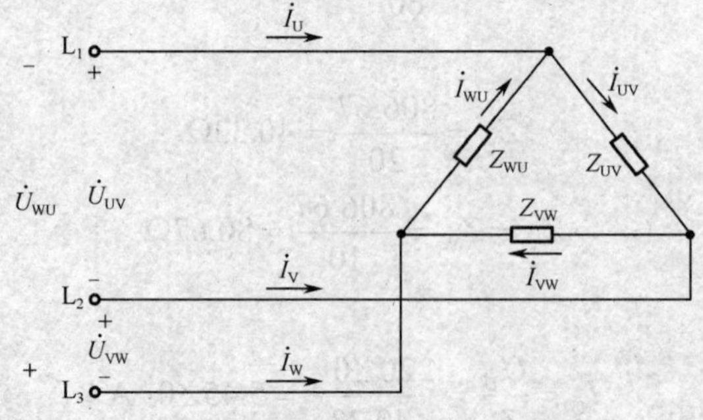

图 4-13 负载为△连接的三相电路

以电源线电压$\dot{U}_{UV}$为参考，即$\dot{U}_{UV}=U_l\angle 0°$，则$\dot{U}_{VW}=U_l\angle -120°$，$\dot{U}_{WU}=U_l\angle 120°$。则相电流$\dot{I}_{UV}$、$\dot{I}_{VW}$、$\dot{I}_{WU}$分别为

$$\left.\begin{aligned}\dot{I}_{UV}&=\frac{\dot{U}_{UV}}{Z_{UV}}=\frac{U_l\angle 0°}{|Z_{UV}|\angle\varphi_{UV}}=\frac{U_l}{|Z_{UV}|}\angle-\varphi_{UV}\\ \dot{I}_{VW}&=\frac{\dot{U}_{VW}}{Z_{VW}}=\frac{U_l\angle-120°}{|Z_{VW}|\angle\varphi_{VW}}=\frac{U_l}{|Z_{VW}|}\angle(-\varphi_{VW}-120°)\\ \dot{I}_{WU}&=\frac{\dot{U}_{WU}}{Z_{WU}}=\frac{U_l\angle 120°}{|Z_{WU}|\angle\varphi_{WU}}=\frac{U_l}{|Z_{WU}|}\angle(-\varphi_{WU}+120°)\end{aligned}\right\}\tag{4-17}$$

但是负载三角形连接时，相电流与线电流并不相等，对三相负载的三个顶点应用基尔霍夫电流定律可得线电流$\dot{I}_U$、$\dot{I}_V$、$\dot{I}_W$为

$$\left.\begin{aligned}\dot{I}_U&=\dot{I}_{UV}-\dot{I}_{WU}\\ \dot{I}_V&=\dot{I}_{VW}-\dot{I}_{UV}\\ \dot{I}_W&=\dot{I}_{WU}-\dot{I}_{VW}\end{aligned}\right\}\tag{4-18}$$

1．对称电路

当三相负载对称时，即$Z_{UV}=Z_{VW}=Z_{WU}=Z$时，各相电流为

$$\left.\begin{aligned}\dot{I}_{UV}&=\frac{\dot{U}_{UV}}{Z}\\ \dot{I}_{VW}&=\frac{\dot{U}_{VW}}{Z}\\ \dot{I}_{WU}&=\frac{\dot{U}_{WU}}{Z}\end{aligned}\right\}\tag{4-19}$$

因为$\dot{U}_{UV}$、$\dot{U}_{VW}$、$\dot{U}_{WU}$为三相对称电压，所以电流$\dot{I}_{UV}$、$\dot{I}_{VW}$、$\dot{I}_{WU}$必定是三相对称电流，其有效值均为I_p，设$\dot{I}_{UV}=I_p\angle 0°$，则

$$\dot{I}_{VW}=I_p\angle-120°$$
$$\dot{I}_{WU}=I_p\angle 120°$$

各线电流分别为

$$\dot{I}_U=\dot{I}_{UV}-\dot{I}_{WU}=I_p\angle 0°-I_p\angle 120°=\sqrt{3}I_p\angle-30°$$
$$\dot{I}_V=\dot{I}_{VW}-\dot{I}_{UV}=I_p\angle-120°-I_p\angle 0°=\sqrt{3}I_p\angle-150°$$
$$\dot{I}_W=\dot{I}_{WU}-\dot{I}_{VW}=I_p\angle 120°-I_p\angle-120°=\sqrt{3}I_p\angle 90°$$

线电流也可以写成

$$\left.\begin{aligned}\dot{I}_U&=\sqrt{3}\dot{I}_{UV}\angle-30°\\ \dot{I}_V&=\sqrt{3}\dot{I}_{VW}\angle-30°\\ \dot{I}_W&=\sqrt{3}\dot{I}_{WU}\angle-30°\end{aligned}\right\}\tag{4-20}$$

可见，三相对称电路负载三角形连接时，相电流对称，线电流也对称，其大小是相电

流的$\sqrt{3}$倍，即$I_l = \sqrt{3}I_p$；在相位上，各线电流滞后于相应的相电流30°。即$\dot{I}_U$滞后于$\dot{I}_{UV}$、$\dot{I}_V$滞后于$\dot{I}_{VW}$、$\dot{I}_W$滞后于$\dot{I}_{WU}$的相位角均为30°，如图4-14所示为相电流和线电流的相量图。

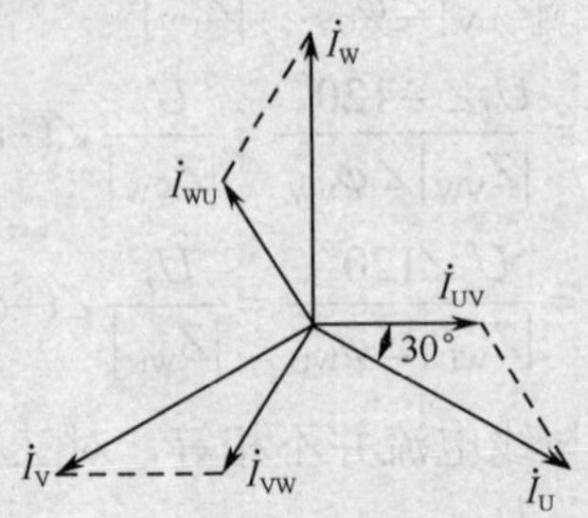

图4-14　对称负载三角形连接时相电流和线电流相量图

应当注意，无论负载对称与否，总有

$$\dot{I}_U + \dot{I}_V + \dot{I}_W = 0 \tag{4-21}$$

2．不对称电路

三相不对称负载做三角形连接时，负载的相电压对称，但相电流不对称，线电流也不对称。因此，计算时只能每相分别计算，即相电流用式（4-17）计算，线电流用式（4-18）计算。

【例4-3】　图4-13中，设三相对称电源的线电压为380V，负载三角形连接，每相阻抗$Z = (10 + \text{j}10)\Omega$，试求相电流及线电流。

解：设$\dot{U}_{UV} = 380\angle 0^\circ$ V，则

$$\dot{I}_{UV} = \frac{\dot{U}_{UV}}{Z} = \frac{380\angle 0^\circ}{10 + \text{j}10} = 26.87\angle -45^\circ \text{ A}$$

依据对称性可得其余两相负载的电流为

$$\dot{I}_{VW} = \dot{I}_{UV}\angle -120^\circ = 26.87\angle -165^\circ \text{ A}$$

$$\dot{I}_{WU} = \dot{I}_{UV}\angle 120^\circ = 26.87\angle 75^\circ \text{ A}$$

各线电流为

$$\dot{I}_U = \sqrt{3}\dot{I}_{UV}\angle -30^\circ = \sqrt{3}\times 26.87\angle(-30^\circ - 45^\circ) = 46.54\angle -75^\circ \text{ A}$$

$$\dot{I}_V = \dot{I}_U\angle -120^\circ = 46.54\angle -195^\circ = 46.54\angle 165^\circ \text{ A}$$

$$\dot{I}_W = \dot{I}_U\angle 120^\circ = 46.54\angle 45^\circ \text{ A}$$

【思考与练习】

4.2.1　什么是单相负载？单相负载如何接在三相电源上？

4.2.2　若三相负载的阻抗分别为$Z_U = 10\Omega$，$Z_V = 10\angle 90^\circ\ \Omega$，$Z_W = -\text{j}10\Omega$，此三相负载是否对称？为什么？

4.2.3　三相电路负载做星形连接时，相电流和线电流有什么关系？

4.2.4　三相对称电路负载做三角形连接时，相电流和线电流有什么关系？

4.2.5 某三相异步电动机的额定电压为 380/220V，什么情况下应接成 Y 形，什么情况下应接成△形？

4.2.6 负载星形连接的不对称三相电路中，中性线的作用是什么？

4.2.7 为什么电灯开关一定要接在相线上？

4.3 三相电路的功率

4.3.1 三相功率的计算

三相负载无论是否对称，无论采用星形连接还是三角形连接，总的有功功率都等于各相负载的有功功率之和。若三相负载的相电压的有效值为 U_U、U_V、U_W，相电流的有效值 I_U、I_V、I_W，每相负载电压与电流的相位差为 φ_U、φ_V、φ_W，则

$$P = P_U + P_V + P_W = U_U I_U \cos\varphi_U + U_V I_V \cos\varphi_V + U_W I_W \cos\varphi_W$$

当三相负载对称时，各相负载消耗的有功功率相等，由于每相负载消耗的功率为 $U_p I_p \cos\varphi$，则三相总功率为

$$P = 3U_p I_p \cos\varphi \tag{4-22}$$

在式（4-22）中，U_p 为负载的相电压，I_p 为相电流，φ 为负载相电压与相电流之间的相位差，也是阻抗角。

考虑到负载的线电压和线电流在实际操作中更易于测量，可利用对称负载中线电压与相电压、线电流与相电流的关系，将式（4-22）改写为线电压和线电流的表示形式。

星形连接的三相对称负载，由于 $I_l = I_p$，$U_l = \sqrt{3}U_p$，三相总功率为

$$P = 3U_p I_p \cos\varphi = 3\frac{U_l}{\sqrt{3}} I_p \cos\varphi = \sqrt{3}U_l I_l \cos\varphi$$

三角形连接的三相对称负载，由于 $U_l = U_p$，$I_l = \sqrt{3}I_p$，三相总功率为

$$P = 3U_p I_p \cos\varphi = 3U_l \frac{\dot{I}_l}{\sqrt{3}} \cos\varphi = \sqrt{3}U_l I_l \cos\varphi$$

所以，无论三相负载是星形连接还是三角形连接，当三相负载对称时，三相电路总的有功功率都可用下式计算。

$$P = \sqrt{3}U_l I_l \cos\varphi \tag{4-23}$$

式中，φ 仍是负载相电压与相电流之间的相位差或阻抗角。

同理，三相对称电路的无功功率和视在功率分别为

$$Q = 3U_p I_p \sin\varphi = \sqrt{3}U_l I_l \sin\varphi \tag{4-24}$$

$$S = 3U_p I_p = \sqrt{3}U_l I_l \tag{4-25}$$

在三相交流电路中，无论负载是星形连接还是三角形连接，三相负载的有功功率、无

功功率、视在功率的关系都满足

$$S=\sqrt{P^2+Q^2} \tag{4-26}$$

【例 4-4】 已知三相对称负载的每相阻抗$Z=(60+\mathrm{j}80)\Omega$，将其接入线电压为 380V 的三相电源上，试计算在负载为星形连接和三角形连接两种情况下电路总的有功功率、无功功率和视在功率。

解： 每相负载的阻抗为

$$Z=(60+\mathrm{j}80)\Omega=100\angle 53^\circ\ \Omega$$

（1）负载星形连接时，每相负载的电压为

$$U_p=\frac{U_l}{\sqrt{3}}=220\mathrm{V}$$

相电流和线电流为

$$I_l=I_p=\frac{U_p}{|Z|}=\frac{220}{100}=2.2\mathrm{A}$$

三相有功功率为

$$P=\sqrt{3}U_lI_l\cos\varphi=\sqrt{3}\times380\times2.2\times\cos53^\circ=871.40\mathrm{W}$$

三相无功功率为

$$Q=\sqrt{3}U_lI_l\sin\varphi=\sqrt{3}\times380\times2.2\times\sin53^\circ=1156.39\,\mathrm{var}$$

三相视在功率为

$$S=\sqrt{3}U_lI_l=\sqrt{3}\times380\times2.2=1448\mathrm{V}\cdot\mathrm{A}$$

（2）负载三角形连接时，每相负载的电压为

$$U_p=U_l=380\mathrm{V}$$

负载的相电流为

$$I_p=\frac{U_p}{|Z|}=\frac{380}{100}=3.8\mathrm{A}$$

线电流为

$$I_l=\sqrt{3}I_p=\sqrt{3}\times3.8=6.6\mathrm{A}$$

三相有功功率为

$$P=\sqrt{3}U_lI_l\cos\varphi=\sqrt{3}\times380\times6.6\times\cos53^\circ=2614.2\mathrm{W}$$

三相无功功率为

$$Q=\sqrt{3}U_lI_l\sin\varphi=\sqrt{3}\times380\times6.6\times\sin53^\circ=3469.2\,\mathrm{var}$$

三相视在功率为

$$S=\sqrt{3}U_lI_l=\sqrt{3}\times380\times6.6=4343.9\mathrm{V}\cdot\mathrm{A}$$

可见，当电源电压不变时，三相对称负载由星形连接改为三角形连接后，相电流增加到原来的$\sqrt{3}$倍，线电流和有功功率增加到原来的 3 倍。

4.3.2　三相功率的测量

三相有功功率常用的测量方法有两种，分别为二表法和三表法。

1. 二表法

二表法是用两只单相功率表测量三相三线制电路功率的最常用方法。无论电路对称与否，都可用二表法进行测量，接线方式如图 4-15 所示，两只功率表的电流线圈分别串入任意两根相线中（如 L_1、L_2 线），电压线圈的“*”端与对应电流线圈的“*”端接在一起，电压线圈的非“*”端都接到第三根相线上（如 L_3 线）。若两只表的读数分别为 P_1 和 P_2，则三相有功功率为

$$P = P_1 + P_2 \tag{4-27}$$

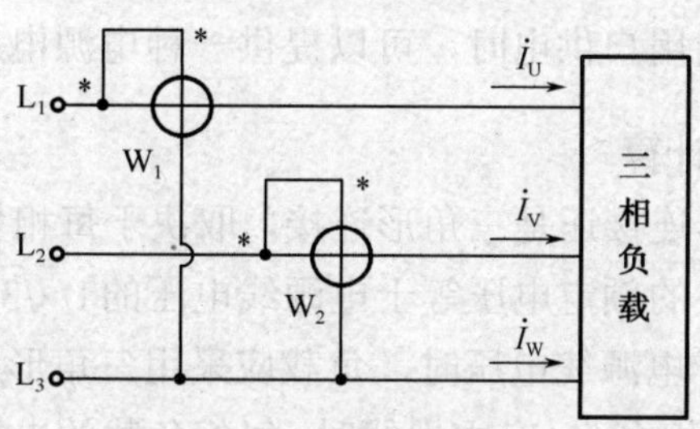

图 4-15　二表法的接线方式

应当说明的是，两只表的读数相加等于三相电路的有功功率，但每只表的读数没有实际意义。

2. 三表法

负载星形连接的三相四线制电路多数是不对称的，因此，需要用三只单相功率表测量功率，将三只功率表的读数相加便得到三相有功功率，这种测量方法称为三表法，接线方式如图 4-16 所示，三只功率表的电流线圈分别串入三根相线中，电压线圈的“*”端与对应电流线圈的“*”接在一起，电压线圈的非“*”端都接到中性线上。若三只表的读数分别为 P_1、P_2、P_3，则三相有功功率为

$$P = P_1 + P_2 + P_3 \tag{4-28}$$

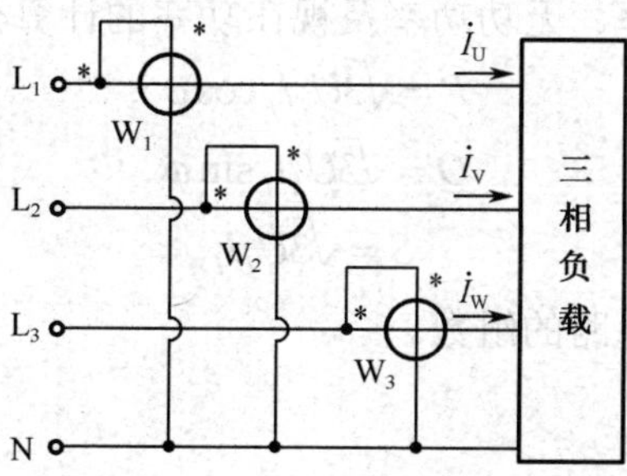

图 4-16　三表法的接线方式

【思考与练习】

4.3.1 在对称三相交流电路中，当电源电压不变时，同一对称三相负载做星形连接和三角形连接，哪种连接方式的线电流较大。

4.3.2 测量三相有功功率的二表法和三表法分别应用于什么场合？

本章小结

1. 三相电源

三相交流发电机产生的三相电压是对称的，即幅值相等，频率相同，相位彼此相差120°。电源连接成星形以三相四线制向用户供电时，可以提供两种电源电压，即线电压U_l和相电压U_p，两者之间的关系为$U_l=\sqrt{3}U_p$，在相位上线电压超前于相应的相电压30°。电源连接成三角形以三相三线制向用户供电时，可以提供一种电源电压，即$U_l=U_p$。

2. 三相电路的分析与计算

（1）三相负载采用星形连接还是三角形连接，取决于每相负载的额定电压与电源线电压之间的关系。当每相负载的额定电压等于电源线电压的$1/\sqrt{3}$时，负载应采用星形连接；当每相负载的额定电压等于电源线电压时，负载应采用三角形连接。

（2）负载星形连接的三相电路，有中性线时，每相负载的电压等于电源线电压的$1/\sqrt{3}$，负载的相电流等于线电流。若三相电路对称，可先计算出其中一相负载的电流，然后利用对称性确定其他两相的电流，此时中性线电流为零，中性线可以省去。不对称三相电路，每一相负载的电流都应分别计算，中性线电流不为零，中性线不可以省去，中性线应牢固地接在电路中，中性线的作用是保证三相负载的电压为电源对称的相电压。若三相负载不对称，又没有中性线，就会使有的负载电压过高，有的负载电压过低。

（3）负载三角形连接的三相电路，每相负载的电压等于电源的线电压，若三相电路对称，负载的相电流等于线电流的$1/\sqrt{3}$。应当说明的是，无论电路是否对称，三个线电流之和都等于零。

3. 三相电路的功率

三相电路的总功率等于各相功率之和。在三相对称电路中，不论负载采用星形连接还是三角形连接，三相有功功率、无功功率及视在功率的计算公式均为

$$P=\sqrt{3}U_lI_l\cos\varphi$$

$$Q=\sqrt{3}U_lI_l\sin\varphi$$

$$S=\sqrt{3}U_lI_l$$

相：在一定条件下组成电路的组数。

习题

4.1　星形连接的对称三相电源，相序为 $U_1 \to V_1 \to W_1$，已知 $\dot{U}_U = 220\angle 0^\circ$ V，求 $\dot{U}_V$、$\dot{U}_W$、$\dot{U}_{UV}$、$\dot{U}_{VW}$、$\dot{U}_{WU}$，并画出相量图。

4.2　三相发电机三角形连接，设每相电压为 U_p，如果误将 L_1 相接反，试问会产生什么现象？

4.3　如题 4.3 图所示的电路，每相的电阻 $R = 8\Omega$，感抗 $X_L = 6\Omega$。如果将负载连成星形接于线电压 $U_l = 380V$ 的三相电源上，试求：（1）开关 S 闭合时的相电压、相电流及线电流；（2）开关 S 打开时的相电流和线电流。

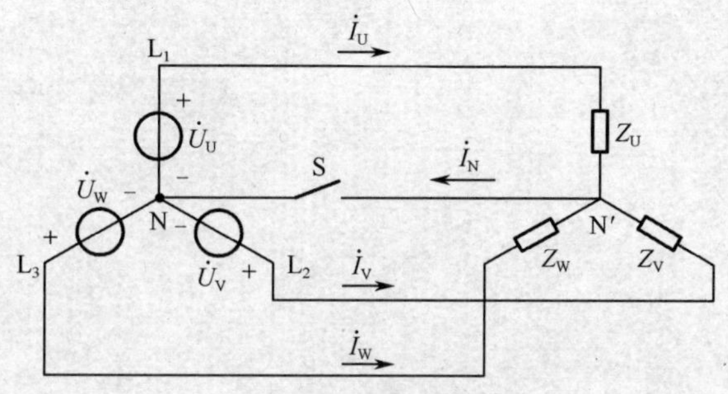

题 4.3 电路图

4.4　如果将题 4.3 图中的负载连成三角形接于线电压 $U_l = 220V$ 的三相电源上，如题 4.4 图所示。试求相电压、相电流及线电流，并将所得结果与题 4.3 结果加以比较。

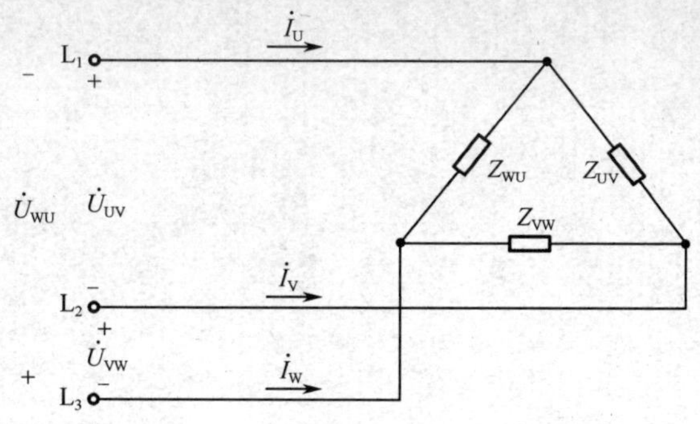

题 4.4 电路图

4.5　星形连接有中性线的负载，接于线电压为 380V 的三相电源上，试求：

（1）各相负载为 $Z_U = Z_V = Z_W = 10\Omega$ 时的各相电流及中性线电流；

（2）各相负载为 $Z_U = Z_V = 40\Omega$、$Z_W = 17.32 + j10\Omega$ 时的各相电流及中性线电流。

4.6　在线电压为 380V 的三相四线制电路中，负载为三角形连接，若各相负载为 $Z_U = Z_V = 100\Omega$、$Z_W = j20\Omega$，求相电流、线电流。

4.7　把功率为 2.2kW 的三相异步电动机接到线电压为 380V 的电源上，其功率因数为

0.8，求此时的线电流为多少？若负载为星形连接，各相电流为多少？若负载为三角形连接，各相电流为多少？

4.8　对称三相感性负载做三角形连接，接到线电压为380V的三相电源上，总功率为4.5kW，功率因数为0.8，求每相的阻抗。

4.9　对称三相负载，每相负载阻抗为$Z = 3 + \mathrm{j}4\Omega$，接到线电压为380V的三相电源上，分别计算三相负载接成星形及三角形时的总功率。

第 5 章 一阶暂态电路分析

前面 4 章讨论的电路都是稳态电路，无论是直流电路还是交流电路，都工作在稳定状态，简称稳态。所谓的稳态是指直流电路的电压、电流为某一稳定值，交流电路的电压、电流随着时间按某一正弦规律变化。但是，在含有储能元件（电感元件、电容元件）的电路中，在元件参数、电路结构等发生变化时，电路的状态就可能从一种稳定状态变化到另一种稳定状态，这个变化的过程称为过渡过程。由于过渡过程较为短暂，因此又称为暂态过程。本章介绍只含有一个储能元件的一阶暂态电路的分析方法，即对一阶 RC 暂态电路和一阶 RL 暂态电路进行分析与计算。主要内容包括：换路定律与初始值、一阶 RC 电路的暂态分析、一阶 RL 电路的暂态分析、一阶电路的三要素法。

5.1 概述

暂态过程普遍存在于自然界的各种运动和变化过程中。例如，电动机在不用时是静止的，其转速为零，是一种稳定状态。使用时，将电动机接通电源，它的转速从零逐渐上升到某一稳定值，即达到另一种稳定状态。可见，电动机转速从零上升到某一稳定值是不能跃变的，而是一个需要经历一定的时间才能完成的过程，这个过程即为电动机启动的暂态过程。暂态过程也存在于电路中，在一定的条件下，电路的工作状态从一种稳定状态转换到另一种稳定状态之间的过程并不是瞬间完成的，而是一个需要时间的过程，这个过程就是电路的暂态过程。

电容元件和电感元件都是储能元件，由于电容元件和电感元件的伏安关系分别是以其电压或电流对时间的微分或积分表示的，故也称为动态元件，含有动态元件的电路称为动态电路，描述动态电路的方程是微分方程，如果电路的暂态过程可以用一阶微分方程来描述，则称为一阶电路。

电路产生暂态过程的外因，是电路被换路。所谓的换路是指电路的接通、断开、改接、元件参数改变等引起电路工作状态变化的过程，并认为换路是瞬间完成的。

电路产生暂态过程的内因，是发生换路时电路从一种稳定状态转换到另一种稳定状态时导致了能量的存储和释放。一般而言，能量的存储和释放是不能跃变的，总需要一定的时间。如果电路中含有电容 C 或电感 L，则存储在电容中的电场能量为$W_C=\frac{1}{2}u_C^2$，存储在电感中的磁场能量为$W_L=\frac{1}{2}Li_L^2$。当电路发生换路时，必然伴随着电容中电场能量的变化和电感中磁场能量的变化，故电容的电压u_C和电感中的电流i_L不能发生跃变，只能逐渐变化，即出现暂态过程。

虽然暂态过程极为短暂，但是分析和研究暂态过程却有重要的实际意义：一方面可以充分利用电路的一些暂态特性，如在电子技术中利用 RC 电路的充放电来产生脉冲信号；另一方面又可以采取保护措施以防止暂态特性可能造成的破坏性后果，如 RL 电路在断开过程中产生的过电压和过电流。

本章讨论由直流电源驱动的一阶线性 RC 串联电路和 RL 串联电路的暂态过程，学习暂态电路时，重点要明确暂态过程的起因，掌握换路定律及暂态电路初始值的求法和暂态电路中电压、电流的变化规律，了解时间常数的意义。

5.2 换路定律与初始值

5.2.1 换路定律

前已述及，在换路瞬间电容两端的电压和流过电感的电流是连续变化的，所以，电路在换路瞬间，电容的电压u_C、电感的电流i_L不能跃变，这就是换路定律。

通常将换路瞬间用$t=0$表示，并用$t=0_-$表示换路前最后的一个瞬间，用$t=0_+$表示换路后最初的一个瞬间，则换路定律表示为

$$\left.\begin{aligned}u_C(0_+)=u_C(0_-)\\ i_L(0_+)=i_L(0_-)\end{aligned}\right\}\qquad(5\text{-}1)$$

需要说明的是，除电容的电压u_C和电感的电流i_L以外，电路中其他各处的电压、电流在换路前后是可能发生跃变的。

5.2.2 初始值及其计算

1．初始值

电路中各元件的电压和电流在换路后的最初一个瞬间（即$t=0_+$）的值，称为暂态过程的初始值。若用f代表电流或电压，则其初始值记为$f(0_+)$。将遵循换路定律的$u_C(0_+)$和

$i_L(0_+)$ 称为独立初始值，其余的初始值如 $i_C(0_+)$ 、$u_L(0_+)$ 、$u_R(0_+)$ 、$i_R(0_+)$ 等称为相关初始值。

2．独立初始值的求解

独立初始值可以依据换路定律求得，具体步骤如下。

（1）画出换路前最后一瞬间（$t=0_-$）的等效电路（电容元件视为开路，电感元件视为短路），求出 $u_C(0_-)$ 和 $i_L(0_-)$ 。

（2）依据换路定律确定 $u_C(0_+)$ 及 $i_L(0_+)$ 。

注意：换路定律仅在电容电流和电感电压为有限值的情况下才成立。在某些理想情况下，电容电流和电感电压可以无限大，这时电容电压和电感电流将发生跃变，这就是所谓的“强迫跃变”情况。有关强迫跃变的问题，本书不做详述，可参阅其他书籍。

下面通过例题说明独立初始值的求法。

【例 5-1】　如图 5-1（a）所示的电路，在 $t=0$ 时换路（开关 S 闭合），设换路前电路已处于稳态，求初始值 $u_C(0_+)$ 。

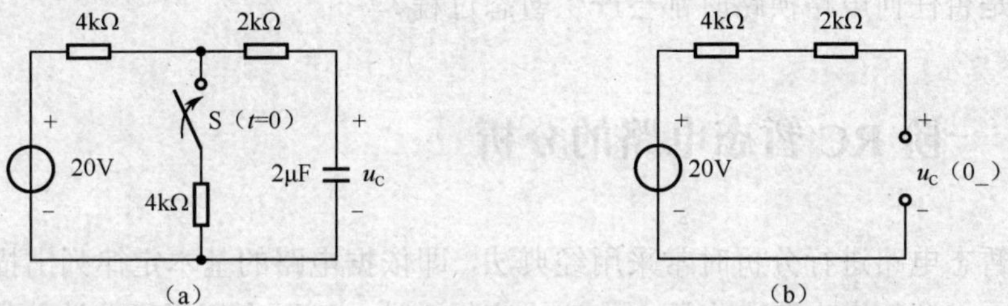

图 5-1　例 5-1 电路图

解：（1）画出电路在 $t=0_-$ 时刻的等效电路，如图 5-1（b）所示，由于换路之前电路已处于稳态，电容器的充电过程已经结束，此时流过电容的电流为零，电容可视为开路。依据 $t=0_-$ 时刻的等效电路可求得电容两端的电压 $u_C(0_-)$ ，即

$$u_C(0_-)=20\text{V}$$

（2）由换路定律得

$$u_C(0_+)=u_C(0_-)=20\text{V}$$

【例 5-2】　如图 5-2（a）所示电路中，在 $t=0$ 时换路（开关 S 闭合），已知换路前电路已处于稳态，求初始值 $i_L(0_+)$ 。

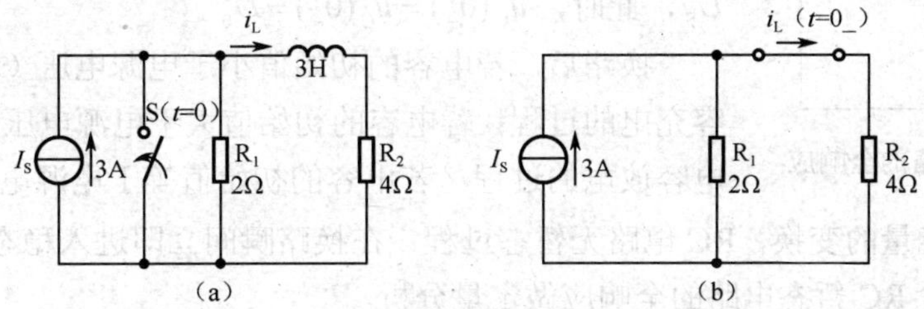

图 5-2　例 5-2 电路图

解：（1）画出电路在 $t=0_-$ 时刻的等效电路，如图 5-2（b）所示，由于换路之前电路已处于稳态，也就是说流过电感的电流不变，因此电感两端的电压为零，所以此时电感相当于短路。即

$$i_L(0_-)=\frac{2}{4+2}\times 3=1\text{A}$$

（2）由换路定律得

$$i_L(0_+)=i_L(0_-)=1\text{A}$$

【思考与练习】

5.2.1　什么是一阶电路？

5.2.2　什么是暂态过程？产生暂态过程的内因和外因是什么？

5.2.3　什么是换路？换路定律的内容是什么？依据换路定律求初始值时，为什么求电感电流和电容电压才有意义？

5.2.4　求 $u_C(0_-)$ 和 $i_L(0_-)$ 时，电路中的电容和电感应如何处理？

5.2.5　是否任何电路换路时都会产生暂态过程？

5.3　一阶 RC 暂态电路的分析

对一阶暂态电路进行分析时常采用经典法，即依据电路的基本定律列出描述暂态电路的微分方程，求解暂态电路中电压、电流响应的方法。下面介绍用经典法分析一阶 RC 暂态电路。

5.3.1　RC 电路的全响应

如果电路中储能元件的初始储能不为零，同时又有外施激励的作用，那么，由储能元件的初始储能和外施激励共同作用引起的响应称为全响应。

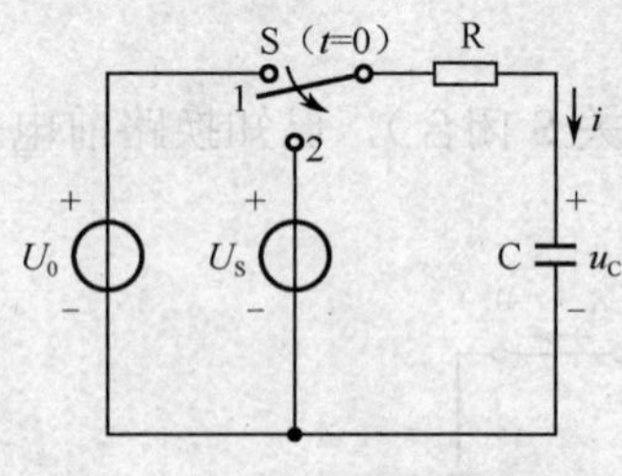

图 5-3　RC 电路的全响应

如图 5-3 所示为 RC 电路的全响应，设电路换路前（$t<0$ 时）开关 S 处于位置“1”，电容有初始储能，$u_C(0_-)=U_0$，在 $t=0$ 时，电路发生换路，开关 S 拨到位置“2”，接入直流电源 U_S，此时，$u_C(0_+)=u_C(0_-)=U_0$。

换路后，若电容的初始值小于电源电压（$U_0<U_S$），是电容充电的过程；若电容的初始值大于电源电压（$U_0>U_S$），是电容放电的过程；若电容的初始值等于电源电压（$U_0=U_S$），储能元件没有能量的变换，RC 电路无暂态过程，在换路瞬间立即进入稳态。

下面对一阶 RC 暂态电路的全响应做定量分析。

当 $t>0$ 时，由 KVL 可得

$$Ri+u_C=U_S$$

将伏安关系 $i = C\frac{\mathrm{d}u_C}{\mathrm{d}t}$ 代入上式得

$$RC\frac{\mathrm{d}u_C}{\mathrm{d}t} + u_C = U_S$$

代入初始条件 $u_C(0_+) = u_C(0_-) = U_0$，解此微分方程可得电容的电压响应为

$$\begin{aligned} u_C &= U_0 e^{-\frac{t}{RC}} + U_S(1 - e^{-\frac{t}{RC}}) \\ &= u_C' + u_C'' \end{aligned} \tag{5-2}$$

由式（5-2）可以看出，RC 电路的响应 u_C 可以分为两部分：$u_C' = U_0 e^{-\frac{t}{RC}}$ 是由电容的初始储能产生的，称为零输入响应；$u_C'' = U_S(1 - e^{-\frac{t}{RC}})$ 是由外施激励产生的，称为零状态响应。即一阶暂态电路的响应可以看做是零输入响应和零状态响应的叠加。下面分别对零输入响应和零状态响应加以讨论。

5.3.2　RC 电路的零输入响应

在一阶电路中，若没有外施激励，称为零输入。在零输入条件下，若储能元件有初始储能，电路中也会产生电流和电压响应。这种仅仅由储能元件的初始储能通过电路放电而引起的电流或电压响应，称为零输入响应。

RC 电路的零输入响应，实质上是电容器在放电过程中所产生的电流、电压响应。如图 5-4（a）所示的一阶 RC 电路，当开关 S 置于“1”端时电路已处于稳态，即电容的电压为 $u_C(0_-) = U_0$；在 $t = 0$ 时将开关 S 置于“2”端从而引起换路，如图 5-4（b）所示，由换路定律可得 $u_C(0_+) = u_C(0_-) = U_0$。

换路后，在 $t = 0_+$ 时 RC 电路脱离电源，已经充了电的电容器通过电阻 R 放电，电路中形成放电电流 i。随着放电时间的增加，电容器中的储能逐渐被电阻消耗，电容器两端的电压 u_C 逐渐降低，最后趋于零。可见，换路后电路中的响应仅是由电容的初始储能引起的，即为零输入响应。

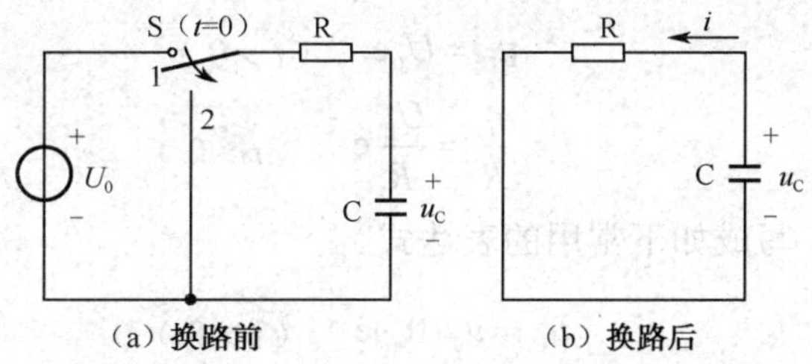

图 5-4　RC 电路的零输入响应

列出换路后电路（如图 5-4（b）所示）的 KVL 方程，即

$$u_C - u_R = 0$$

其中，$u_R = Ri$，$i = -C\frac{du_C}{dt}$（该式中的负号表示流过电容的电流 i 与电容两端的电压 u_C 的参考方向为非关联），代入上式可得方程为

$$RC\frac{du_C}{dt} + u_C = 0$$

解此微分方程并将初始值 $u_C(0_+) = u_C(0_-) = U_0$ 代入，得电容的电压响应为

$$u_C = U_0 e^{-\frac{t}{RC}} \quad (t > 0) \tag{5-3}$$

画出电容电压 u_C 的变化曲线如图 5-5（a）所示。

电容的放电电流表达式为

$$i_C = \frac{u_C}{R} = \frac{U_0}{R} e^{-\frac{t}{RC}} \quad (t > 0) \tag{5-4}$$

画出电容放电电流 i_C 的变化曲线如图 5-5（b）所示。

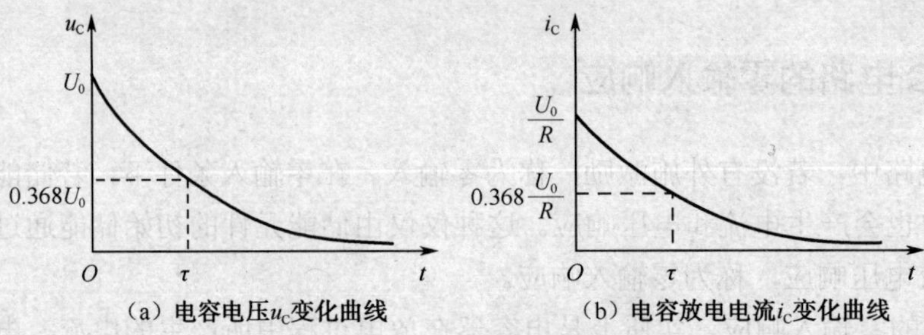

（a）电容电压 u_C 变化曲线　　（b）电容放电电流 i_C 变化曲线

图 5-5　RC 电路的零输入响应曲线

由图 5-5 可以看出，电容电压 u_C 和电容电流 i_C 以相同的指数规律变化，其变化的快慢取决于电路参数 R 和 C 的乘积。

若令 $\tau = RC$，则 τ 具有时间的量纲 $\{[RC]=\Omega(\text{欧}) \cdot \text{F}(\text{法})=\Omega(\text{欧}) \cdot \frac{\text{C}(\text{库})}{\text{V}(\text{伏})}=\Omega(\text{欧}) \cdot \frac{\text{A} \cdot \text{s}(\text{安} \cdot \text{秒})}{\text{V}(\text{伏})}=\text{s}(\text{秒})\}$，故将 $\tau = RC$ 称为电路的时间常数。

于是，式（5-3）和式（5-4）可以写成

$$u_C = U_0 e^{-\frac{t}{\tau}} \quad (t > 0) \tag{5-5}$$

$$i = \frac{u_C}{R} = \frac{U_0}{R} e^{-\frac{t}{\tau}} \quad (t > 0) \tag{5-6}$$

还可以将式（5-5）写成如下常用的表达式。

$$u_C = u_C(0_+) e^{-\frac{t}{\tau}} \quad (t > 0) \tag{5-7}$$

根据式（5-5）计算出电容放电电压 u_C 随时间变化的典型数值并列于表 5-1 中。

表 5-1　电容放电电压 u_C 随时间变化的典型数值

时间（t）	0	τ	2τ	3τ	4τ	5τ	…	∞
电容电压（u_C）	U_0	$0.368U_0$	$0.135U_0$	$0.05U_0$	$0.018U_0$	$0.007U_0$	…	0

由表 5-1 可以看出，当 $t=0$ 时 $u_C=U_0$，当 $t=\tau$ 时 $u_C=0.368U_0$，即电容放电时时间常数 τ 的物理含义为：换路后电容电压 u_C 衰减到其初始值 U_0 的 36.8%所需要的时间。由此可得以下结论。

（1）时间常数 τ 是用来表征暂态过程快慢的物理量。τ 越大，电容放电的时间越长，暂态过程越慢；反之，τ 越小，电容放电的时间越短，暂态过程越快。如图 5-6 所示为电路在三种不同 τ 值时所对应的电容电压 u_C 随时间变化的曲线。

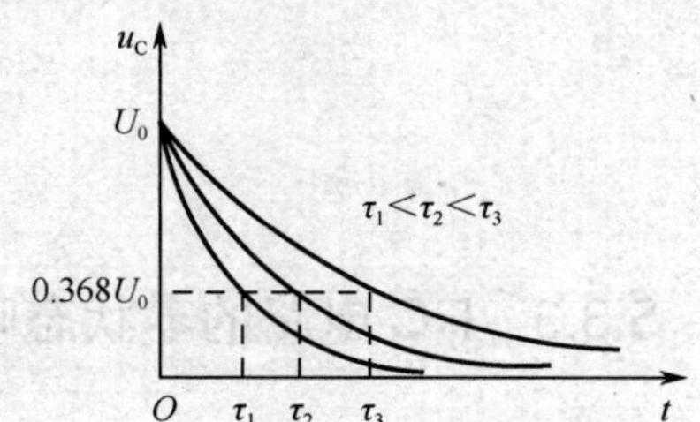

图 5-6　三种不同 τ 值时所对应的电容电压 u_C 随时间变化的曲线

（2）理论上，只有经过 $t=\infty$ 的时间，电容电压 u_C 才能从初始值衰减到零，电路才能完成暂态过程，进入稳定状态。但由于在 $t=3\tau$ 时，$u_C=0.05U_0$；在 $t=5\tau$ 时，$u_C=0.007U_0$。所以，在实际中一般认为只要经过 $t=(3\sim5)\tau$ 的时间，暂态过程就基本结束。

（3）时间常数 τ（$\tau=RC$）仅由换路后的电路参数决定，它反映了该电路的固有特性，与外施激励及换路前的情况无关，其中 R 为换路后从电容 C 两端看到的戴维南等效电阻值。

【例 5-3】　如图 5-7（a）所示，电路在换路前（$t<0$）已经处于稳态，当 $t=0$ 时，开关 S 闭合引起换路。试求换路后（$t>0$）的电流 i。

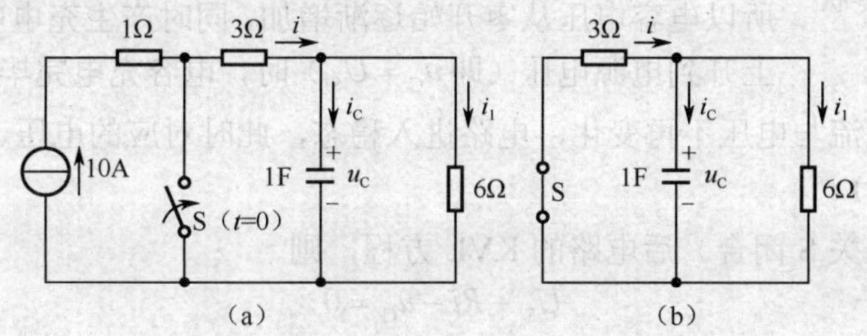

图 5-7　例 5-3 电路图

解： 由题意可知，换路后电流、电压响应为零输入响应。

换路前电容的电压为

$$u_C(0_-)=10\times6=60\text{V}$$

依据换路定律可得换路后电容的电压为

$$u_C(0_+)=u_C(0_-)=60\text{V}$$

依据图 5-7（b）所示的换路后电路可得电容两端的戴维南等效电阻和时间常数为

$$R=\frac{6\times3}{6+3}=2\Omega$$

$$\tau=RC=2\times1=2\text{s}$$

依据 RC 电路零输入响应公式 $u_C=u_C(0_+)\text{e}^{-\frac{t}{\tau}}$ 写出换路后（$t>0$）的电容电压为

$$u_C=60\text{e}^{-\frac{t}{2}}\text{V}$$

在图 5-7（b）中，求得

$$i_C = C\frac{du_C}{dt} = -30e^{-\frac{t}{2}}A$$

$$i_1 = \frac{u_C}{6} = 10e^{-\frac{t}{2}}A$$

$$i = i_1 + i_C = -20e^{-\frac{t}{2}}A$$

5.3.3 RC 电路的零状态响应

在一阶电路中，如果储能元件的初始储能为零，称为零状态。在零状态的条件下，电路换路后仅仅由外施激励引起的响应，称为零状态响应。

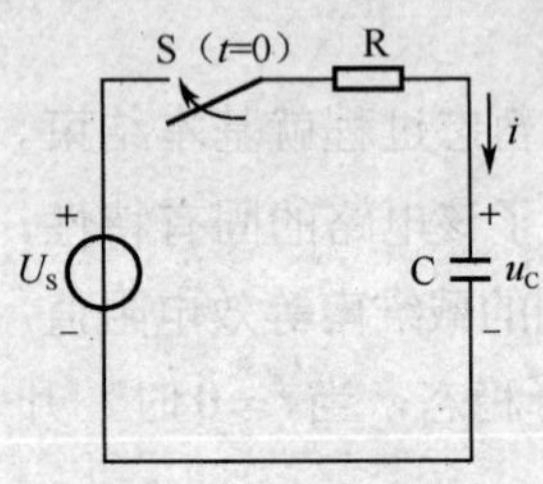

图 5-8　RC 电路的零状态响应

RC 电路的零状态响应，实质上是储能为零的电容在充电过程中所产生的电流、电压响应。如图 5-8 所示，RC 串联电路在直流电源作用下对电容充电。换路前（$t<0$时）开关 S 处于断开位置，电容 C 未被充电，$u_C(0_-)=0$，即为零状态。在$t=0$时开关 S 闭合，电路发生换路，RC 串联电路与直流电源接通，电源对电容进行充电。由于换路瞬间电容电压是不能跃变的，即$u_C(0_+)=u_C(0_-)=0V$，所以电容电压从零开始逐渐增加，同时产生充电电流，当电容电压上升到电源电压（即$u_C=U_S$）时，电容充电完毕，暂态过程结束。此后，电路中的电流与电压不再变化，电路进入稳态，此时对应的电压、电流为稳态值，记做$u_C(\infty)$和$i_C(\infty)$。

列出换路（开关 S 闭合）后电路的 KVL 方程，则

$$U_S - Ri - u_C = 0$$

将伏安关系$i=C\frac{du_C}{dt}$代入，得

$$U_S - RC\frac{du_C}{dt} - u_C = 0$$

解此微分方程并将初始值$u_C(0_+)=u_C(0_-)=0V$代入，得电容的电压响应为

$$u_C = U_S(1-e^{-\frac{t}{RC}}) \tag{5-8}$$

令$\tau=RC$，则

$$u_C = U_S(1-e^{-\frac{t}{\tau}})\quad (t>0) \tag{5-9}$$

$$u_R = U_S e^{-\frac{t}{\tau}}\quad (t>0)$$

电容的充电电流为

$$i = \frac{u_R}{R} = \frac{U_S}{R}e^{-\frac{t}{\tau}}\quad (t>0) \tag{5-10}$$

还可以把式（5-9）写成如下常用的表达式。

$$u_C = u_C(\infty)(1 - e^{-\frac{t}{\tau}}) \quad (t > 0) \tag{5-11}$$

由 u_C 和 i 的表达式，分别画出它们随时间变化的曲线，如图 5-9 所示。在充电过程中，电容的电压和电流均随时间按指数规律变化，它们变化的快慢取决于时间常数 τ 的大小，τ 越大，充电时间越长，暂态过程越慢，反之，充电时间越短，暂态过程越快。如图 5-10 所示为不同时间常数电容电压的波形曲线。依据式（5-8）计算出 u_C 随时间变化的过程并列于表 5-2 中。

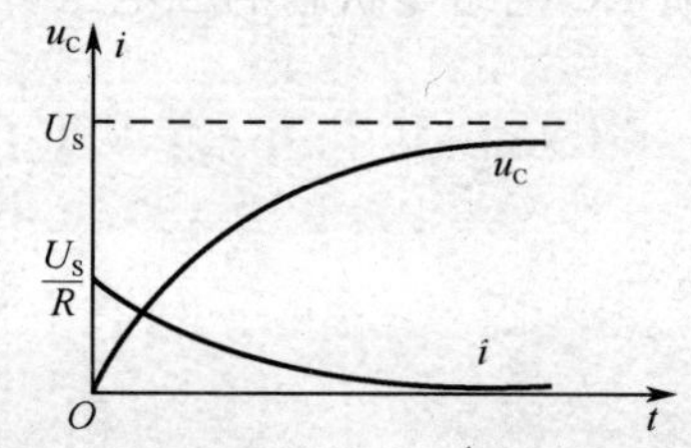

图 5-9　RC 电路的零状态响应曲线

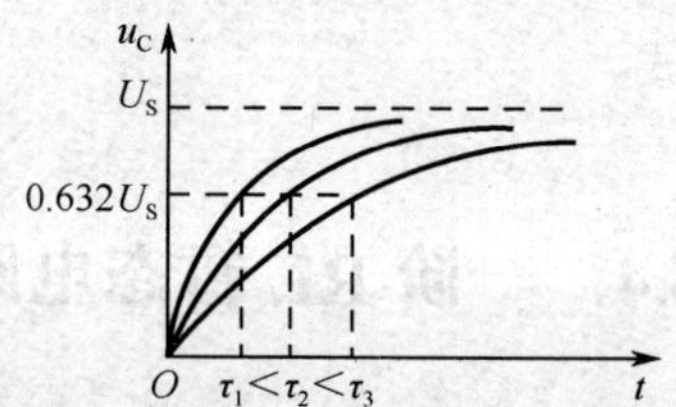

图 5-10　不同时间常数电容电压的波形曲线

表 5-2　电容充电时电压 u_C 随时间变化过程

时间（t）	0	τ	2τ	3τ	4τ	5τ	…	∞
电容电压（u_C）	0	$0.632U_S$	$0.855U_S$	$0.950U_S$	$0.982U_S$	$0.993U_S$	…	U_S

由表 5-2 和图 5-10 可得结论：电容充电时时间常数 τ 的物理含义是 u_C 由初始值上升到稳定值的 63.2%所需的时间。

需要说明的是，从理论上讲，电路经过 $t=\infty$ 的时间才能达到稳态，电容的充电过程才结束。实际中认为经过 $t=(3\sim5)\tau$ 的时间，电路就达到稳定状态，电容的充电过程基本结束。

【例 5-4】　电路如图 5-11（a）所示，换路前电容的储能为零，$t=0$ 时换路（开关 S 闭合），求 $t>0$ 时的 u_C、i_C。

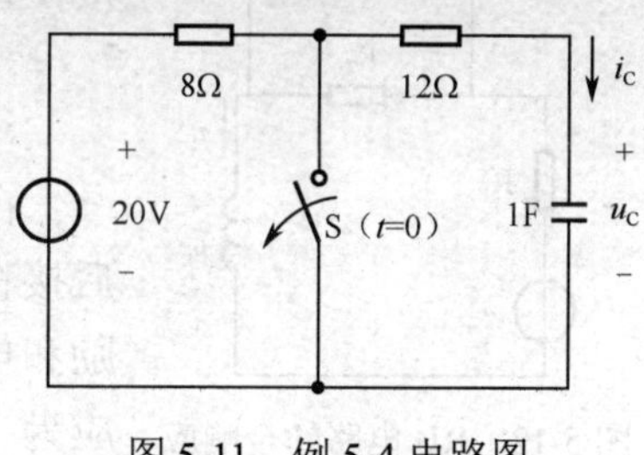

图 5-11　例 5-4 电路图

解： 由题意可知，换路后电流、电压响应为零状态响应。

由于电路稳定后电容相当于开路，则

$$u_C(\infty) = 20\text{V}$$

时间常数为

$$\tau = RC = (12+8)\times 1 = 20\text{s}$$

依据 RC 电路零状态响应公式 $u_C = u_C(\infty)(1 - e^{-\frac{t}{\tau}})$ 写出换路后电容的电压为

$$u_C = 20(1 - e^{-0.05t})\text{V} \quad (t>0)$$

则电容的电流为

$$i_C = C\frac{du_C}{dt} = 1e^{-0.05t}\text{A} \quad (t>0)$$

【思考与练习】

5.3.1　什么是 RC 电路的零输入响应？其本质是什么？

5.3.2 什么是RC电路的零状态响应？其本质是什么？

5.3.3 如何计算一阶RC电路的时间常数？零输入响应的时间常数τ的物理意义是什么？零状态响应的时间常数τ的物理意义是什么？

5.3.4 说明时间常数与暂态过程的关系。

5.3.5 零输入响应的特性曲线是什么形状？请写出一阶RC电路零输入响应电压u_C的计算公式。

5.3.6 零状态响应的特性曲线是什么形状？请写出一阶RC电路零状态响应电压u_C的计算公式。

5.4 一阶RL暂态电路的分析

一阶RL暂态电路与一阶RC暂态电路的分析方法相同，因此，介绍一阶RL暂态电路时本节不做详述，省去理论推导，直接给出结论。但需要说明的是，在计算RL暂态电路的电压、电流响应时，其时间常数的计算公式为$\tau = \dfrac{L}{R}$。其中，R为换路后从电感L两端看到的戴维南等效电阻值。

5.4.1 RL电路的全响应

如图5-12所示的电路，换路前（开关S断开）电路电阻为R_1、R_2，和电感L串联后接在直流电源上，电感有初始储能，电感上电流的初始值为

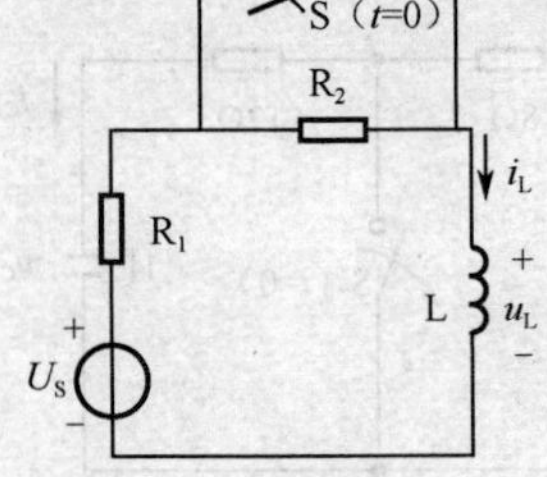

图5-12 RL电路的全响应

$$i_L(0_+) = i_L(0_-) = I_0 = \frac{U_S}{R_1 + R_2}$$

在t=0时，电路发生换路，开关S闭合，电路为R_1、L串联后接在直流电源上。因此，电路中的电压、电流响应为外施激励和电感的初始储能共同作用产生的全响应。电感上的电流响应为

$$i_L = \frac{U_S}{R_1} + \left(I_0 - \frac{U_S}{R_1}\right)e^{-\frac{t}{\tau}} \tag{5-12}$$

式（5-12）为零输入响应和零状态响应的叠加。下面重点讨论零输入响应和零状态响应。

5.4.2 RL电路的零输入响应

如图5-13所示电路为RL短接、电感通过电阻放电的电路。换路前电路如图5-13（a）所示，电路已处于稳态，电感L储存了磁场能。在$t = 0$时换路，换路后的电路如图5-13（b）

所示。在开关转换的瞬间，由换路定律可知，流过电感的电流不能跃变，即有

$$i_L(0_+) = i_L(0_-) = \frac{U_S}{R_1} = I_0$$

RL 电路脱离电源后，从 $t = 0_+$ 开始电感储存的磁场能通过电阻 R 放电，放电回路中的电流和电压仅由电感的初始储能产生，这就是 RL 电路的零输入响应。

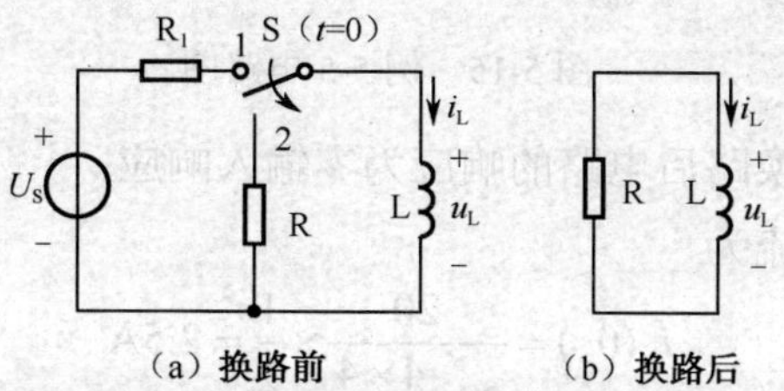

图 5-13　RL 电路的零输入响应

其中，电感电流的零输入响应为

$$i_L = i_L(0_+)e^{-\frac{t}{\tau}} \quad (t > 0) \tag{5-13}$$

电感两端电压的零输入响应为

$$u_L = -u_R = -Ri_L(0_+)e^{-\frac{t}{\tau}} \quad (t > 0) \tag{5-14}$$

电感上的零输入响应电压和电流曲线如图 5-14 所示。由于零输入响应是由电感元件的初始储能所产生的，随着时间的增加，储能逐渐被电阻所消耗，电路中的放电电流 i 不断减小。因此，零输入响应从初始值开始按指数规律逐渐衰减，直至电感释放出全部初始储能，放电电流趋于零为止。

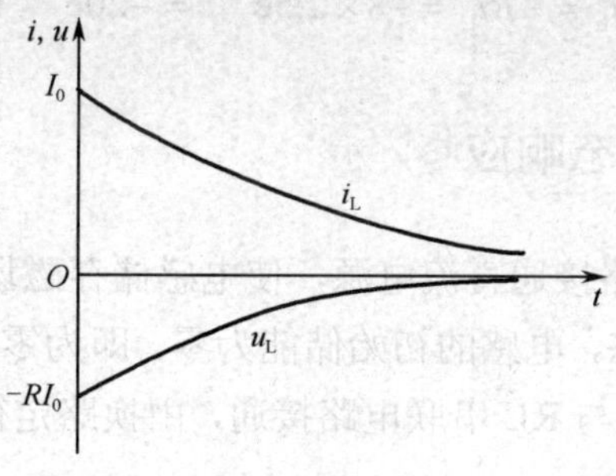

图 5-14　电感上的零输入响应电压和电流曲线

RL 串联电路是线圈的电路模型，若将线圈从直流电源断开（换路），线圈的电流变化率 $\frac{di}{dt}$ 很大，会在线圈两端产生过电压 $u = L\frac{di}{dt}$，过电压可能将开关两触点间的空气击穿而产生电弧，会损坏设备、伤害人身。因此，将线圈从电源断开时，必须接一个低值电阻以延续电流的流动。

【例 5-5】　电路如图 5-15 所示，在 $t = 0$ 时换路（开关 S 打开），已知换路前电路已处于稳态，试求换路后电感的电流 i_L 和电压 u_L。

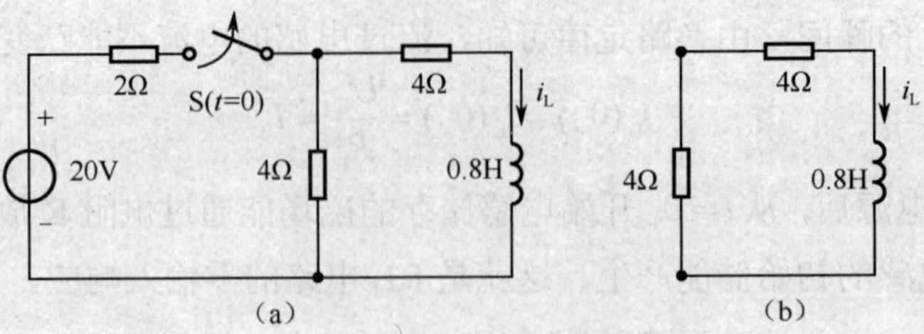

图 5-15　例 5-5 电路图

解： 依据题意可知，换路后电路的响应为零输入响应。

换路前流过电感的电流为

$$i_L(0_-)=\frac{20}{2+\dfrac{4\times 4}{4+4}}\times\frac{1}{2}=2.5\text{A}$$

根据换路定律，可得

$$i_L(0_+)=i_L(0_-)=2.5\text{A}$$

画出换路后的电路图如图 5-15（b）所示，则时间常数为

$$\tau=\frac{L}{R}=\frac{0.8}{8}=0.1\text{s}$$

依据 RL 电路零输入响应公式 $i_L=i_L(0_+)\mathrm{e}^{-\frac{t}{\tau}}$ 写出换路后电感的电流为

$$i_L=i_L(0_+)\mathrm{e}^{-\frac{t}{\tau}}=2.5\mathrm{e}^{-10t}\text{A}$$

依据 RL 电路零输入响应公式 $u_L=-u_R=-Ri_L(0_+)\mathrm{e}^{-\frac{t}{\tau}}$ 写出换路后电感的电压为

$$u_L=-Ri_L=-8\times 2.5\mathrm{e}^{-10t}=-20\mathrm{e}^{-10t}\text{V}$$

5.4.3　RL 电路的零状态响应

如图 5-16 所示，RL 电路接通直流电源，使电感储存磁场能。换路前（$t<0$ 时）开关 S 处于断开位置，电路为稳态，电感的初始储能为零，即为零状态。在 $t=0$ 时开关 S 闭合，电路发生换路，直流电源 U_S 与 RL 串联电路接通，由换路定律可知，在换路瞬间电感的电流不能跃变，即

$$i_L(0_+)=i_L(0_-)=0$$

RL 电路接通直流电源后，即从 $t=0_+$ 时电感开始储能达到新的稳态时 $i_L(\infty)=\dfrac{U_S}{R}$。因此，换路后 RL 电路中的电流和电压就是 RL 电路的零状态响应。RL 电路的零状态响应，实质上是电感在储存磁场能的过程中所引起的电压、电流响应。

其中，电感电流响应为

$$i_L=i_L(\infty)(1-\mathrm{e}^{-\frac{t}{\tau}})\quad(t>0)\tag{5-15}$$

电感电压响应为

$$u_L = U_S - u_R = U_S e^{-\frac{t}{\tau}} \quad (t>0) \tag{5-16}$$

根据式（5-15）和式（5-16）画出电流和电压的波形如图5-17所示。可见，电感电流i_L由初始值随时间按指数规律逐渐增加，而电感电压u_L则逐渐减少；当$t\to\infty$时，电路达到稳态，电感两端的电压趋近于零，电感L相当于短路，其电流趋近于稳定值$i_L(\infty)$。

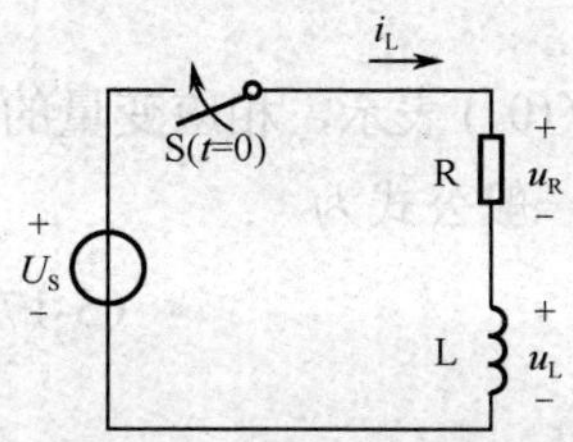

图5-16　RL电路的零状态响应

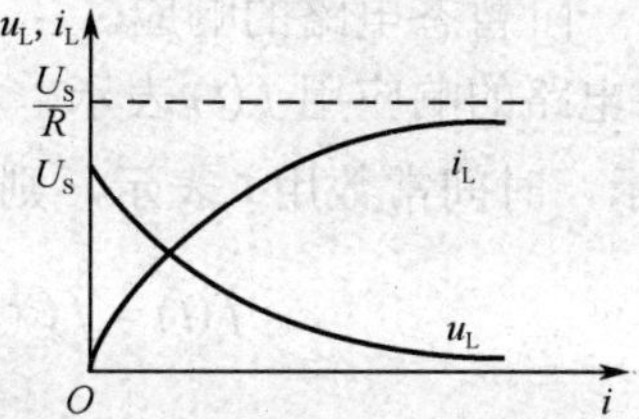

图5-17　电流和电压的波形曲线

【例5-6】　如图5-18（a）所示电路，换路前电路已达稳态,，并且电感的储能为零。在$t=0$时换路（开关S打开），求$t>0$时的i_L和u_L。

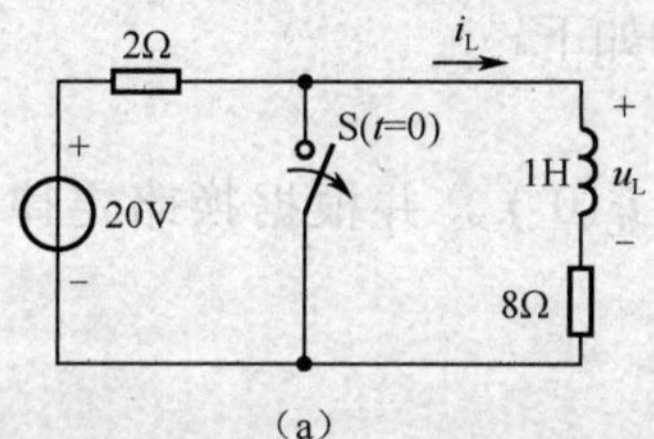

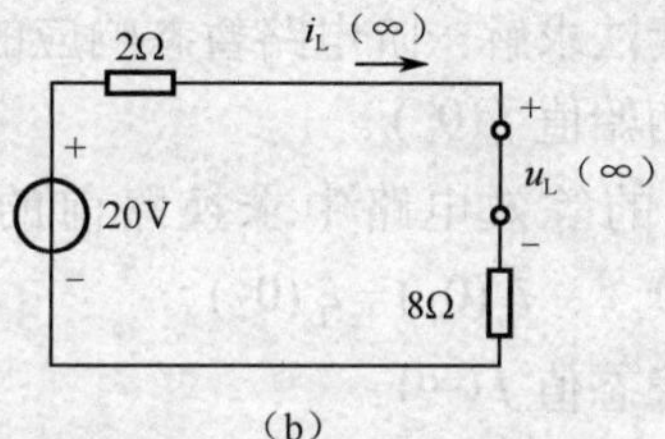

图5-18　例5-6电路图

解：依据题意可知$i_L(0_+)=i_L(0_-)=0$，换路后电路的响应为零状态响应。

换路后电路达到稳定状态时电感相当于短路，如图5-18（b）所示，则

$$i_L(\infty) = \frac{20}{2+8} = 2\text{A}$$

时间常数为

$$\tau = \frac{1}{2+8} = 0.1\text{s}$$

依据RL电路零状态响应公式$i_L = i_L(\infty)(1-e^{-\frac{t}{\tau}})$可得换路后电感的电流为

$$i_L = i_L(\infty)(1-e^{-\frac{t}{\tau}}) = 2(1-e^{-10t})\text{A} \quad (t>0)$$

依据RL电路零输入响应公式$u_L = U_S - u_R = U_S e^{-\frac{t}{\tau}}$可得换路后电感的电压为

$$u_L = U_S e^{-\frac{t}{\tau}} = 20e^{-10t}\text{V} \quad (t>0)$$

5.5 一阶电路的三要素法

由前面几节的分析结果可以看出，一阶电路暂态过程中的电压、电流响应均是由初始值、稳态值和时间常数三个要素决定的。三要素法就是专门为了求解由直流电源激励、只含有一个储能元件的一阶电路响应而归纳总结出的一般表达式，用这个通用表达式可以方便快捷地求解出一阶暂态电路的响应。

若一阶暂态电路的响应用 $f(t)$ 表示，相应变量的初始值用 $f(0_+)$ 表示，相应变量的稳态值用 $f(\infty)$ 表示，时间常数用 τ 表示，则一阶电路的三要素法一般公式为

$$f(t)=f(\infty)(1-\mathrm{e}^{-\frac{t}{\tau}})+f(0_+)\mathrm{e}^{-\frac{t}{\tau}} \tag{5-17}$$

或

$$f(t)=f(\infty)+\left[f(0_+)-f(\infty)\right]\mathrm{e}^{-\frac{t}{\tau}} \tag{5-18}$$

显然，只要求出暂态电路中电压或电流的三要素，就可以依据式（5-17）或式（5-18）求得该电压或电流的响应。

用三要素法求解一阶电路暂态响应的步骤归纳如下。

（1）求初始值 $f(0_+)$。

在 $t=0_-$ 的等效电路中求换路前的 $u_C(0_-)$、$i_L(0_-)$。并根据换路定律确定初始值 $u_C(0_+)=u_C(0_-)$、$i_L(0_+)=i_L(0_-)$。

（2）求稳态值 $f(\infty)$。

在换路后 $t=\infty$ 时的等效电路（稳态电路）中求稳态值 $u_C(\infty)$、$i_L(\infty)$。

（3）求时间常数 τ。

在同一电路中各响应的 τ 值是一样的，只不过 RC 电路的时间常数 $\tau=RC$；RL 电路的时间常数 $\tau=\dfrac{L}{R}$。

（4）将三要素代入式（5-17）或式（5-18）中，求出电路的响应 u_C 或 i_L。

（5）依据电路的结构，求出电路中其余的响应。

下面通过两个实例，简要说明三要素法分别在一阶 RC 电路和一阶 RL 暂态电路中的应用。

【例 5-7】 电路如图 5-19 所示，在 $t=0$ 时换路（开关 S 由位置“1”扳到位置“2”），已知：$U_0=5\text{V}$，$U_S=10\text{V}$，$R=20\Omega$，$C=0.05\text{F}$，求 $t>0$ 时的电容电压 u_C。

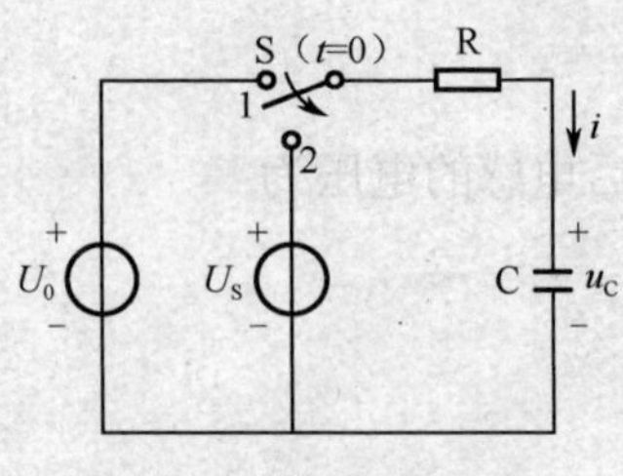

图 5-19　例 5-7 电路图

解：（1）求电容电压的初始值。

$$u_C(0_-)=U_0=5\text{V}$$

$$u_C(0_+)=u_C(0_-)=5\text{V}$$

（2）求换路后电容电压的稳态值。

$$u_C(\infty)=U_S=10\text{V}$$

（3）求时间常数 τ。

$$\tau=RC=20\times0.05=1\text{s}$$

（4）代入三要素公式得

$$u_C(t)=u_C(\infty)+\left[u_C(0_+)-u_C(\infty)\right]e^{-\frac{t}{\tau}}=10+(5-10)e^{-t}=(10-5e^{-t})\text{V}\ (t>0)$$

【例 5-8】 如图 5-20（a）所示电路，在 $t=0$ 时换路（开关 S 闭合），换路前电路已达稳态。求 $t>0$ 时电路的响应 i_L、u_L 和 i。

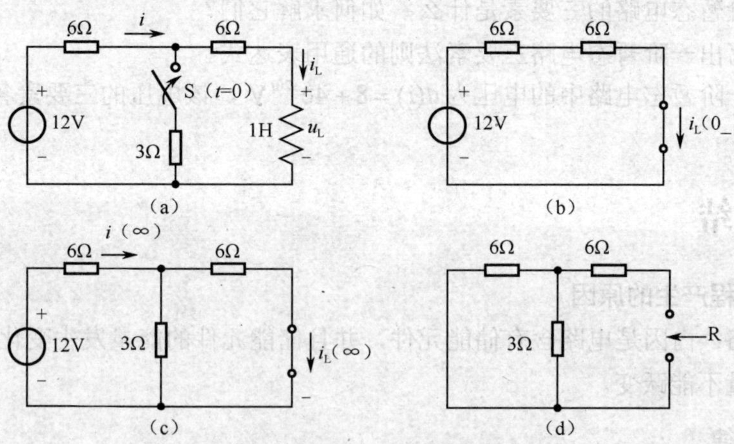

图 5-20　例 5-8 电路图

解：（1）画出 $t=0_-$ 时等效电路如图 5-20（b）所示，则 $i_L(0_-)$ 为

$$i_L(0_-)=\frac{12}{6+6}=1\text{A}$$

依据换路定律，则

$$i_L(0_+)=i_L(0_-)=1\text{A}$$

（2）画出 $t=\infty$ 时等效电路如图 5-20（c）所示，则 $i_L(\infty)$ 为

$$i_L(\infty)=\frac{12}{\frac{6\times3}{6+3}+6}\times\frac{3}{6+3}=0.5\text{A}$$

（3）将电感元件断开，电压源短路，如图 5-20（d）所示，则等效电阻为

$$R=6+\frac{6\times3}{6+3}=8\Omega$$

时间常数 τ 为

$$\tau=\frac{L}{R}=\frac{1}{8}\text{s}$$

（4）将三要素代入式（5-18），可得电感的电流响应为

$$\begin{aligned}i_L&=i_L(\infty)+\left[i_L(0_+)-i_L(\infty)\right]\ e^{-\frac{t}{\tau}}\\&=0.5+(1-0.5)\ e^{-8t}\\&=(0.5+0.5e^{-8t})\text{A}\qquad(t>0)\end{aligned}$$

（5）在图 5-20（a）中，求 u_L 和 i。

$$u_L = L\frac{di_L}{dt} = 1\times\frac{d(0.5+0.5e^{-8t})}{dt} = -4e^{-8t}\ \text{V}\quad(t>0)$$

$$i = \frac{12-(6i_L+u_L)}{6} = (1.5+0.17e^{-8t})\text{A}\quad(t>0)$$

【思考与练习】

5.5.1　一阶暂态电路的三要素是什么？如何求解它们？

5.5.2　试写出一阶暂态电路三要素法则的通用表达式。

5.5.3　某一阶暂态电路中的电压为$u(t)=8+4e^{-20t}$V，该电压的三要素各是多少？

本章小结

1．暂态过程产生的原因

外因是换路；内因是电路含有储能元件，并且储能元件的能量发生变化。其实质是储能元件中的能量不能跃变。

2．换路定律

$$\left.\begin{aligned} u_C(0_+) &= u_C(0_-) \\ i_L(0_+) &= i_L(0_-) \end{aligned}\right\}$$

3．零输入响应

零输入响应是激励为零、由电路的初始储能产生的响应。

RC 串联电路电容电压的零输入响应：$u_C = U_0 e^{-\frac{t}{\tau}}$（$t>0$）

RL 串联电路电感电流的零输入响应：$i_L = i_L(0_+)e^{-\frac{t}{\tau}}$（$t>0$）

4．零状态响应

零状态响应是储能元件的初始储能为零、由激励产生的响应。

RC 串联电路电容电压的零状态响应：$u_C = U_S(1-e^{-\frac{t}{\tau}})$（$t>0$）

RL 串联电路电感电流的零状态响应：$i_L = i_L(\infty)(1-e^{-\frac{t}{\tau}})$（$t>0$）

5．三要素法

利用三要素公式，可以非常方便地求解一阶电路的暂态响应。三要素公式为

$$f(t) = f(\infty) + \left[f(0_+) - f(\infty)\right]e^{-\frac{t}{\tau}}$$

习题

5.1　如题 5.1 图所示电路，在$t=0$时换路，设换路前电路已处于稳态，求初始值$u_C(0_+)$。

5.2　如题 5.2 图所示的电路已处于稳态，当 $t=0$ 时开关 S 打开引起换路，求初始值 $u_C(0_+)$。

题 5.1 电路图　　题 5.2 电路图

5.3　如题 5.3 图所示的电路，在换路前已经处于稳态，当 $t=0$ 时换路，求初始值 $u_C(0_+)$。

5.4　如题 5.4 图所示的电路，$t=0$ 时换路。已知 $u_C(0_-)=0$，求 $t>0$ 时的 u_C。

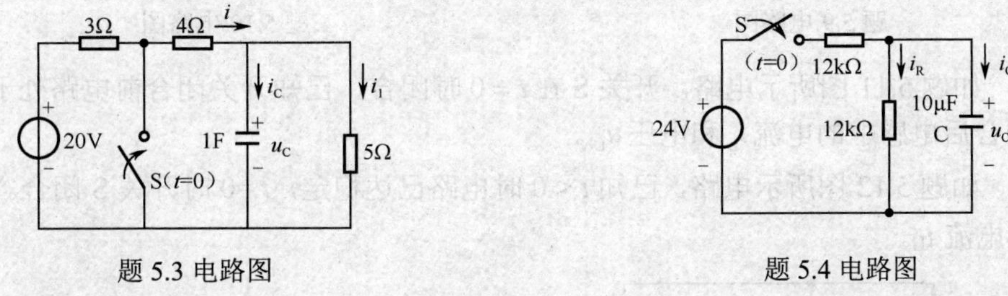

题 5.3 电路图　　题 5.4 电路图

5.5　如题 5.5 图所示的电路，换路前电路已达稳态，在 $t=0$ 时开关 S 打开引起换路，求初始值 $i_L(0_+)$。

5.6　如题 5.6 图所示的电路，换路前电路为稳态电路。在 $t=0$ 时换路，已知：$U_S=20\text{V}$，$R_1=6\Omega$，$R_2=3\Omega$，$C=0.1\text{F}$。求 $t>0$ 时的电容电压 u_C。

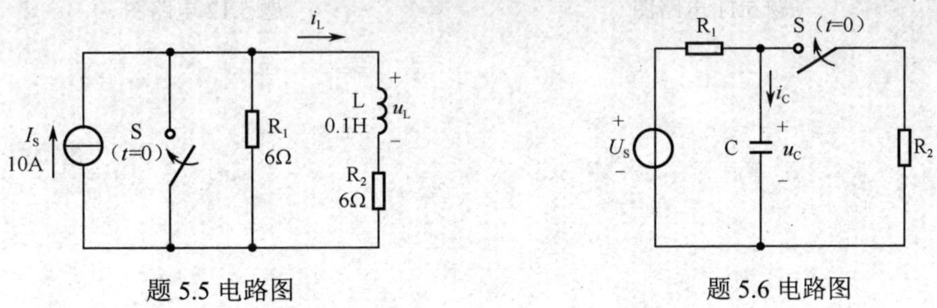

题 5.5 电路图　　题 5.6 电路图

5.7　如题 5.7 图所示的电路，换路前电路已达稳态。在 $t=0$ 时换路，求 $t>0$ 时电路的响应 u_C、i_C。

5.8　如题 5.8 图所示的电路，换路前电路已处于稳态，$t=0$ 时开关 S 断开引起换路。试用三要素法求 $t>0$ 时电路的响应 i_L。

5.9　如题 5.9 图所示的电路，开关长期合在位置“1”，如果在 $t=0$ 时把开关合到位置“2”，试求：（1）$u_C(0_+)=?$；（2）$t>0$ 时的电容电压 u_C。

5.10　如题 5.10 图所示电路，换路前开关 S 接“1”端且已处于稳态。当 $t=0$ 时换路，开关 S 由“1”扳向“2”，求：$t>0$ 时的 $i_L(t)$ 和 $u_L(t)$。

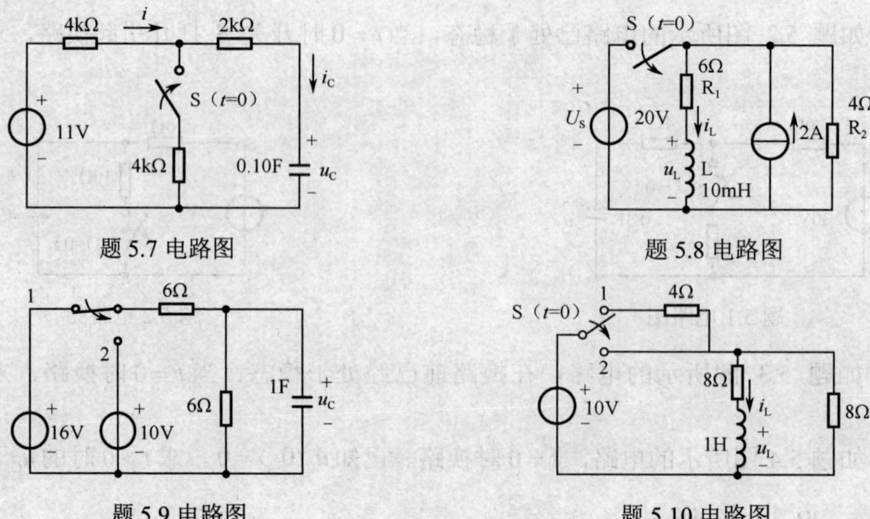

题 5.7 电路图　　题 5.8 电路图

题 5.9 电路图　　题 5.10 电路图

5.11　如题 5.11 图所示电路，开关 S 在 $t=0$ 时闭合，已知开关闭合前电路处于稳态，试求 S 闭合后电感中的电流 i_L 和电压 u_L。

5.12　如题 5.12 图所示电路，已知 $t<0$ 时电路已达稳定，$t=0$ 时开关 S 闭合。求 $t>0$ 时的电感电流 i_L。

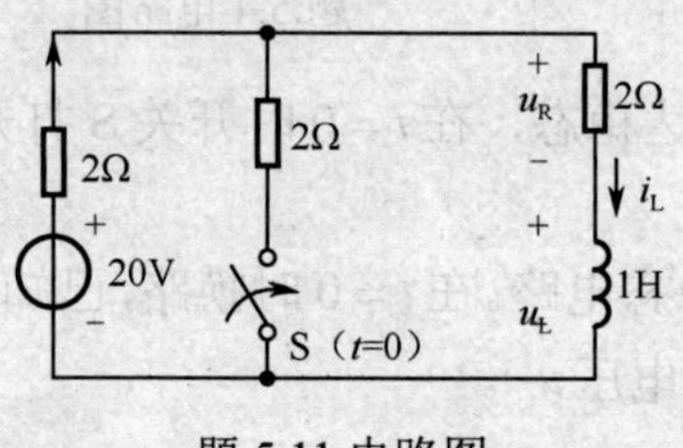

题 5.11 电路图

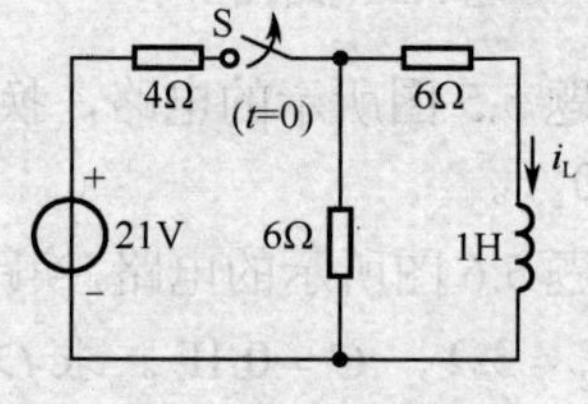

题 5.12 电路图

第 6 章

磁路与变压器

许多电气设备（变压器、电动机等）以磁场为媒介实现能量的传输与转换，其工作时不仅有电路的问题，还有磁路的问题。因此，要同时掌握电路和磁路的基本理论、基本规律，熟悉电与磁之间的关系，才能对这些设备做全面分析。

本章在复习磁场及其基本物理量的基础上，介绍磁路及变压器的基本知识。主要内容包括：磁路的基本知识、交流铁芯线圈电路、变压器。

6.1 磁路的基本知识

6.1.1 磁场的基本物理量

1. 磁感应强度

磁感应强度是表示磁场内某点磁场强弱与方向的物理量，用符号 B 表示。B 是一个矢量，其方向为该点的磁力线方向，大小定义为：在磁场中放置一个与磁场方向垂直的导体，其长为Δl，电流为 I，受到的电磁力为ΔF，则该点的磁感应强度的大小为

$$B = \frac{\Delta F}{I\Delta l} \tag{6-1}$$

磁感应强度的 SI 单位为特［斯拉］（T）。大小相等、方向相同的磁场称为均匀磁场。

2. 磁通量

磁感应强度 B 与垂直于磁场方向的面积 S 的乘积称为磁通量。磁通量简称磁通，用符号$\varPhi$表示。即

$$\varPhi = B \cdot S \tag{6-2}$$

可见，磁感应强度在数值上可以看成是与磁场方向垂直的单位面积上通过的磁通量，

故 B 又称为磁通密度。磁通的 SI 单位是韦［伯］（Wb）。

3．磁场强度

磁感应强度 B 不但与产生它的电流有关，还与空间的介质有关，为了讨论磁场与电流的关系，引入一个表示磁场内某点磁场强弱与方向的辅助物理量，称为磁场强度，用符号 H 表示。H 也是一个矢量，其大小只与产生磁场的电流有关，与磁介质无关，其方向与该点的磁感应强度方向一致。磁场强度的 SI 单位为安/米（A/m）。

4．磁导率

磁导率是表示物质导磁能力的物理量，用符号 μ 表示。B、H 及 μ 的关系为

$$B = \mu H \tag{6-3}$$

磁导率的 SI 单位为亨/米（H/m）。由实验测出，真空的磁导率 $\mu_0 = 4\pi \times 10^{-7}$ H/m。$\mu \approx \mu_0$ 的物质称为非磁性材料，$\mu >> \mu_0$ 的物质称为磁性材料。

6.1.2 磁性材料的磁性能

磁性材料是制造变压器、电动机等电气设备的主要材料，因此，有必要了解磁性材料的磁性能。

1．高导磁性

磁性物质内部有很多小磁畴，在外磁场的作用下，小磁畴就会顺着外磁场的方向做规则排列，形成一个很强的与外磁场同方向的磁化磁场，使磁性物质内的磁感应强度大大增强，这种现象称为磁性物质被磁化。由于磁化使磁性材料具有高导磁性能，其磁导率 μ 很大，因此，可以用较小的励磁电流产生足够大的磁感应强度和磁通。优质的磁性物质可使相同容量的变压器或电动机的质量和体积大大减小。

2．磁饱和性

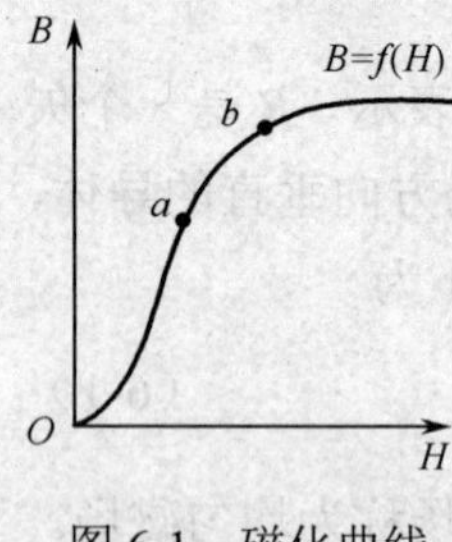

图 6-1　磁化曲线

磁性材料由于磁化所产生的磁化磁场不会随着外磁场的增强而无限增强，当外磁场增强到一定值时，全部磁畴的磁场方向与外磁场方向一致，磁化磁场的磁感应强度达到饱和值，这种现象称为磁饱和性。磁饱和性可以用它的 $B-H$ 曲线（或称磁化曲线）描述。如图 6-1 所示，当 H 较小时，B 增长很快，如曲线的 Oa 段，随后 B 的增长逐渐缓慢，过了 b 点后，随着 H 的增大，B 的数值几乎不再增长，达到了饱和状态。

3．磁滞性

在交变电流励磁时，磁性物质中磁感应强度 B 的变化总是滞后于磁场强度 H 的变化的特性称为磁滞性，磁滞性可以用如图 6-2 所示的磁滞回线来描述。当磁场强度由 H_m 开始减小时，B 也随之减小，但当 $H = 0$ 时，B 不能回到 0 值，而是等于 B_r，B_r 称为剩磁。要去掉剩磁，应施加一反向磁场，改变励磁电流的方向。将 B=0 时的磁场强度的值 H_C 称为

矫顽力。

磁滞性是由于分子热运动而产生的。在交变磁化过程中，磁畴在外磁场作用下不断转向，但它的分子热运动又阻止其转向。故磁畴的转向总是跟不上外加磁场的变化，从而产生了磁滞现象。铁磁性物质按其磁滞回线形状可以分为以下三种类型。

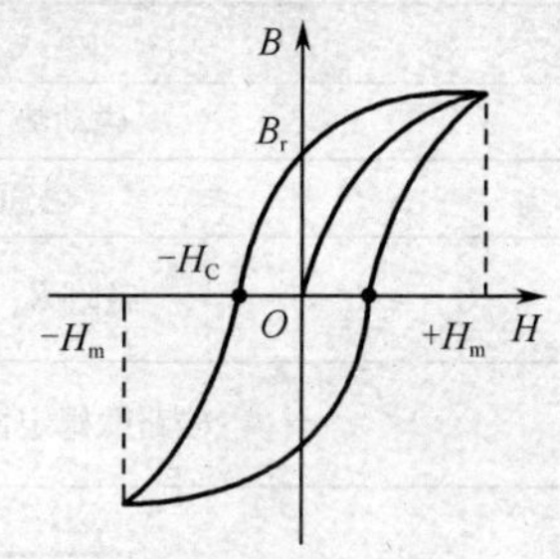

图 6-2 磁性物质的磁滞回线

（1）软磁材料。

软磁材料的磁滞回线较窄，剩磁及矫顽力都较小，磁导率高，容易被磁化，但去掉外磁场后，磁性大部分消失。一般用于制造变压器、交流电机的铁芯等，常用的有铸铁、硅钢及铁氧体等。

（2）硬磁材料。

硬磁材料的磁滞回线较宽，剩磁及矫顽力较大，须用较强的外磁场才能使之磁化，但去掉外磁场后，磁性不易消失，将保留很强的剩磁。一般用于制造永久磁铁、磁电式仪表等，常用的有碳钢、钴钢等。

（3）矩磁材料。

矩磁材料的磁滞回线近似为矩形，矫顽力小，剩磁大。在计算机和控制系统中用做记忆元件、开关元件和逻辑元件，常用的有镁锰铁氧体及锂锰铁氧体等。

6.1.3 磁路及其欧姆定律

磁路是磁通集中通过的路径，实质上是局限在一定路径内的磁场。磁路可以是完全闭合的，也可以有气隙。磁路中磁场强度与电流的关系为

$$\oint H\mathrm{d}l = \sum I \tag{6-4}$$

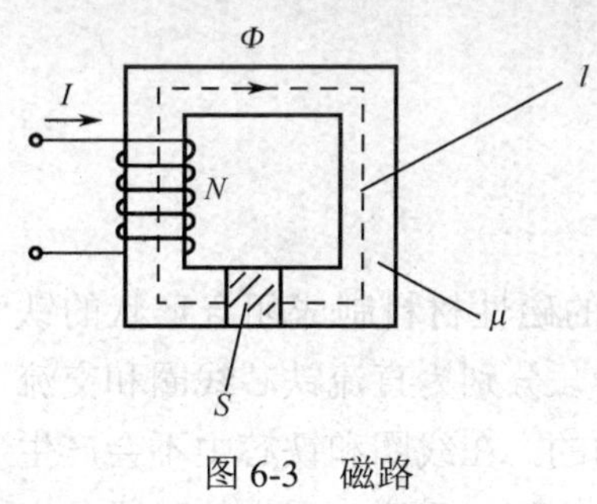

图 6-3 磁路

式（6-4）称为安培环路定律。其中，$\oint H\mathrm{d}l$ 为磁场强度矢量沿任意闭合回线的线积分，$\sum I$ 是穿过该闭合回线所围面积的电流的代数和。设图 6-3 所示均匀磁路的长度为 l，横截面积为 S，线圈匝数为 N，则

$$IN = Hl = \frac{B}{\mu}l = \frac{\dfrac{\Phi}{S}}{\mu}l = \Phi\frac{l}{\mu S}$$

即

$$\Phi = \frac{INS\mu}{l} = \frac{IN}{\dfrac{l}{\mu S}} = \frac{F}{R_m} \tag{6-5}$$

式（6-5）称为磁路欧姆定律。其中，F 为磁动势，由此产生磁通；R_m 为磁阻，体现磁路对磁通的阻碍作用，$R_m = \dfrac{l}{\mu S}$。

磁路欧姆定律与电路欧姆定律形式相似，两者的对应关系如表 6-1 所示。

表 6-1　磁路欧姆定律与电路欧姆定律对应关系

磁　　路	电　　路
磁动势 $F=IN$	电动势 E
磁通 Φ	电流 I
磁阻 $R_m=\dfrac{l}{\mu S}$	电阻 $R=\rho\dfrac{L}{S}$
磁路欧姆定律 $\Phi=\dfrac{F}{R_m}$	电路欧姆定律 $I=E/R$
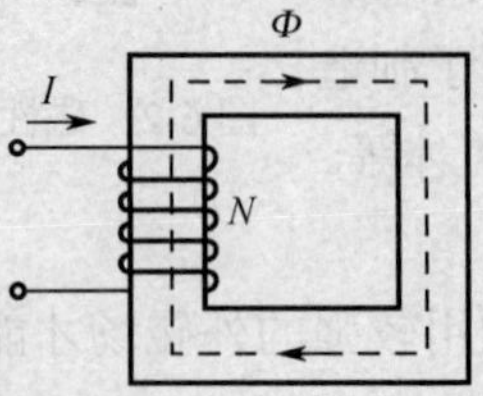 Φ　I　N	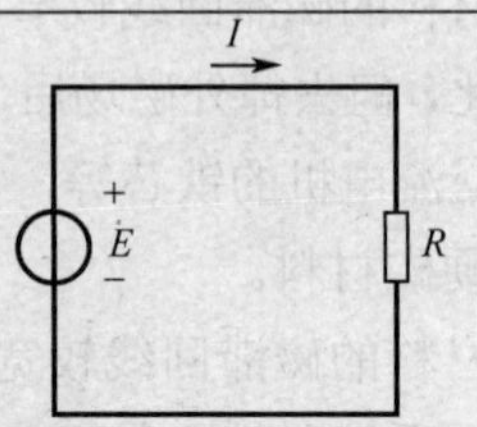 I　E　R

需要说明的是，磁路欧姆定律和电路欧姆定律只是形式相似，由于磁性物质的磁导率 μ 随激励电流而变化，其磁阻 R_m 是个变量。因此，不能直接用磁路欧姆定律做定量计算，但可以用于对磁路进行定性分析。

【思考与练习】

6.1.1　试说明磁感应强度、磁通、磁场强度和磁导率的定义、单位及相互关系。

6.1.2　磁性材料有哪些磁性能？

6.1.3　为什么优质的磁性物质可使相同容量的变压器或电动机的质量和体积大大减小？

6.1.4　说明磁路欧姆定律的内容，并与电路欧姆定律比较，找出磁路与电路物理量的对应关系。

6.2　交流铁芯线圈

实际中为了得到较强的磁场，常采用具有高导磁性能的磁性材料制成闭合形状的铁芯，将线圈绕在铁芯上就制成了铁芯线圈。铁芯线圈有两种，分别为直流铁芯线圈和交流铁芯线圈。直流铁芯线圈用直流电励磁，产生的磁通是均匀的，在线圈和铁芯中不会产生感应电动势，其损耗只是线圈电阻的损耗；交流铁芯线圈用交流电励磁，产生的磁通是交变的。变压器、交流电机等设备主要由交流铁芯线圈组成，因此，有必要介绍交流铁芯线圈的基本知识。

6.2.1　电压电流关系

如图 6-4 所示为交流铁芯线圈电路，在线圈两端加正弦电压 u，会产生交变的电流 i、交变的磁动势 iN 及交变的磁通。绝大部分磁通经铁芯而闭合，称为主磁通，用 Φ 表示，其余很小的一部分通过空气而闭合，称为漏磁通，用 Φ_σ 表示。两种交变的磁通产生的感应电动势分别为 e 和 e_σ，图中标注的为感应电动势的参考方向，感应电动势与主磁通的参考方向符合右手螺旋定则。若线圈的电阻为 R，依据基尔霍夫电压定律可得

$$u - iR + e + e_\sigma = 0 \tag{6-6}$$

由于线圈的电阻很小，漏磁通很少，因此，iR 和 e_σ 可以忽略，式（6-6）可以写成

$$u = -e \tag{6-7}$$

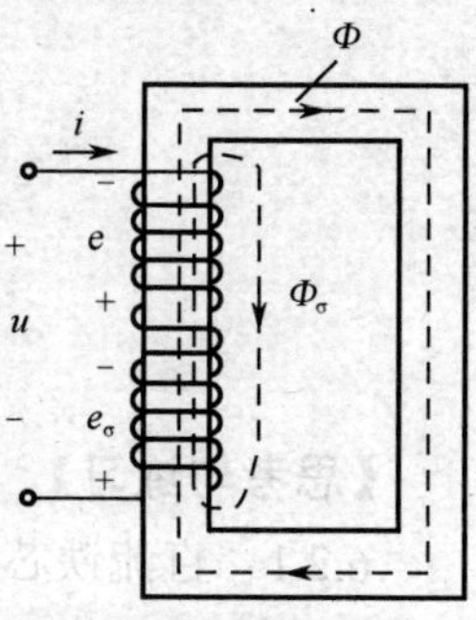

图 6-4　交流铁芯线圈

设 $\Phi = \Phi_m \sin \omega t$，依据法拉第电磁感应定律得

$$\begin{aligned} e = -N\frac{\mathrm{d}\Phi}{\mathrm{d}t} &= -N\frac{\mathrm{d}(\Phi_m \sin \omega t)}{\mathrm{d}t} = -\omega N\Phi_m \cos \omega t \\ &= 2\pi f N\Phi_m \sin(\omega t - 90^\circ) \\ &= E_m \sin(\omega t - 90^\circ) \end{aligned}$$

即电动势的有效值为

$$E = \frac{E_m}{\sqrt{2}} = \frac{2\pi f N\Phi_m}{\sqrt{2}} = 4.44 fN\Phi_m \tag{6-8}$$

由式（6-7）可知 $u = -e$，则外加电压的有效值为

$$U \approx E = 4.44 fN\Phi_m \tag{6-9}$$

式（6-9）是交流铁芯线圈电路的基本电磁关系。由该式可以得出结论：当外加电压 U 和频率 f 一定时，Φ_m 基本不变，这一特性称为恒磁通特性。

6.2.2　功率损耗

在交流铁芯线圈电路中有两种损耗，一种是线圈电阻上的功率损耗，称为铜损，用 ΔP_{Cu} 表示；另一种是铁芯中的功率损耗，称为铁损，用 ΔP_{Fe} 表示。铁损包括磁滞损耗和涡流损耗两部分。

1．磁滞损耗

由于磁滞而产生的损耗称为磁滞损耗，用 ΔP_h 表示。磁滞损耗是由于交变磁化使磁性材料内的磁畴反复转向，磁畴间相互摩擦使铁芯发热而产生的损耗。铁芯单位体积内产生的磁滞损耗与磁滞回线所包围的面积成正比，为了减小磁滞损耗，可以选用磁滞回线狭小的软磁材料制作铁芯。

2．涡流损耗

交变磁通 Φ 穿过铁芯，使得铁芯内部产生感应电动势，并形成旋涡形的电流，称为涡流，如图 6-5（a）所示。

涡流会使铁芯发热并消耗能量，由涡流引起的电能损耗称为涡流损耗，用 ΔP_e 表示。减小涡流损耗常用的方法有两种：一是在铁芯材料中掺入硅成为硅钢，使其电阻率提高；二是把铁芯沿磁场方向剖分为许多薄片，相互绝缘后再叠装成铁芯，如图 6-5（b）所示。

当然，涡流在某些场合也可以加以利用，如可以利用涡流的热效应冶炼金属。

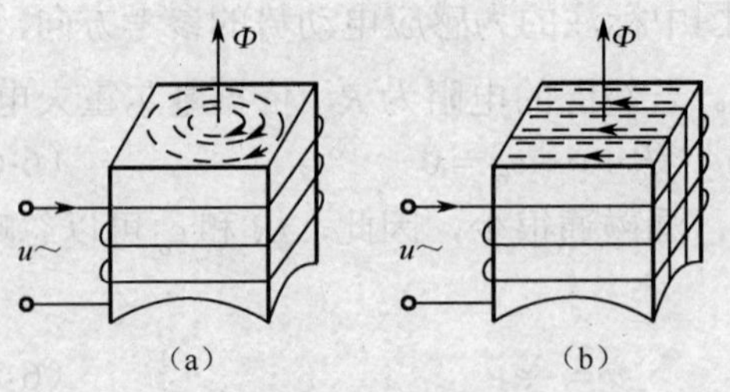

图 6-5 涡流

【思考与练习】

6.2.1 直流铁芯线圈的磁场是怎样的？直流铁芯线圈中会否产生涡流损耗？

6.2.2 交流铁芯线圈电路的基本电磁关系是什么？什么是恒磁通特性？

6.2.3 交流铁芯线圈的损耗有哪些？应怎样减小损耗？

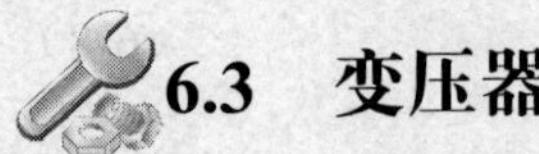

6.3 变压器

变压器是依据电磁感应原理制成的电气设备，具有变换电压、变换电流、变换阻抗的功能，在电力系统、电子线路等领域中有广泛的应用。

6.3.1 变压器的基本结构和工作原理

变压器的种类很多，按用途可分为：输配电用的电力变压器、平滑调压用的自耦调压器、测量用的仪用互感器及传递信号用的耦合变压器等。按交流电的相数不同可分为单相变压器和三相变压器。变压器的种类虽多，但它们的基本结构和工作原理是相似的。

1．变压器的基本结构

变压器主要由铁磁性材料制成的铁芯和绕在铁芯上的绕组（线圈）两部分组成。常见的结构有两种：芯式和壳式。芯式变压器如图 6-6（a）所示，绕组套在铁芯的两个铁芯柱上，结构比较简单，绕组的安装和绝缘处理比较容易，常用于容量较大的变压器，一般的电力变压器均采用芯式结构；壳式变压器如图 6-6（b）所示，铁芯包围着绕组的上下和两个侧面，铁芯容易散热，但制造较为复杂，常用于小容量的变压器。

（1）铁芯。

铁芯是变压器的磁路部分。为了减少铁芯内的磁滞和涡流损耗，通常采用含硅量为5%、厚度为 0.35mm 或 0.5mm、两平面涂绝缘漆的硅钢片叠装而成。为了降低磁路中的磁阻，铁芯一般采用交错叠装方式，即将每层硅钢片的接缝错开，如图 6-7 所示。

（2）绕组。

绕组是变压器的电路部分，一般用绝缘铜导线或铝导线绕制而成。变压器与电源相连的一侧称为原边，其绕组称为原绕组（或称为初级绕组、一次绕组）；与负载相连的一侧称为副边，其绕组称为副绕组（或称为次级绕组、二次绕组）。在一般情况下，原、副绕组的匝数不同，匝数多的称为高压绕组，匝数少的称为低压绕组。

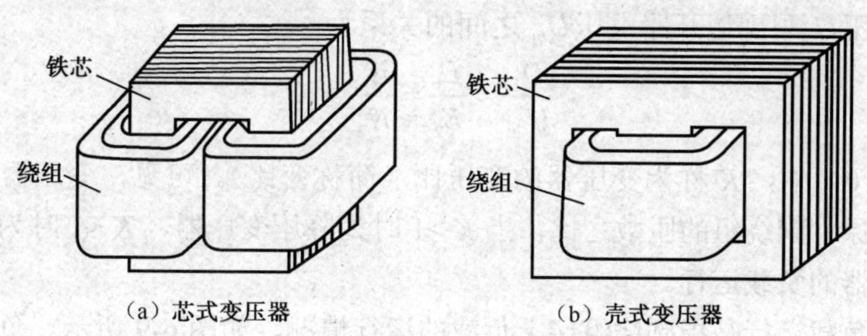

图 6-6　芯式变压器和壳式变压器结构示意图

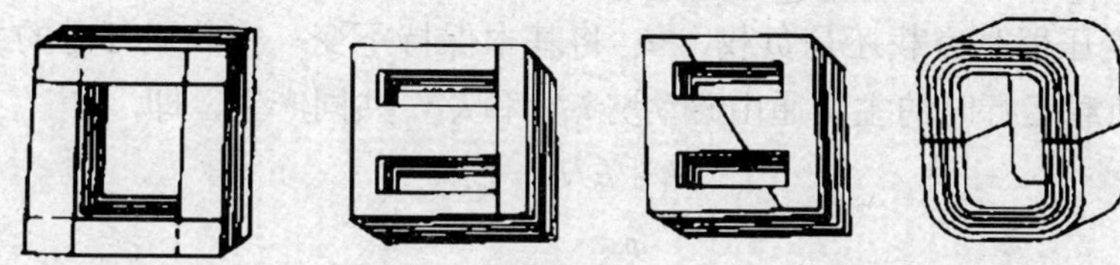

图 6-7　变压器的铁芯形状

2．变压器的工作原理

变压器工作时，由于绕组压降和漏磁电动势都非常小，在讨论其工作原理时可以忽略不计。下面分空载和负载两种情况讨论单相变压器的工作原理。

（1）变压器的空载运行。

变压器的空载运行是指副绕组开路、不接负载的情况，如图 6-8 所示为单相变压器空载运行原理图，原、副绕组的匝数分别为 N_1、N_2。为了便于分析，将原、副绕组分别画在两边。

在正弦电压 u_1 作用下，原绕组中的电流为 i_1，此时的 $i_1 = i_0$ 称为空载电流，也称为励磁电流。它在原边建立磁动势 $i_0 N_1$，在铁芯中产生同时交链着原、副绕组的主磁通 Φ，依据电磁感应原理，主磁通在原、副绕组中分别产生频率相同的感应电动势 e_1 和 e_2，由于副绕组开路，$i_2 = 0$，其两端的开路电压用 U_{20} 表示，图中标注的是它们的参考方向。由式（6-8）可得 e_1 和 e_2 的有效值为

$$E_1 = 4.44 f N_1 \Phi_m$$
$$E_2 = 4.44 f N_2 \Phi_m$$

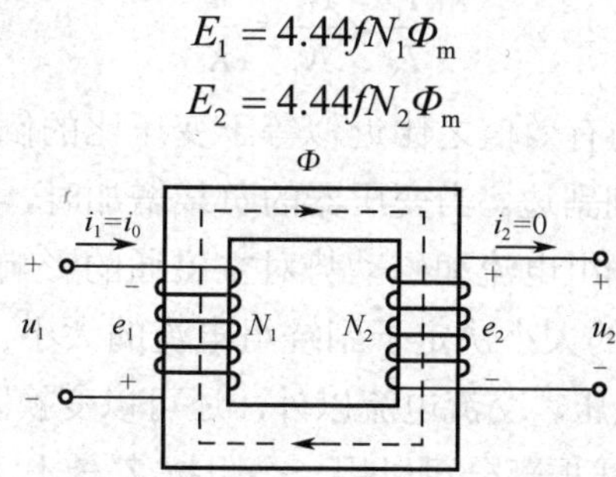

图 6-8　单相变压器的空载运行原理图

由式（6-9）可得原边电压U_1与副边开路电压U_{20}为

$$U_1 \approx E_1 = 4.44fN_1\Phi_m$$

$$U_{20} \approx E_2 = 4.44fN_2\Phi_m$$

因此，原边电压U_1与副边开路电压U_{20}之间的关系为

$$\frac{U_1}{U_{20}} \approx \frac{E_1}{E_2} = \frac{N_1}{N_2} = K \tag{6-10}$$

在式（6-10）中，K称为变压器的变压比（简称变比）。可见，变压器原、副绕组的电压之比等于原、副绕组的匝数之比，当$K>1$时为降压变压器，$K<1$时为升压变压器。

（2）变压器的负载运行。

变压器的负载运行是指副绕组接上负载的运行情况，如图6-9所示。负载运行时，副绕组中产生电流i_2，在副边产生磁动势i_2N_2。依据恒磁通特性，在电源电压u_1及其频率f一定时，无论变压器是空载还是负载，Φ_m将基本保持不变。空载运行时的主磁通由磁动势i_0N_1产生，负载运行时的主磁通由磁动势i_1N_1和i_2N_2共同产生，即

$$i_1N_1 + i_2N_2 = i_0N_1$$

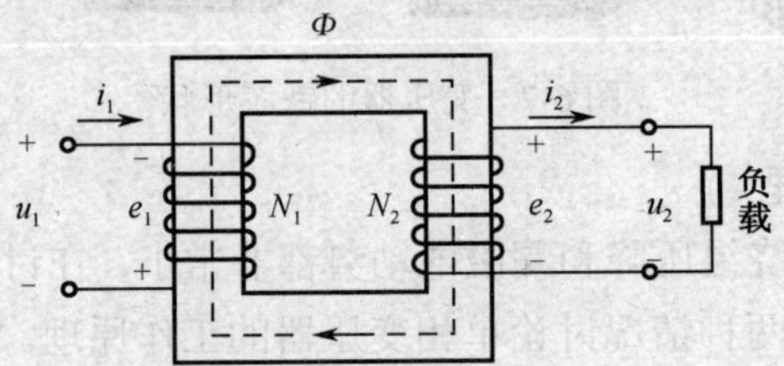

图6-9　变压器的负载运行

其相量表达式为

$$\dot{I}_1N_1 + \dot{I}_2N_2 \approx \dot{I}_0N_1 \tag{6-11}$$

由于变压器的空载电流i_0很小，其有效值I_0小于原绕组额定电流I_{1N}的10%，于是式（6-11）可以写成

$$\dot{I}_1N_1 \approx -\dot{I}_2N_2 \tag{6-12}$$

式中，负号说明电流i_1和i_2的相位相反，即i_2N_2对i_1N_1有去磁作用。

由式（6-12）可得

$$\frac{I_1}{I_2} \approx \frac{N_2}{N_1} = \frac{1}{K} \tag{6-13}$$

可见，原、副绕组电流的有效值之比近似等于变压比的倒数。应当说明的是，变压器通过磁路将原边的电能传递到副边。当变压器的负载增加时，I_2和I_2N_2会增大，I_1和I_1N_1也必须相应增大，以抵偿副绕组电流和磁动势对主磁通的影响，从而维持主磁通的最大值Φ_m基本不变。即原绕组电流的大小决定于副绕组电流的大小，这是一个自动适应的过程。

变压器除了能变换交流电压、交流电流以外，还可以变换阻抗。在图6-10（a）中，变压器副绕组接入阻抗Z，则虚线框部分可以用一个阻抗Z'来代替，其等效电路如图6-10（b）

所示。$|Z|$ 和 $|Z'|$ 的之间的关系为

$$|Z'| = \frac{U_1}{I_1} = \frac{KU_2}{\frac{1}{K}I_2} = K^2\frac{U_2}{I_2} = K^2|Z| \tag{6-14}$$

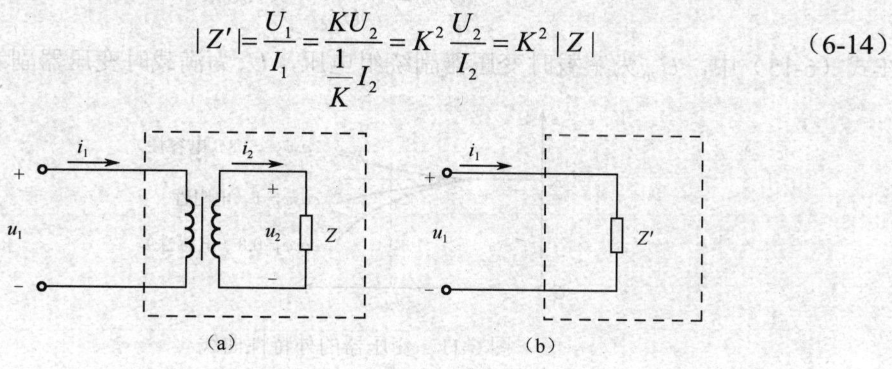

图 6-10　变压器的阻抗变换

式（6-14）说明，接在变压器副边的阻抗模 $|Z|$，折算到原边的等效阻抗模为 $|Z'| = K^2|Z|$，这就是变压器的阻抗变换作用。这样，只需调整匝数比，就可以将负载阻抗模变换为所需要的数值，这种做法称为阻抗匹配。

【例 6-1】　一个交流信号源的输出电压为 60V，内阻 $R_0 = 800\Omega$，负载电阻 $R_L = 8\Omega$，求：（1）R_L 直接接到信号源上时获得的功率；（2）若在负载 R_L 与信号源之间接入一个变压器进行阻抗变换，为使该负载获得最大功率，需选择多大变压比的变压器？R_L 上获得的最大功率为多少？

解：（1）R_L 直接接到电源上时获得的功率 P 为

$$P = \left(\frac{60}{R_0 + R_L}\right)^2 \times R_L = \left(\frac{60}{800+8}\right)^2 \times 8 = 0.044\text{W}$$

（2）阻抗匹配时变压器的变压比 K 及 R_L 上获得的最大功率 P_{Lmax} 为

$$K = \sqrt{\frac{R_0}{R_L}} = \sqrt{\frac{800}{8}} = 10$$

$$P_{Lmax} = \left(\frac{60}{800+800}\right)^2 \times 800 = 1.125\text{W}$$

可见，利用变压器进行阻抗匹配，可以使负载获得较大的功率。

6.3.2　变压器的外特性

当电源电压 U_1 与负载的功率因数 $\cos\varphi_2$ 保持不变时，副绕组的端电压 U_2 随副绕组电流 I_2 的变化关系可用外特性曲线 $U_2 = f(I_2)$ 来表示，如图 6-11 所示。

对于电阻性负载或电感性负载，U_2 随 I_2 的增加而下降，负载的功率因数 $\cos\varphi_2$ 越低，U_2 下降越大；对于电容性负载，U_2 随 I_2 的增加而上升。通常希望 U_2 的变化越小越好。副绕组电压的变化程度可以用电压调整率 $\Delta U\%$ 来表示。即

$$\Delta U\% = \frac{U_{20} - U_2}{U_{20}} \times 100\% \qquad (6\text{-}15)$$

在式（6-15）中，U_{20}为空载时变压器副绕组电压，U_2为满载时变压器副绕组电压。

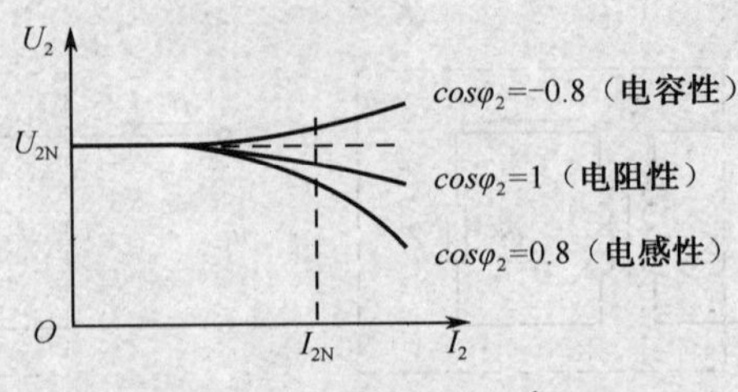

图 6-11　变压器的外特性曲线

电压调整率表征了电网电压的稳定性，一定程度上反映了变压器的供电质量。电力变压器的电压调整率一般在5%左右。

6.3.3　变压器使用中的一些问题

1．变压器的额定值

为了保证变压器安全、可靠、合理运行，生产厂家根据国家技术标准，对变压器在给定条件下能正常运行而规定的允许数值称为变压器的额定值，额定值通常标注在铭牌上或写在说明书中，变压器的主要额定值有以下几个。

（1）额定电压U_{1N}、U_{2N}。

额定电压是指变压器在额定运行情况下，依据绝缘等级和允许温升所规定的电压值。原绕组额定电压U_{1N}是原绕组应加的电源电压；副绕组额定电压U_{2N}是原绕组加上额定电压U_{1N}时，副绕组两端的空载电压U_{20}。三相变压器的额定电压是指其线电压。

（2）额定电流I_{1N}、I_{2N}。

额定电流是指变压器在额定运行情况下，依据绝缘材料所允许的温升而规定的电流值。三相变压器的额定电流是指其线电流。

（3）额定容量S_N。

额定容量是指变压器副边输出的视在功率，定义为副边额定电压与额定电流的乘积，其单位是伏安（VA）或千伏安（kVA）。单相变压器的额定容量为$S_N = U_{2N}I_{2N}$，三相变压器的额定容量为$S_N = \sqrt{3}U_{2N}I_{2N}$。

（4）额定频率f。

额定频率是指变压器原边输入的电压的频率，我国规定标准工业频率为50Hz。

使用变压器时，一般不允许超过其额定值。此外使用变压器时还应注意工作温度不能过高、原绕组和副绕组不能混淆等问题。

2．变压器的极性

当变压器有多个原绕组或副绕组时，可以将绕组串联以提高电压，将绕组并联以增大电流。但是，在连接时必须注意变压器绕组的极性，接线错误会损坏变压器。

将变压器原、副绕组中感应电动势瞬时极性相同的端点称为同名端。如图 6-12（a）所示为一个多绕组变压器，当电流 i_1 和 i_2 分别从绕组的 1 端和 3 端流入时，铁芯中产生的磁通方向是一致的，则 1 端和 3 端是同名端，显然 2 端和 4 端也是同名端。常用“＊”、“Δ”或“•”作为同名端的标记，如图 6-12（b）所示。

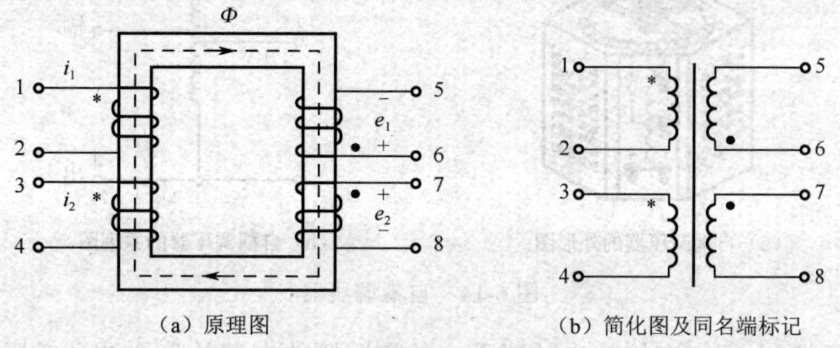

图 6-12　多绕组变压器

当两绕组串联时，应将其异名端 2 与 3 相连接，1 和 4 接电源，如图 6-13（a）所示。若将 2 与 4 相连接，1 和 3 接电源，则为错误连接，两绕组中产生的磁通就会相互抵消，铁芯中不产生磁通，绕组中也就没有感应电压，外加的电源电压全部加在绕组内阻上，原绕组中将流过很大的电流，将变压器烧毁。

当两绕组并联时，应将同名端 1 与 3 相连接、2 与 4 相连接，然后再接电源，如图 6-13（b）所示。

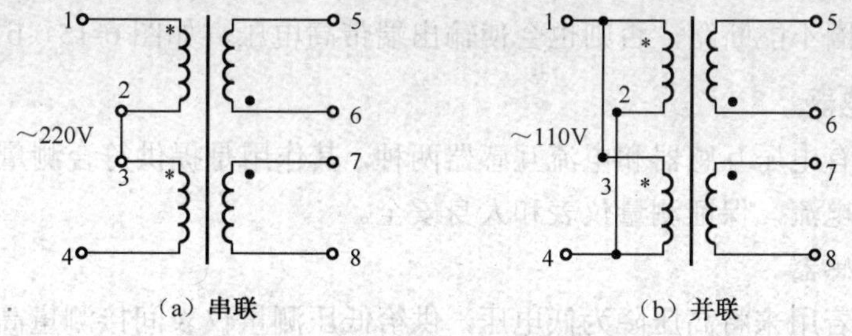

图 6-13　变压器绕组的正确连接

应当注意的是，只有完全相同的两个绕组才可以并联使用，不然可能会因为两绕组中的感应电压不同，在绕组中产生环流而烧毁绕组。只有额定电流相同的绕组才能串联使用，额定电压相同的绕组才能并联使用。

6.3.4　特殊用途变压器

在实际应用中，除前面讨论过的双绕组结构的电力变压器以外，还有许多其他类型特殊用途的变压器。本节介绍自耦调压器和仪用互感器。

1．自耦调压器

自耦调压器的副绕组是原绕组的一部分，如图 6-14 所示，由于副绕组匝数可以自由调节，输出平滑的可调电压，故称为自耦调压器，常应用于实验室中。

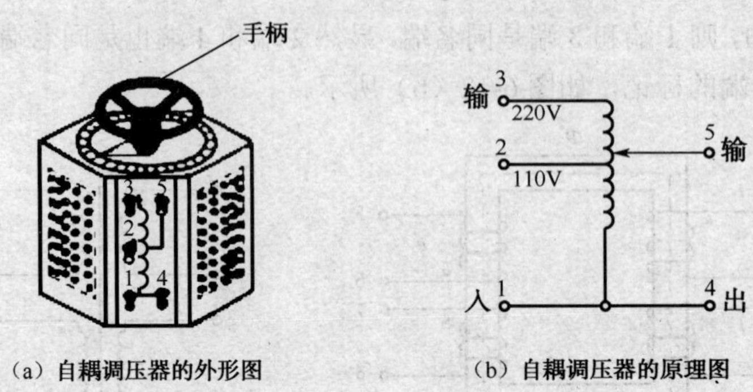

（a）自耦调压器的外形图　（b）自耦调压器的原理图

图 6-14　自耦调压器

由于原、副边之间有直接的电的联系，故高压侧的电气故障会波及低压侧，使用自耦调压器时应注意以下几点。

（1）原绕组接交流电源，副绕组接负载，不能接错，否则会发生触电事故或烧毁变压器。所以，自耦调压器不允许作为安全变压器使用。

（2）接通电源前，应将调压器上的手柄（滑动触头）旋至零位，通电后再逐渐将输出电压调到所需数值。使用完毕后，手柄应退回到零位。

（3）电源火线接 3 端，零线接 1 端，不能反接，否则输出端将带高电压，如图 6-15（a）所示。

（4）次级线圈不能断路，否则也会使输出端带高电压，如图 6-15（b）所示。

2．仪用互感器

仪用互感器有电压互感器和电流互感器两种，其作用是提供符合测量仪表和保护继电器要求的电压和电流，保证测量仪表和人身安全。

（1）电压互感器。

电压互感器若用来将高压降为低电压，供给低压测量仪表间接测量高压，是降压变压器。其外形示意图和原理图如图 6-16 所示。电压互感器的原绕组匝数较多，其端线并联在被测的高压线路上；副绕组匝数较少，其端线与测量仪表相连接。则被测高压侧电压 U_1 为

$$U_1 = \frac{N_1}{N_2} U_2$$

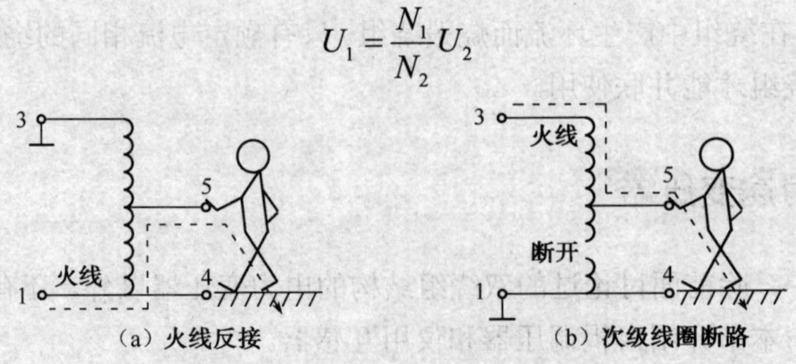

（a）火线反接　（b）次级线圈断路

图 6-15　自耦调压器触电事故示意图

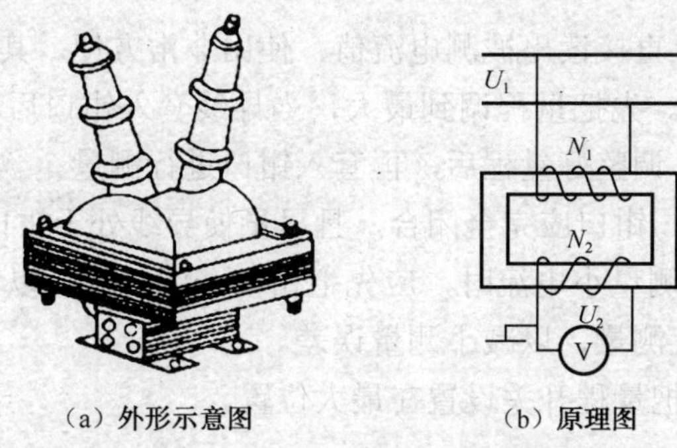

（a）外形示意图　　（b）原理图

图 6-16　电压互感器外形示意图和原理图

通常规定低压侧的额定电压 U_2 为 100V。电压互感器在运行时副绕组不允许短路，因为副绕组匝数少，阻抗小，如发生短路，会烧坏互感器。另外，电压互感器的铁芯、副绕组的一端及外壳都必须可靠接地，以防止高、低压绕组间的绝缘层损坏时，副绕组和仪表带上高电压而危及人身安全。

（2）电流互感器。

电流互感器是利用变压器的电流变换作用，将大电流变换为小电流的升压变压器。其外形示意图和原理图如图 6-17 所示。电流互感器的原绕组匝数很少，直接串入被测大电流电路中；副绕组匝数较多，与测量仪表相连接。则被测电流 I_1 为

$$I_1 = \frac{N_2}{N_1} I_2$$

通常将电流互感器副边额定电流 I_2 设计成标准值 5A 或 1A。电流互感器在运行时副绕组不允许开路。如调换仪表时，应先将电流回路短路后再拆除，然后进行表计调换。当表计调换好后，应先将表计接入次级回路，再拆除短路。另外，电流互感器的铁芯和副绕组的一端都必须可靠接地，以防止高、低压绕组间的绝缘层损坏时危及仪表或人身安全。

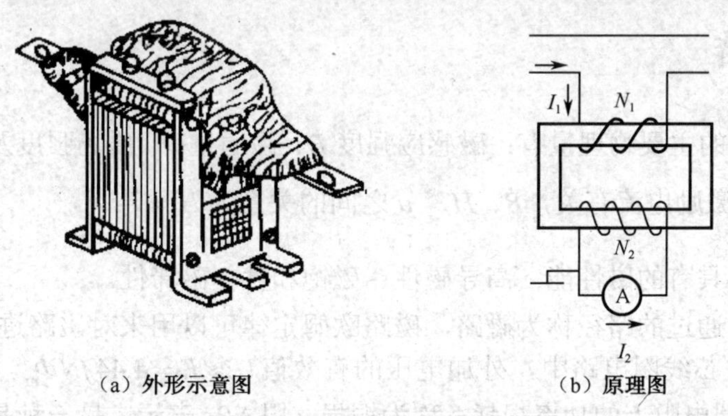

（a）外形示意图　　（b）原理图

图 6-17　电流互感器外形示意图及原理图

钳形电流表是一种特殊的配有电流互感器的电流表，俗称卡表，如图 6-18 所示。在测量电流时，不用断开电路，只需握紧钳形电流表上的扳手，使其可动铁芯张开，让被测电流的导线穿过铁芯，然后再松开扳手，使铁芯闭合。这时，铁芯中的载流导线就成为电流互感器的一次绕组，其匝数 $N_1 = 1$。电流互感器的二次绕组绕在铁芯上并与电流表接成闭

合回路，可以从电流表上直接读出被测电流值，使用非常方便。其使用规则如下。

① 选择适当的量程。先把量程调到最大，当导线套入钳口后，若发现量程不合适，必须把导线从钳口取出，调整好量程后，再套入钳口进行测量。

② 导线套入钳口后，钳口应完全闭合，且尽量使导线处于钳口的正中间。

③ 测量大电流后再测量小电流时，应先把钳口开闭几次，以消除大电流在铁芯中产生的剩磁，再进行小电流测量，以减小测量误差。

④ 测量结束后，应把量程开关设置在最大位置。

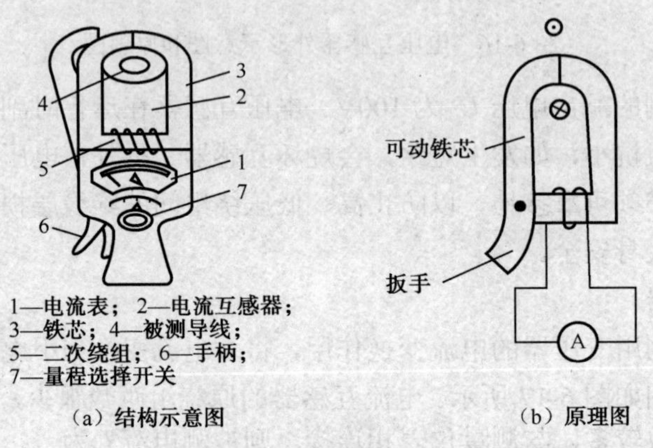

（a）结构示意图　　（b）原理图

图 6-18　钳形电流表

【思考与练习】

6.3.1　变压器的基本结构有哪些？各部分的主要作用是什么？

6.3.2　变压器能否变换直流电压？

6.3.3　自耦变压器在结构上有什么特点？

本章小结

1．描述磁场的主要物理量有：磁感应强度 B、磁通量 Φ、磁场强度及磁导率，其中磁场强度 H 只与其激励电流有关，B、H、μ 之间的关系为 $H=\dfrac{B}{\mu}$。

2．磁性材料具有的磁性能：高导磁性、磁饱和性、磁滞性。

3．磁通集中通过的路径称为磁路，磁路欧姆定律可以用来对磁路进行定性分析。

4．在交流铁芯线圈电路中，外加电压的有效值 $U \approx E = 4.44 fN\Phi_{\mathrm{m}}$，电路中的损耗有两种，一种是线圈电阻上的功率损耗，称为铜损，用 ΔP_{Cu} 表示；另一种是铁芯中的功率损耗，称为铁损，用 ΔP_{Fe} 表示。铁损包括磁滞损耗和涡流损耗两部分。减少磁滞损耗的方法是选用磁滞回线狭小的材料制作铁芯，减小涡流损耗的方法是采用彼此绝缘的硅钢片制作铁芯。

5．变压器是依据电磁感应原理制成的一种电气设备，它具有变换电压、变换电流、变换阻抗的作用。

变换电压：$\dfrac{U_1}{U_{20}} \approx \dfrac{E_1}{E_2} = \dfrac{N_1}{N_2} = K$

变换电流：$\dfrac{I_1}{I_2} = \dfrac{N_2}{N_1} = \dfrac{1}{K}$

变换阻抗：$|Z'| = K^2 |Z|$

6．变压器的外特性是评价供电质量的重要指标，外特性$U_2 = f(I_2)$与负载的功率因数$\cos\varphi_2$有关。

7．当变压器有多个原绕组和多个副绕组时，可以将绕组串联以提高电压，将绕组并联以增大电流，但应注意绕组的正确连接，接线错误有可能损坏变压器。

8．自耦调压器的副绕组是原绕组的一部分，原、副绕组之间既有磁的耦合，又有电的直接联系。自耦变压器可以输出平滑的可调电压，常应用于实验室中。

9．仪用互感器包括电压互感器和电流互感器，使用仪用互感器的主要目的是扩大测量仪表的量程，又可使测量仪表与高电压或大电流电路隔离，以保证测量仪表和人身的安全。

（1）电压互感器是降压变压器，将其上电压表读数U_2乘以变压比K，就可得被测高压侧的电压值U_1。通常电压互感器低压侧的额定电压均设计为100V。

（2）电流互感器是升压变压器，将其电流表读数I_2乘以变压比的倒数，就可得被测的大电流I_1。通常电流互感器副边额定电流设计为标准值5A或1A。

钳形电流表是一种特殊的配有电流互感器的电流表，其特点是不用断开电路便可进行大电流的测量，并且可以从电流表上直接读出被测电流值。

习题

6.1　变压器空载电流的主要作用是什么？

6.2　当变压器的副边电流变化时，原边电流及铁芯中主磁通是否变化？为什么？

6.3　试分析和说明变压器原绕组接通电源后，副绕组没有电压输出的可能原因有哪些。

6.4　电压互感器和电流互感器相当于普通变压器的什么工作状态？其原绕组与被测电路应该怎么连接？在使用时应特别注意什么问题？

6.5　有一台额定容量为50kVA、额定电压为6600/220V的单相变压器，其高压侧绕组为6000匝，试求：（1）低压绕组的匝数；（2）高压侧和低压侧的额定电流。

6.6　有一单相照明变压器的额定容量为10kVA，额定电压为6600/220V。欲在副绕组接上60W、220V的白炽灯，若要变压器在额定负载下运行，此种电灯可接多少个？并求变压器原、副绕组的电流。

6.7　某三相变压器，$S_N = 5000\text{kVA}$，Y-△接法，额定电压为65/10.5kV。

试求：（1）高、低压绕组的相电压；

（2）高、低压绕组的线电流和相电流。

第 7 章

异步电动机及其继电接触器控制系统

发电机和电动机统称为电机。其中，将电能转换为机械能的装置称为电动机。电动机是工业企业中广泛使用的动力机械。按电源提供电流的种类不同，将电动机分为直流电动机和交流电动机两大类，交流电动机又分为同步电动机和异步电动机两类。同步电动机具有效率高、过载能力强等优点，但制造工艺复杂、启动困难、运行维护麻烦，主要用于功率较大、不需调速等特殊场合；异步电动机具有构造简单、价格便宜、工作可靠、坚固耐用、使用和维护方便等优点，因此得到了极为广泛的应用。

异步电动机种类很多，但其工作原理基本相同，本章介绍工业企业主要使用的三相异步电动机及其继电接触控制系统的基本知识。主要内容包括：三相异步电动机的基本结构、工作原理、电磁转矩和机械特性，异步电动机的使用，异步电动机的继电接触控制系统。

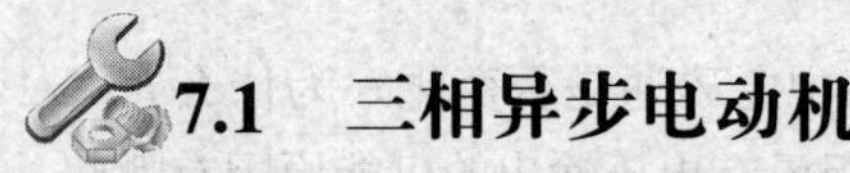

7.1 三相异步电动机

7.1.1 三相异步电动机的基本结构

三相异步电动机主要由固定不动的定子和转动的转子两部分组成，其基本结构如图 7-1 所示。

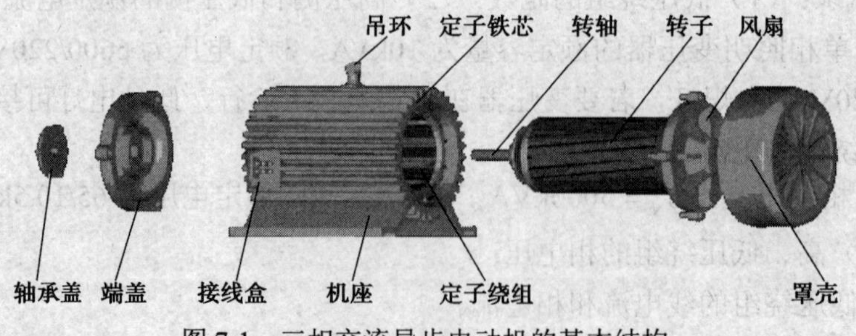

图 7-1 三相交流异步电动机的基本结构

1．定子

定子主要由机座、定子铁芯及定子绕组组成。

（1）机座。

定子的最外面是机座，常用铸铁或铸钢制成，是整个电动机的支架，其外表面具有散热作用，为搬运方便，其上装有吊环。

（2）定子铁芯。

定子铁芯装在机座内，由相互绝缘的硅钢片叠装而成，是电动机磁路的组成部分。铁芯内圆周上有均匀分布的槽，用于安放定子绕组，如图 7-2 所示。

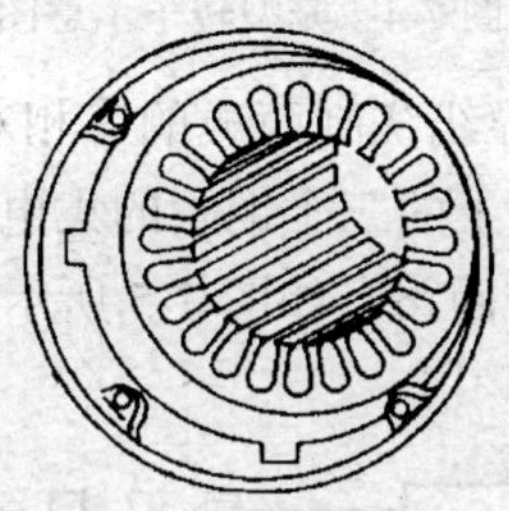

图 7-2　定子铁芯

（3）定子绕组。

定子绕组有三组，均匀分布在定子铁芯槽中，形成三相绕组。三相绕组一般采用高强度漆包线绕制而成，是电动机的电路部分。每相绕组首端分别用 U_1、V_1、W_1表示，对应的末端用 U_2、V_2、W_2表示。三相绕组的六个出线端接于定子的接线盒中。根据供电电压不同，可以接成星形（Y），也可以接成三角形（△）。其接线方式如图 7-3 所示。

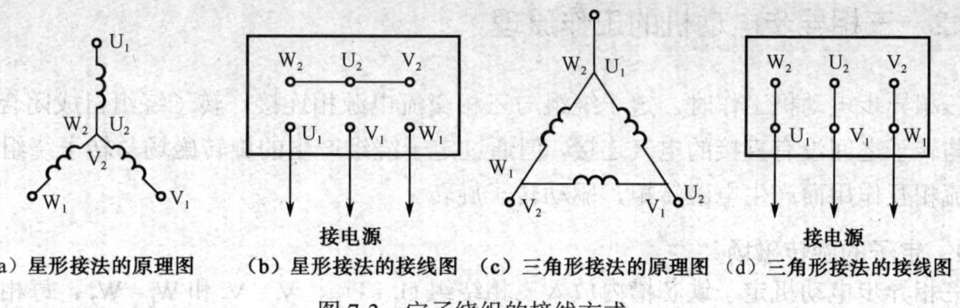

（a）星形接法的原理图　（b）星形接法的接线图　（c）三角形接法的原理图　（d）三角形接法的接线图

图 7-3　定子绕组的接线方式

2．转子

转子主要由转子铁芯和转子绕组组成。

（1）转子铁芯。

转子铁芯为圆柱体，也是由相互绝缘的硅钢片叠装而成的，并紧固在转轴上。铁芯外圆上有均匀分布的槽，用来安放转子绕组。转子铁芯与定子铁芯共同组成了电动机磁路。

（2）转子绕组。

转子绕组有笼型和绕线型两种。笼型绕组由转子铁芯槽中嵌放的若干铜条组成，铜条两端分别焊在两个端环上，由于形状与鼠笼相似，称为笼型转子，如图 7-4（a）所示。中小型笼型电动机大都在转子铁芯槽中浇注铝液，铸成笼型绕组，并在端环上铸出许多叶片，作为散热用的风扇，如图 7-4（b）所示。

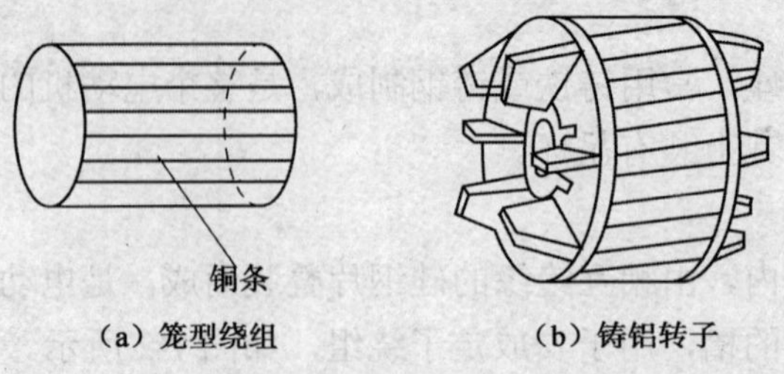

图 7-4　笼型转子示意图

绕线型转子绕组是用绝缘的导线绕制而成的三相对称绕组，转子绕组一般做星形连接，三个首端分别接到固定在转轴上的三个铜制的集电环上，通过集电环上的电刷与外电路的变阻器连接，构成转子的闭合回路，如图 7-5 所示。绕线型转子绕组结构复杂，一般用于启动和调速要求较高的场所。

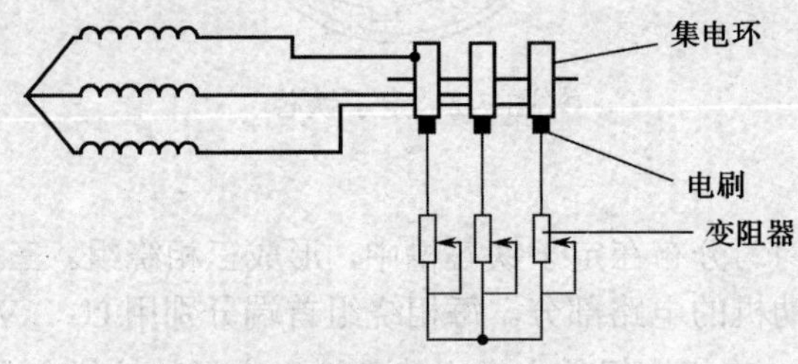

图 7-5　绕线型转子绕组

7.1.2　三相异步电动机的工作原理

三相异步电动机工作时，定子绕组与三相交流电源相连接，转子绕组自成闭合回路。定子与转子之间没有直接的电气连接，但通过定子绕组产生的旋转磁场与转子绕组内的感应电流相互作用而产生电磁转矩，驱动转子旋转。

1．定子的旋转磁场

三相异步电动机定子铁芯槽内放入三相绕组 U_1-U_2、V_1-V_2 和 W_1-W_2，每相绕组在空间互差120°。定子绕组分布示意图（Y 形连接）如图 7-6 所示。

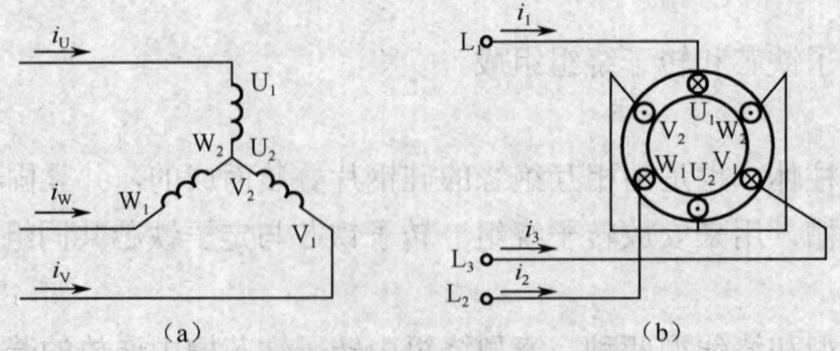

图 7-6　定子绕组分布示意图

（1）旋转磁场的产生。

当接入三相对称电源后，则有三相对称电流通过绕组。设每相电流的瞬时值解析式为

$$i_U = I_m \sin \omega t$$
$$i_V = I_m \sin(\omega t - 120^\circ)$$
$$i_W = I_m \sin(\omega t + 120^\circ)$$

其波形图如图 7-7 所示。取绕组始端到末端的方向为电流的参考方向，则在电流的正半周时，实际方向与参考方向相同，电流为正值；在电流的负半周时，实际方向与参考方向相反，电流为负值。

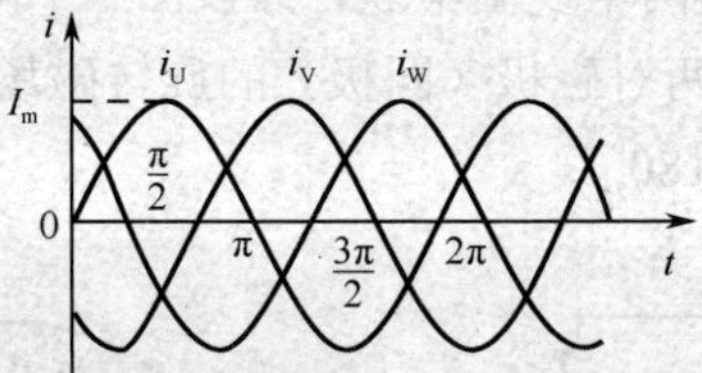

图 7-7　三相对称电流波形图

当 $\omega t = 0$ 时，$i_U = 0$，U 相绕组内没有电流；i_V 为负，V 相绕组中的电流从末端 V_2 流入，始端 V_1 流出；i_W 为正，W 相绕组中的电流从始端 W_1 流入，末端 W_2 流出。根据右手螺旋法则，可得出三相电流的合成磁场，其方向自上而下，如图 7-8（a）所示。

当 $\omega t = \frac{\pi}{2}$ 时，i_U 为正，电流从 U_1 流入，U_2 流出；i_V 为负，电流从 V_2 流入，V_1 流出；i_W 也为负，电流从 W_2 流入，W_1 流出。与 $\omega t = 0$ 时相比，三相电流形成的合成磁场的方向旋转了 90°，如图 7-8（b）所示。

当 $\omega t = \pi$ 时，$i_U = 0$，U 相绕组内没有电流；i_V 为正，电流从 V_1 流入，V_2 流出；i_W 为负，电流从 W_2 流入，W_1 流出。与 $\omega t = 0$ 时相比，三相电流形成的合成磁场的方向旋转了 180°，如图 7-8（c）所示。

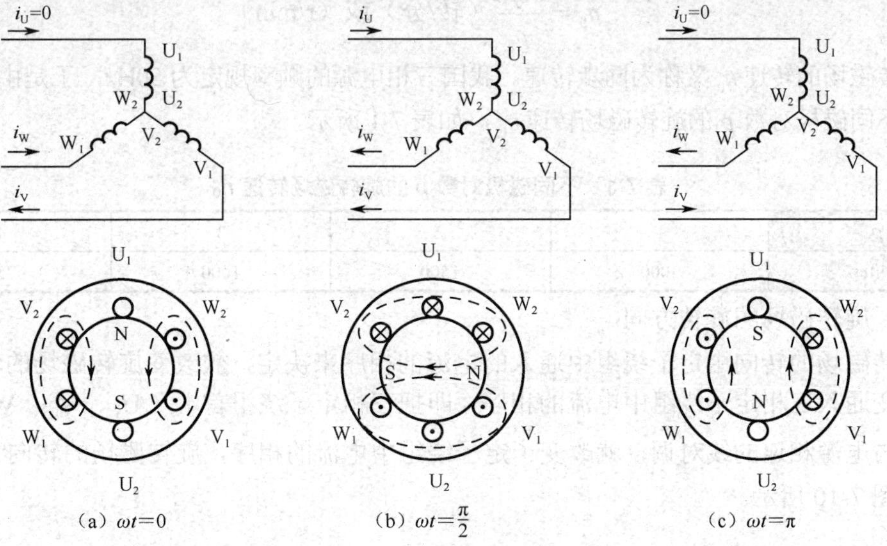

图 7-8　旋转磁场的产生

同理可得，当 $\omega t=\dfrac{3\pi}{2}$ 和 $\omega t=2\pi$ 时，与 $\omega t=0$ 时相比，三相电流形成的合成磁场的方向旋转了 270° 和360° 。

可见，当定子绕组通入三相对称电流后，会产生一个转速一定的旋转磁场。

（2）旋转磁场的转速。

由以上分析可以看出，若定子绕组按图 7-6 所示排列时，产生的旋转磁场有两个（一对）磁极，磁极对数用符号 p 表示，即 $p=1$。三相交流电变化一个周期，合成磁场在空间旋转 360° ；若每相定子绕组由两个线圈串联，并按图 7-9 排列时，绕组的始端（末端）之间在空间互差 60° ，将形成有两对磁极（四极）的旋转磁场，即 $p=2$，三相交流电变化一个周期，合成磁场在空间旋转180° 。

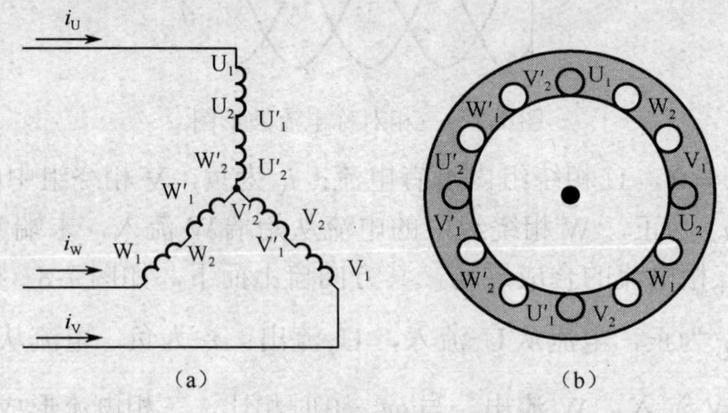

图 7-9　产生四极旋转磁场的定子绕组

若旋转磁场具有 p 对磁极时，交流电每变化一周，其旋转磁场在空间转动 360° /p。因此，三相异步电动机定子旋转磁场每分钟的转速 n_0、定子电流频率 f_1 及磁极对数 p 之间的关系是

$$n_0=\frac{60f_1}{p}\ \text{（转/分）或（r/min）} \tag{7-1}$$

旋转磁场的转速 n_0 又称为同步转速。我国三相电源的频率规定为 50Hz，于是由式（7-1）可得出不同磁极对数 p 的旋转磁场转速 n_0，如表 7-1 所示。

表 7-1　不同磁极对数 p 的旋转磁场转速 n_0

p	1	2	3	4
n_0/r·min^{-1}	3000	1500	1000	750

（3）旋转磁场的旋转方向。

旋转磁场的转向由定子绕组中通入的电流的相序来决定，欲改变旋转磁场的转向，只需要改变通入三相定子绕组中电流的相序，即把三相定子绕组首端（U_1、V_1、W_1）的任意两根与电源相连的线对调，就改变了定子绕组中电流的相序，旋转磁场的转向也就改变了，如图 7-10 所示。

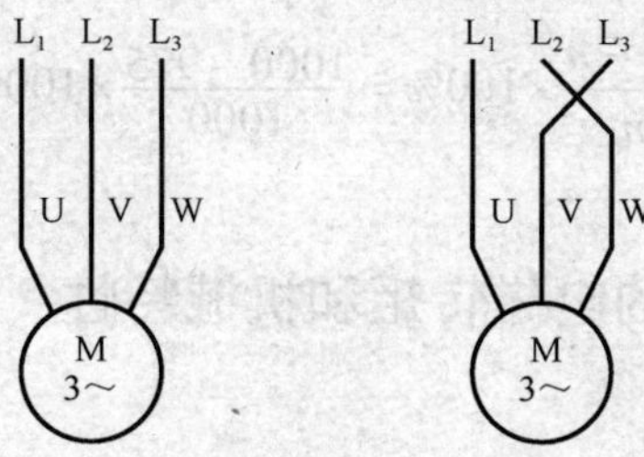

图 7-10　改变旋转磁场的方向

2．转子的转动原理

如图 7-11 所示为三相异步电动机的转动原理示意图。当三相对称电流通入定子绕组中时，电动机定子和转子间的气隙中会产生一个转速为 n_0 的旋转磁场，由于转子和旋转磁场有相对运动，在转子绕组中会产生感应电动势。由于转子电路是闭合的，在转子电路中会产生感应电流。因此，载流的转子导体在旋转磁场中受到电磁力 F 的作用形成一电磁转矩。在电磁转矩的作用下，转子便转动起来，其转动方向与旋转磁场的方向相同。但转子的转速 n 永远小于旋转磁场的转速 n_0。如果没有转速差，两者之间就不会有相对运动，转子中就不会产生感应电流，也就不会形成电磁转矩，转子就无法旋转起来。异步电动机的名称就是由此而来的。

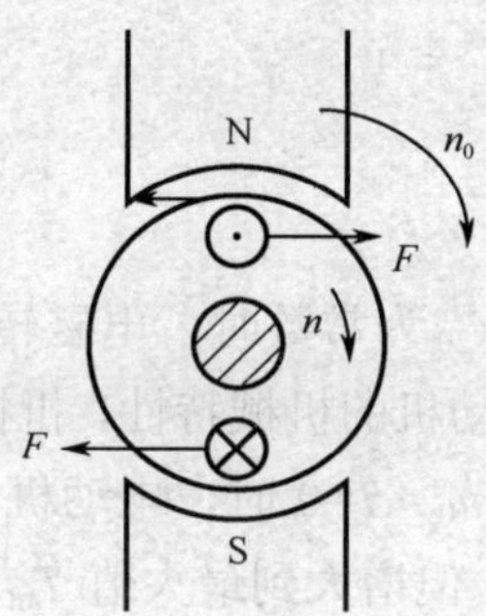

图 7-11　三相异步电动机的转动原理示意图

通常，将旋转磁场的同步转速 n_0 与转子转速 n 的差值与 n_0 的比值称为转差率。转差率用符号 s 表示，即

$$s=\frac{n_0-n}{n_0} \quad \text{或} \quad s=\frac{n_0-n}{n_0}\times 100\% \tag{7-2}$$

转差率是三相异步电动机的一个重要参数，转差率越大，三相异步电动机的异步程度越大，驱动电动机转动的电磁转矩也就越大。电动机在启动瞬间，n=0，s=1，转差率最大，转子转速 n 越接近同步转速 n_0，转差率越小。

【例 7-1】　一台三相异步电动机，其额定转速 n=975r/min，电源频率 f_1=50Hz。试求电动机的磁极对数和额定负载下的转差率。

解：由于异步电动机的额定转速接近而略小于同步转速，根据表 7-1 可知 n_0=1000 r/min，p=3。根据式（7-2）可得转差率 s 为

$$s = \frac{n_0 - n}{n_0} \times 100\% = \frac{1000 - 975}{1000} \times 100\% = 2.5\%$$

7.1.3 三相异步电动机的电磁转矩和机械特性

1. 电磁转矩

电磁转矩是转子中载流导体在旋转磁场的作用下产生的电磁力对转子转轴形成的转矩，是转子电流与旋转磁场相互作用的结果，可以证明三相异步电动机的电磁转矩 T 为

$$T = K\frac{sR_2U_1^{\ 2}}{R_2^{\ 2} + (sX_{20})^2} \tag{7-3}$$

式（7-3）中，K 为与电动机结构有关的常数，U_1 为定子绕组的相电压，s 为转差率，R_2 为转子电路每相的电阻，X_{20} 为电动机启动时的转子感抗。

可见，电磁转矩 T 与定子的相电压 U_1 的平方成正比，电源电压的变化对电磁转矩的影响很大。

电动机的电磁转矩 T 与阻转矩 T_L 之间的关系如下。

（1）$T>T_L$ 时，电动机加速运行；

（2）$T=T_L$ 时，电动机等速运行；

（3）$T<T_L$ 时，电动机减速运行。

2. 机械特性

当电源电压一定，并且 R_2 和 X_{20} 为常数时，电磁转矩与转差率之间的关系 $T=f(s)$或转速与转矩之间的关系 $n=f(T)$称为电动机的机械特性，机械特性曲线如图 7-12 所示。由机械特性曲线可以看出，当 $s=0$，即 $n=n_0$、$T=0$ 时，电动机（理想）空载（点）运行（实际不可能）；随着 s 的增大，T 也增大，但增大到最大值 T_m 后，随着 s 的增大，T 反而减小。下面在机械特性曲线中讨论几个重要的电磁转矩。

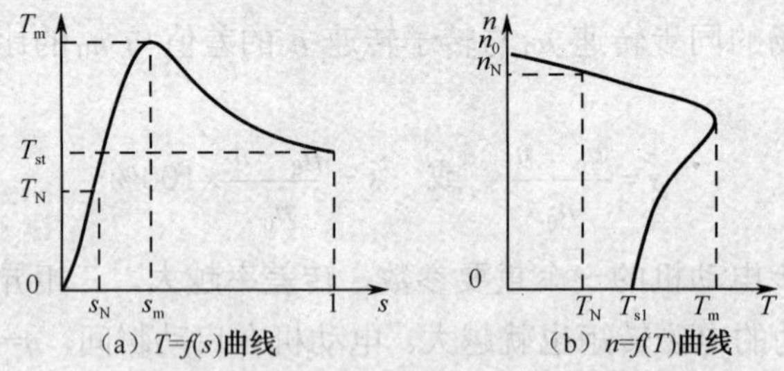

图 7-12 三相异步电动机的机械特性曲线

（1）额定转矩。

额定转矩是指电动机在额定电压下，带上额定负载以额定转速运行，输出额定功率时轴上输出的转矩，用 T_N 表示，单位为 $N \cdot m$。若电动机轴功率用 P_2 表示，则

$$P_2 = T\omega$$

$$T_N = \frac{P_{2N}}{\omega_N} = \frac{P_{2N} \times 10^3}{\frac{2\pi n_N}{60}} = 9550\frac{P_{2N}}{n_N} \tag{7-4}$$

式(7-4)中，P_{2N} 和 n_N 分别为电动机的额定功率和额定转速，它们的单位为kW和r/min。

（2）最大转矩。

最大转矩是电动机所能产生的最大电磁转矩，最大转矩也称为临界转矩，用 T_m 表示，对应于 T_m 的转差率 s_m 称为临界转差率。一般不允许电动机的负载转矩超过最大转矩。当电动机的负载转矩超过最大转矩时，电动机就带不动负载了，会发生闷车现象以致烧坏电动机。将电动机的最大转矩与额定转矩的比值称为过载系数，用 λ 表示，即

$$\lambda = \frac{T_{max}}{T_N} \tag{7-5}$$

一般三相异步电动机的过载系数为 1.8～2.2，其大小反映了异步电动机短时允许过载的能力。

（3）启动转矩。

启动转矩是电动机刚启动时的转矩，用 T_{st} 表示，此时 n=0，s=1，即

$$T_{st} = K\frac{R_2 U_1^2}{R_2^2 + (X_{20})^2} \tag{7-6}$$

由式（7-6）可知，T_{st} 与 U_1^2 成正比。启动转矩越大，电动机带负载启动的能力越强。

7.1.4　三相异步电动机的使用

1. 三相异步电动机的铭牌数据

在三相异步电动机的机座上都有一块铭牌，上面标有电动机的型号和有关的技术数据。要正确使用电动机，必须看懂铭牌。

（1）型号。

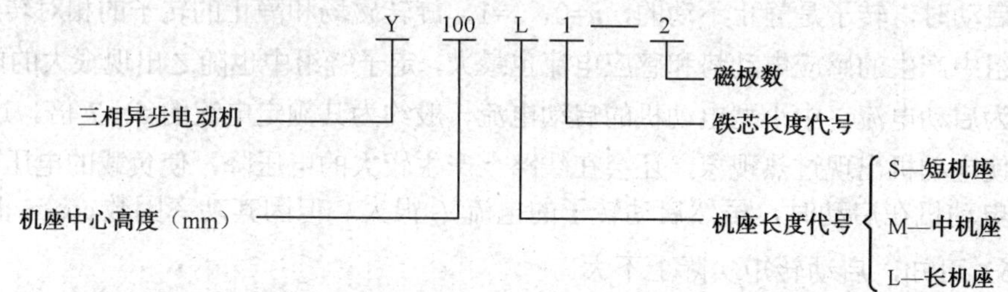

（2）接法。

接法是指电动机定子三相绕组的连接方式，常用的接法为星形（Y）和三角形（△）两种。

（3）电压。

电压是指电动机额定运行时，定子绕组规定使用的线电压，用 U_N 表示，单位为伏[特]（V）。

（4）电流。

电流是指电动机在额定运行时流过定子绕组的线电流，用 I_N 表示，单位为安[培]（A）。

（5）功率。

功率也称额定容量，指电动机在额定运行时转轴上输出的机械功率，用 P_N 表示，单位为瓦［特］（W）或千瓦［特］（kW）。

（6）频率。

频率是指电动机定子绕组所接交流电源的频率，用 f_N 表示，单位为赫［兹］（Hz）。我国规定电力网的频率为 50Hz。

（7）转速。

转速是指电动机在额定电压、额定频率及额定输出功率的情况下，转子的转速，用 n_N 表示，单位为转/分（r/min）。

（8）绝缘等级。

绝缘等级是指电动机绕组所采用的绝缘材料的耐热等级，它表明了电动机所允许的最高工作温度。常用的绝缘材料可分为 A、E、B、F、H 几个等级，如表 7-2 所示。

表 7-2 绝缘等级

绝 缘 等 级	A	E	B	F	H
最高允许温度/°C	105	120	130	155	180

（9）工作方式。

电动机的工作方式一般分为连续、短时和断续周期三种工作方式，介绍如下。

S1：连续工作；

S2：短时工作；

S3：断续周期工作。

2．三相异步电动机的启动

三相异步电动机定子绕组接入三相电源后，电动机从静止到达稳定运行的过程称做启动。在刚启动时，转子是静止不动的，n=0，s=1，旋转磁场和静止的转子的相对转速最大，在转子绕组中产生的感应电动势和感应电流也最大，定子绕组中也随之出现很大的电流，这个电流称为启动电流，中小型电动机的启动电流一般约为其额定电流的 5～7 倍。过大的启动电流会使电动机出现过热现象，还会在线路上产生较大的电压降，使负载的电压降低。

异步电动机在启动时，虽然启动转子的电流 I_2 很大，但因其功率因数 $\cos\varphi_2$ 很低，依据式（7-6）可知，启动转矩实际上不大。

笼型电动机的启动分为直接启动和降压启动，下面分别讨论。

（1）直接启动。

直接启动又称全压启动，就是将电源的额定电压直接加到电动机的定子绕组上使电动机启动。直接启动的优点是启动设备和操作都比较简单，缺点是启动电流大。一台电动机能否直接启动，各地供电部门有不同的规定。

如果用电单位有独立的供电变压器，若电动机启动频繁，当电动机容量小于变压器容量的 20%时允许直接启动；若电动机不是频繁启动，则其容量小于变压器容量的 30%时允许直接启动。如果没有独立的供电变压器，以电动机启动时电源电压的降低量不超过额定电压的 5%为原则。

（2）降压启动。

为了降低启动电流，常采用降压启动。所谓的降压启动，就是在启动时降低加在电动机定子绕组上的电压，待电动机达到额定转速时再加上额定电压运行。

降压启动会降低启动电流，同时也会使启动转矩下降，故降压启动只适用于在空载或轻载下启动的电动机。常用的降压启动方法有 Y -△降压启动、自耦降压启动。其中 Y -△降压启动适用于正常工作时为三角形连接的定子绕组，自耦降压启动适用于容量较大的或正常运行时为星形连接的启动。

① Y -△降压启动。

Y-△降压启动就是将正常工作时为三角形连接的定子绕组，在启动时改接成星形，待转速升至额定转速时再换接成三角形。其电流比较如图 7-13 所示，原理如图 7-14 所示。

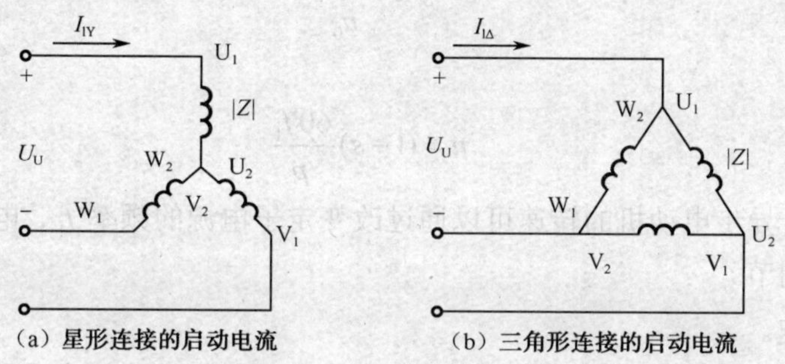

（a）星形连接的启动电流　　（b）三角形连接的启动电流

图 7-13　定子绕组星形连接和三角形连接启动电流的比较

若电源的线电压为U_U，每相定子绕组的阻抗大小为$|Z|$，则定子绕组星形连接启动时的线电流为

$$I_U = I_p = \frac{\frac{U_l}{\sqrt{3}}}{|Z|} = \frac{U_l}{\sqrt{3}|Z|}$$

定子绕组三角形连接启动时的线电流为

$$I_U = \sqrt{3} I_p = \sqrt{3}\frac{U_l}{|Z|}$$

可见，采用 Y-△换接启动时的启动电流是直接启动电流的 1/3。

② 自耦降压启动。

自耦降压启动是利用三相自耦变压器将电网电压降压后加到电动机定子绕组上，实现降压启动，待电动机转速上升到接近额定转速时，切除自耦变压器，电动机定子绕组直接接通三相电源，在额定电压下正常运行。自耦降压启动的原理如图 7-15 所示。自耦变压器常有多个抽头，以便得到不同的电压。

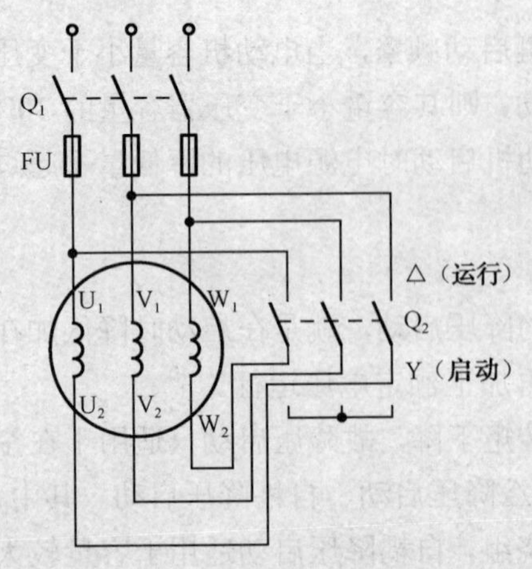

图 7-14　Y-△降压启动原理图

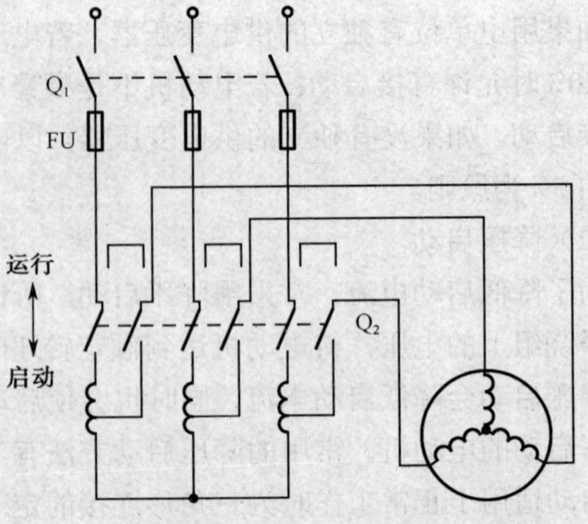

图 7-15　自耦降压启动原理图

3．三相异步电动机的调速

调速是指在负载不变的情况下得到不同的转速，以满足各种生产过程的要求。由

$$s=\frac{n_0-n}{n_0}$$

可得

$$n=(1-s)\frac{60f_1}{p}$$

由上式可知，异步电动机的转速可以通过改变定子电源的频率 f_1、电动机的磁极对数 p 和转差率 s 来调节。

（1）变频调速。

变频调速是通过改变电动机供电电源的频率来实现的，目前普遍采用的变频调速装置主要由整流器和逆变器组成，可以实现三相异步电动机的无级调速。

（2）变极调速。

变极调速是通过改变电动机磁极的对数来实现的，通过改变定子绕组的连接方式可得到不同的磁极对数 p，适用于采用特殊绕组结构的笼型异步电动机。由于磁极对数只能成倍变化，变极调速属于有级调速。

（3）变转差率调速。

通过改变转差率实现调速的方法常用于绕线转子的异步电动机，是通过改变串入转子电路中的调速电阻来实现平滑调速的。

4．三相异步电动机的制动

为了使电动机能迅速停止，应采取一定的方法使电动机制动。电气制动就是在电动机转子上产生一个与转动方向相反的电磁转矩，迫使电动机迅速停止转动。常用的电气制动方法有能耗制动和反接制动。

（1）能耗制动。

如图 7-16 所示为能耗制动原理图。在电动机断电的同时，向其定子绕组中通入直流电，产生固定不动的磁场。转子由于惯性仍按原方向转动，转子绕组与固定磁场之间有相对运动，在转子中产生感应电动势和感应电流，转子感应电流与固定磁场相互作用产生转矩，该转矩是与转子转动方向相反的制动转矩，可使电动机快速停转。

能耗制动的特点是制动平稳、能量损耗较小，但需配备直流电源，适用于制动要求平稳的场合。

（2）反接制动。

如图7-17所示为反接制动的原理图。当电动机需要停车时，将三根电源线中的任意两根对调后再接入电动机的定子绕组上，使旋转磁场反向旋转，产生与转子惯性方向相反的的电磁转矩，起制动作用，使电动机迅速减速。当电动机转速接近零时，需立即切断电源，以防止电动机反转。

反接制动的特点是不需另备直流电源，设备简单、制动效果好，但能量损耗较大。一般用于启动和制动不频繁的场合。

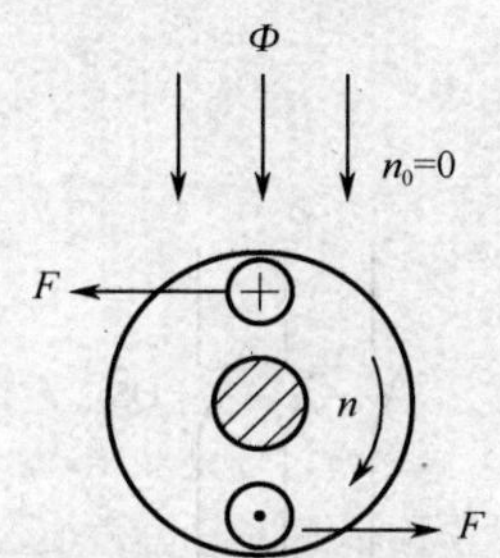

图7-16　能耗制动原理图

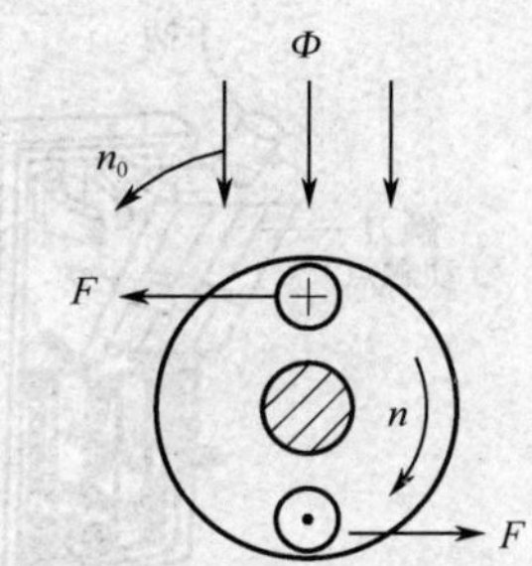

图7-17　反接制动原理图

【思考与练习】

7.1.1　三相异步电动机主要由哪几部分组成？

7.1.2　为什么三相异步电动机的定子、转子铁芯要用导磁性能良好的硅钢片制成？

7.1.3　简述三相异步电动机的工作原理，并解释“异步”的含义。

7.1.4　笼型异步电动机常用的启动方法有哪些？

7.1.5　如何改变三相异步电动机的转动方向？

7.1.6　笼型异步电动机通常用什么方法调速？

7.1.7　怎样实现三相异步电动机的反转？

7.1.8　三相异步电动机有哪几种制动方法？各有何特点？各适用于哪些场合？

7.2　常用低压电器及继电接触器控制系统

工农业生产中的机械大多由电动机来带动，称为电力拖动。为了使电动机按照生产机械的要求进行工作，要对电动机进行自动控制，实现生产过程的自动化。目前国内使用较多的是由按钮、接触器、继电器等有触点控制电器组成的控制系统，这种控制系统称为继电接触器控制系统。

任何复杂的控制系统都是由一些简单的基本控制环节、保护环节，根据不同要求组合而成的。因此，掌握这些环节是学习电气控制电路的基础。本节介绍继电接触器控制系统中常用的低压电器及异步电动机继电接触控制的基本单元电路。

7.2.1 常用低压电器

低压电器通常指工作在交流电压小于1200V、直流电压小于1500V的电器设备。低压电器一般分为手动电器和自动电器两大类，手动电器包括闸刀开关、组合开关、按钮等必须由人工操纵的电器，自动电器包括接触器、继电器等随电压信号和某些物理量变化而自动动作的电器。

1. 闸刀开关

闸刀开关主要用做低压电源的引入开关。其基本结构及符号如图 7-18 所示。

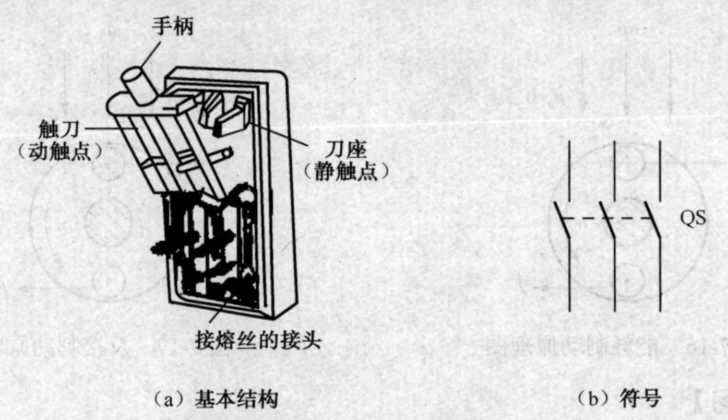

图 7-18 闸刀开关基本结构及符号

按极数将闸刀开关分为单极（单刀）、双极（双刀）和三极（三刀）三种，每种又有单掷与双掷之分。安装闸刀开关时应将电源进线接在静触点上，负载则接在可动刀片下熔丝的另一端，这样，当闸刀开关断开时，刀片和熔丝不带电，以保障安装熔丝时的安全。在分断感性负载时，在触刀和静触点之间可能产生电弧，较大的电弧会损坏闸刀开关，甚至危害人身安全，因此，大电流的闸刀开关应设有灭弧罩。

2. 组合开关

组合开关俗称转换开关，其刀片可转动，实质是一种具有多触点、多位置的刀开关，有单极、双极、三极和四极等几种。其常用于机床电气的控制线路中，也可以用来直接控制小容量电动机及控制局部照明电路等，其结构及符号如图 7-19 所示。其静触片一端固定在绝缘垫板上，另一端接在接线柱上，动触片装在绝缘转轴上，转动转轴就可以将触点同时接通或断开。

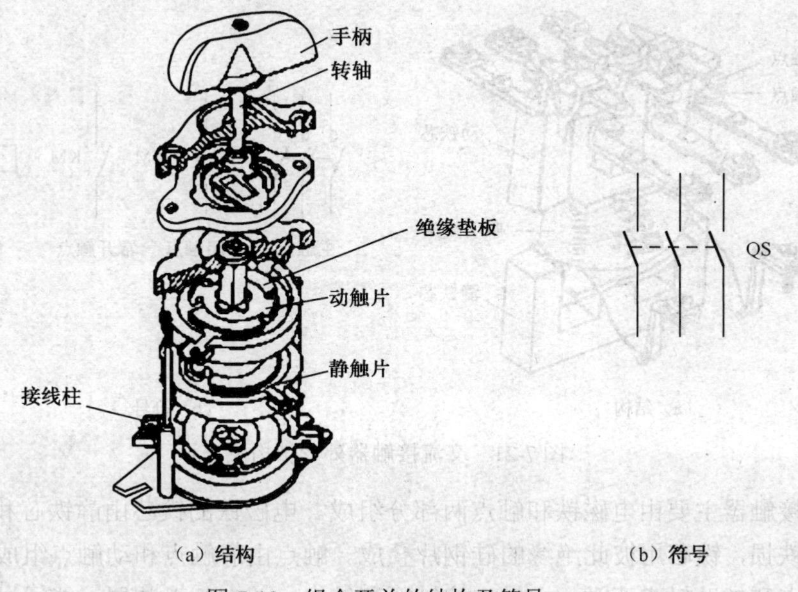

（a）结构　　（b）符号

图 7-19　组合开关的结构及符号

3. 按钮

按钮是一种简单的手动开关，常用于接通或断开控制电路，其结构及符号如图 7-20 所示。

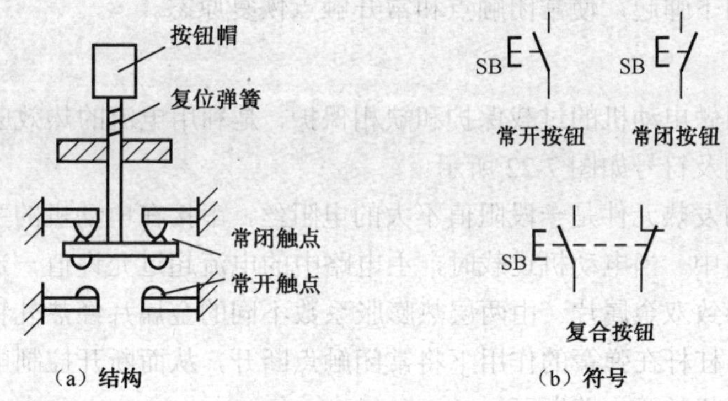

（a）结构　　（b）符号

图 7-20　按钮结构及符号

按钮的种类很多，根据其触点结构的不同可分为常闭、常开及复合按钮等。常闭按钮在未按按钮帽时，触点闭合，按下按钮帽时，触点断开；常开按钮未按按钮帽时触点断开，按下按钮帽时，触点闭合。

复合按钮的工作原理：按下按钮帽，常闭触点先断开，常开触点后闭合；松开按钮，常开触点先断开，常闭触点后闭合，按钮自动复位。

4. 交流接触器

交流接触器是利用电磁力工作的一种自动开关。它可用来接通、断开电动机或其他设备的主电路，是电力拖动自动控制系统中最重要的控制电器之一。其结构及符号如图 7-21 所示。

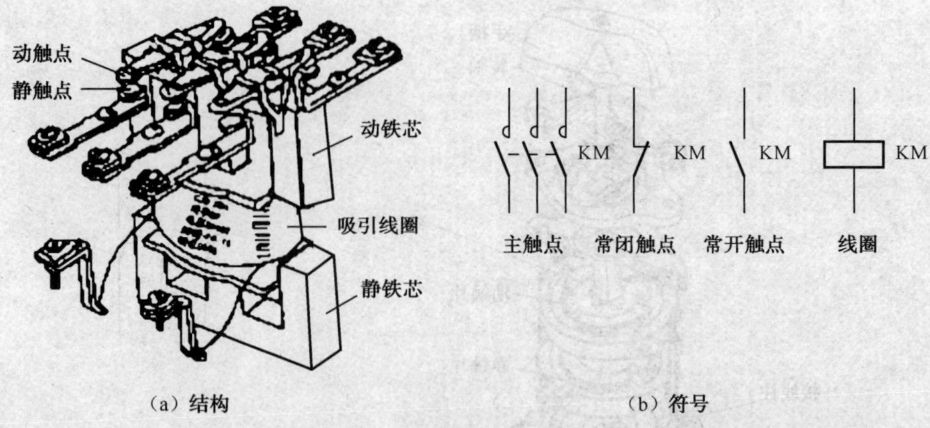

（a）结构　　（b）符号

图 7-21　交流接触器外形结构及符号

交流接触器主要由电磁铁和触点两部分组成。电磁铁的铁芯由静铁芯和动铁芯组成，为了减少铁损，铁芯用彼此绝缘的硅钢片叠成。触点由静触点和动触点组成，按功能将其分为主触点和辅助触点两类，主触点接触面积较大，并有灭弧装置，能通过大电流，常用来通、断主电路；辅助触点额定电流较小，常用来通、断控制电路。

交流接触器的工作原理：当吸引线圈通过额定电流时，铁芯间产生电磁吸力，动铁芯带动动触点移动，使常闭触点断开，常开触点闭合；当吸引线圈断电时，电磁力消失，动铁芯在弹簧的作用下弹起，使常闭触点和常开触点恢复原态。

5．热继电器

热继电器常用做电动机的过载保护和缺相保护，是利用电流的热效应动作的一种自动保护电器，其结构及符号如图 7-22 所示。

热继电器中的发热元件是一段阻值不大的电阻丝，串接在电动机的主电路中，常闭触点串接在控制电路中。当电动机过载时，主电路中的电流超过允许值一定时间后，发热元件的温度升高，导致双金属片（由两层热膨胀系数不同的金属片经热轧粘合而成）因受热向上弯曲而脱扣，杠杆在弹簧的作用下将常闭触点断开，从而断开控制电路而使接触器的线圈断电，使电动机的主电路断开。

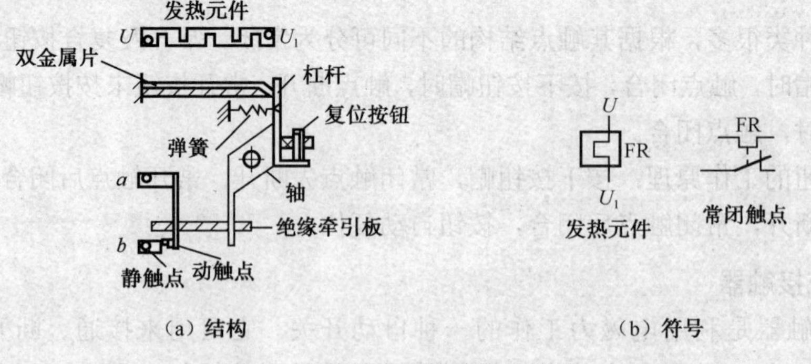

（a）结构　　（b）符号

图 7-22　热继电器的结构及符号

由于双金属片有热惯性，热继电器不能用做短路保护，因为发生短路故障时，要求电路瞬间断开，而热继电器不能立即动作。但双金属片的热惯性可以避免电动机短时过载时的误动作。

6．熔断器

熔断器是一种简单而又有效的短路保护电器。常用的熔断器有管式、螺旋式、插入式几种，其结构及符号如图 7-23 所示。

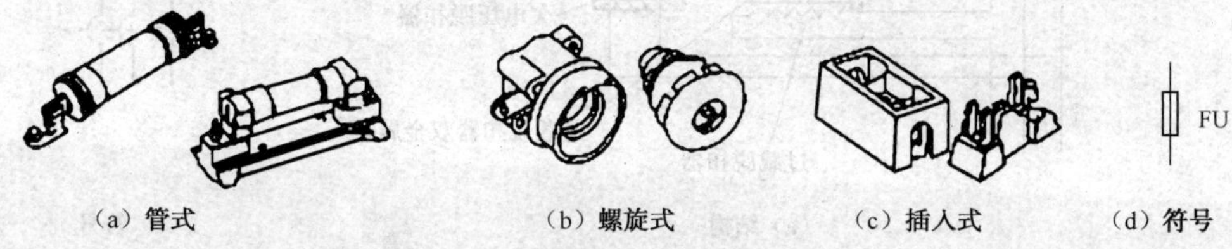

（a）管式　（b）螺旋式　（c）插入式　（d）符号

图 7-23　常用熔断器的结构及符号

熔断器的主要部件是熔体，常用高电阻率低熔点的合金制成，使用时将其串接在被保护的电路中，当电路发生短路故障或严重过载时，熔体就会熔断，将电路断开，起到保护电路的作用。

熔断器中熔体的选择依据如下。

熔体的额定电流≥电动机的启动电流/(1.5～2.5)

若电动机频繁启动，熔体的额定电流可取大一些。

综上所述，虽然熔断器和热继电器都是保护电器，但是它们的保护作用是各不相同的。熔断器用做短路保护，只有在严重过载时才能做过载保护；而热继电器由于它的热惯性，只能做过载保护，绝对不能用来作为电路的短路保护。

7．低压断路器

低压断路器又称自动空气开关，是一种常用的低压自动保护电器，可实现短路、过载、欠压和失压保护，其结构和符号如图 7-24 所示。

主触点是断路器的执行部件，用于接通和分断主电路，为了提高其分断能力，在主触点处装有灭弧装置。在正常情况下，通过操作机构使主触点接通和分断，主触点闭合后被锁钩锁住。脱扣器是断路器的感受元件，当电路发生故障时，脱扣器感测到故障信号后，经脱扣机构将锁钩顶开，主触点在释放弹簧的作用下分断。

过流脱扣器的线圈串接在主电路中，当发生严重过载或短路故障时，瞬间的过载电流或短路电流产生较强的电磁吸力使衔铁被吸合，并顶开锁钩使主触点断开，起到过流保护的作用。过载脱扣器采用双金属片制成，加热元件串联在主电路中，当电流过载到一定值时，双金属片受热向上弯曲顶开锁钩使断路器的主触点断开，达到过载保护的目的。欠压、失压脱扣器的线圈并接在主电路中，当主电路电压正常时，脱扣器产生足够大的电磁吸力将衔铁吸合，断路器的主触点闭合；当主电路电压消失或降至一定数值以下时，电磁吸力不足以吸合衔铁，衔铁被弹簧释放顶开锁钩使断路器主触点断开，达到欠压与失压保护的目的。

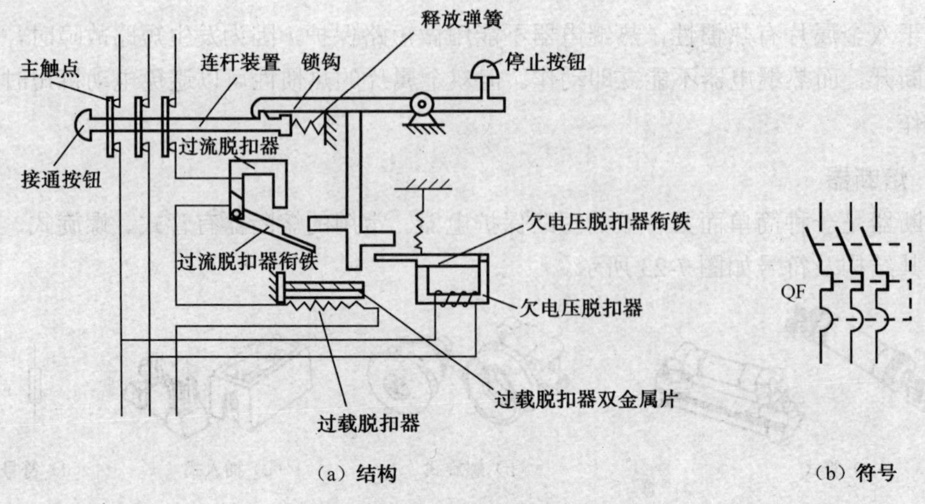

图 7-24　低压断路器的结构及符号

7.2.2　三相笼型异步电动机的基本控制电路

电动机的控制线路分为主电路与控制电路两部分，主电路是从电源到电动机的供电电路，通过的电流较大，主电路一般画在线路图的左边或上边，用粗实线表示；控制电路是用来控制主电路的电路，除了用于控制主电路以外，还具有短路保护、过载保护、欠压与失压保护等功能，控制电路通过的电流较小，一般画在线路图的右边或下边，用细实线来表示。应当说明的是，同一个电器的线圈、触点分开画，并用同一文字符号标明。

1．电动机的点动控制线路

在实际生产中，有些机械需要点动控制，点动控制用于电动机的短时运行控制，电动机点动控制电路如图 7-25 所示。

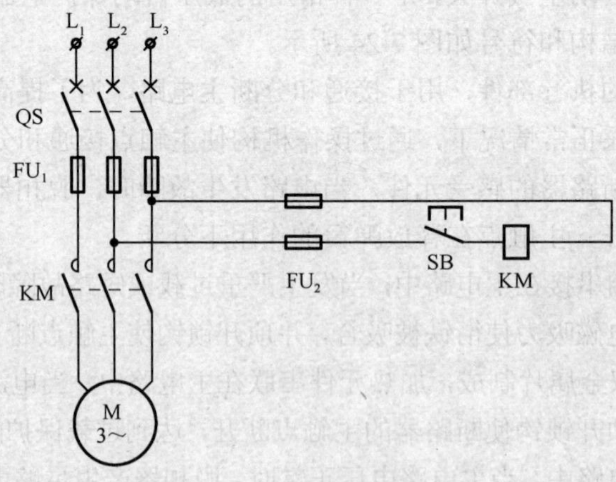

图 7-25　电动机点动控制电路

控制原理：合上开关 QS，三相电源被引入控制电路，但电动机还不能启动。按下按钮 SB，接触器 KM 线圈通电，KM 的常开主触点接通，电动机定子接入三相电源启动运转。松开按钮 SB，接触器 KM 线圈断电，KM 的常开主触点断开，电动机因断电而停转。

2．电动机的长动控制线路

长动控制用于电动机的连续运行控制，电动机的单向旋转长动控制电路如图 7-26 所示。

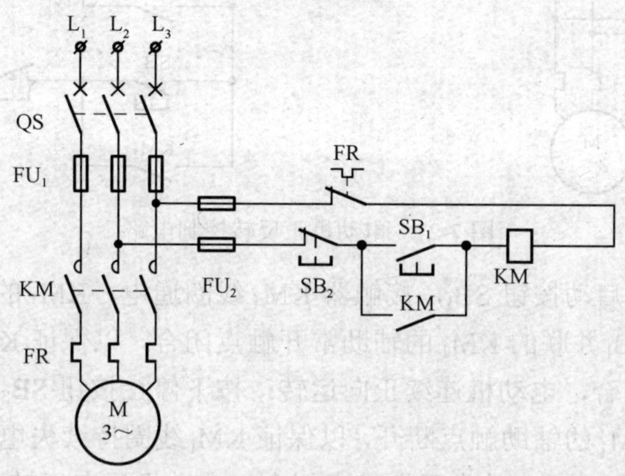

图 7-26　电动机单向旋转长动控制电路

控制原理：按下启动按钮 SB_1，接触器 KM 线圈通电，KM 的常开主触点闭合，与 SB_1 并联的 KM 的辅助常开触点闭合，以保证松开按钮 SB_1 后 KM 线圈持续通电，KM 的主触点持续闭合，电动机连续运转，从而实现连续运转控制；按下停止按钮 SB_2，接触器 KM 线圈断电，KM 的主触点断开，电动机停转，KM 的辅助常开触点断开，以保证松开按钮 SB_2 后 KM 线圈持续失电。

长动控制电路中与 SB_1 并联的 KM 的辅助常开触点起自锁作用，保证松开按钮 SB_1 后 KM 线圈持续通电；熔断器 FU_1 起短路保护作用，电路发生短路故障时，熔体立即熔断，电动机立即停转；热继电器 FR 起过载保护作用，过载时，热继电器的发热元件发热，将其常闭触点断开，接触器 KM 线圈断电，使串联在主电路中的 KM 的主触点断开，电动机停转，同时 KM 辅助触点也断开，解除自锁；起零压（或欠压）保护的是接触器 KM 本身，当电源暂时断电或电压严重下降时，电磁力不足，使衔铁释放，主触点和自锁触点断开，电动机停转，同时解除自锁。

3．电动机的正反转控制线路

许多生产设备需要正、反两个方向的运动，这就要求拖动它们的电动机能正、反向旋转。电动机的正反转控制电路如图 7-27 所示。

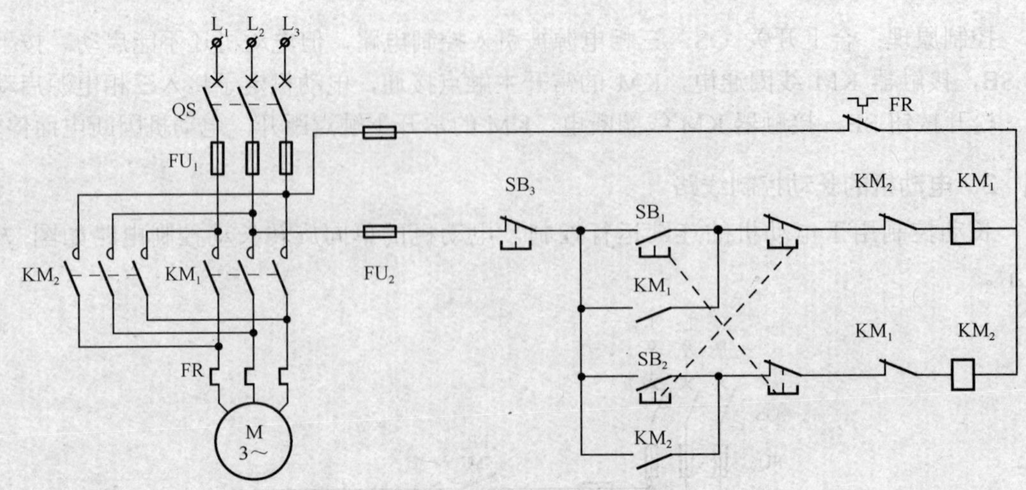

图 7-27　电动机正反转控制电路

控制原理：按下启动按钮 SB_1，接触器 KM_1 线圈通电，KM_1 的常开主触点闭合，电动机正向运转，与 SB_1 并联的 KM_1 的辅助常开触点闭合，以保证 KM_1 线圈持续通电，使 KM_1 的主触点持续闭合，电动机连续正向运转；按下停止按钮 SB_3，接触器 KM_1 线圈断电，与 SB_1 并联的 KM_1 的辅助触点断开，以保证 KM_1 线圈持续失电；按下启动按钮 SB_2，接触器 KM_2 线圈通电，KM_2 的常开主触点闭合，电动机反向运转，与 SB_2 并联的 KM_2 的辅助常开触点闭合，以保证 KM_2 线圈持续通电，使 KM_2 的主触点持续闭合，电动机连续反向运转。

在控制电路中将接触器 KM_1 的辅助常闭触点串入 KM_2 的线圈电路中，保证了在 KM_1 线圈通电时 KM_2 线圈电路总是断开的；将接触器 KM_2 的辅助常闭触点串入 KM_1 的线圈电路中，保证了在 KM_2 线圈通电时 KM_1 线圈电路总是断开的。这样接触器的辅助常闭触点 KM_1 和 KM_2 保证了两个接触器线圈不能同时通电，这种控制方式称为互锁。

另外，在控制电路采用复式按钮，将 SB_1 按钮的常闭触点串接在 KM_2 的线圈电路中；将 SB_2 的常闭触点串接在 KM_1 的线圈电路中。这样，无论何时，只要按下反转启动按钮，在 KM_2 线圈通电之前就首先使 KM_1 线圈断电，从而保证 KM_1 和 KM_2 不同时通电；从反转到正转的情况也是一样。这种由机械按钮实现的联锁称为机械联锁或按钮联锁。

【思考与练习】

7.2.1　简述热继电器的工作原理。

7.2.2　简述熔断器的工作原理。

7.2.3　简述交流接触器的工作原理。

7.2.4　什么是短路保护？什么是过载保护？

7.2.5　热继电器与熔断器在电路中功能有何不同？热继电器为什么不能用做短路保护？

本章小结

1．三相异步电动机主要由固定不动的定子和转动的转子两部分组成。定子主要由机座、定子铁芯及定子绕组组成。转子主要由转子铁芯和转子绕组组成，转子有两种结构形式，一种是笼型，另一种是绕线型。

2．三相对称交流电通入定子绕组中，在气隙中会产生一个转速为 n_0 的旋转磁场，由于转子和旋转磁场有相对运动，在转子绕组中会产生感应电动势及感应电流。因此，载流的转子与旋转磁场相互作用形成电磁转矩使转子转动。

转子的转动方向与旋转磁场的方向相同，但转子的转速 n 永远小于旋转磁场的转速 n_0。旋转磁场的转速 n_0 在电源频率一定的情况下主要由定子绕组的磁极对数来确定，即

$$n_0 = 60f_1 / p$$

3．异步电动机的铭牌标出了电动机的主要技术参数，是选择和使用电动机的依据。这些技术参数主要有额定功率（又称额定容量）、额定电流、额定电压、额定转速、定子绕组接法、绝缘等级、工作方式等。

4．异步电动机直接启动时电流大，启动转矩小。在电源容量允许的情况下，小容量笼型异步电动机可以直接启动，大容量笼型异步电动机一般采用降压启动。常用的降压启动方法为 Y-△降压启动与自耦降压启动，降压启动可以降低启动电流，同时也降低了启动转矩，因此适用于笼型电动机空载或轻载启动。

5．若改变加在三相异步电动机定子绕组的三相电源的相序，便可改变旋转磁场的旋转方向，从而改变异步电动机的旋转方向。

异步电动机的转速可以通过采用变频装置改变电源电压的频率 f_1 实现无级调速；通过改变定子绕组的连接方式可得到不同的磁极对数 p，实现变极有级调速；笼型转子采用改变定子电压来改变转差率 s，绕线型转子采用在转子绕组中串联电阻或电抗改变转差率 s 实现调速。

6．异步电动机的电气制动方法有能耗制动和反接制动两种。能耗制动需要直流电源或整流设备，制动平稳、准确，能量消耗小。反接制动迅速、效果好，但制动过程中能量损耗大。

7．常用的低压电器有闸刀开关、组合开关、按钮、交流接触器、热继电器、熔断器、低压断路器等。其中闸刀开关、组合开关、按钮属于手动控制电器；交流接触器、热继电器、熔断器、低压断路器属于自动控制电器。

8．电动机的控制线路分为主电路与控制电路两大部分，主电路是从电源到电动机的供电电路，其中有较大的电流通过，一般画在线路图的左边或上边；控制电路是用来控制主电路的电路，除控制主电路外，控制电路还具有短路保护、过载保护、欠压与失压保护等功能，通过的是小电流，一般画在线路图的右边或下边。注意：同一个电器的线圈、触点分开画出，并用同一文字符号标明。

习题

7.1　什么是旋转磁场？假如三相电源的一相断线，那么三相异步电动机能否产生旋转磁场？为什么？

7.2　三相交流异步电动机旋转磁场的速度由哪些参数决定？当电源频率为50Hz时，两极、四极电动机的同步转速各为多少？

7.3　一台三相异步电动机铭牌上标明 $f_N = 50\text{Hz}$，$n_N = 960\text{r/min}$，该电动机的磁极对数是多少？

7.4　如何改变三相异步电动机旋转磁场的转向？

7.5　三相交流异步电动机的定子绕组通入三相交流电源，但转子三相绕组开路，问电动机能否转动？为什么？

7.6　笼型异步电动机和绕线式异步电动机在结构上有什么不同？

7.7　三相异步电动机接通电源后，如果转轴被卡住，长久不能启动，对电动机有什么影响？为什么？

7.8　异步电动机启动电流大有什么危害？

7.9　有一台笼型电动机，其铭牌上规定电压为380/220 V，当电源电压为380 V时，试问能否采用Y-△降压启动？

7.10　简述能耗制动与反接制动的原理。

7.11　如题7.11图所示是一控制电路，试分析该控制电路中哪些地方画错了？加以更正，并说明更正理由。

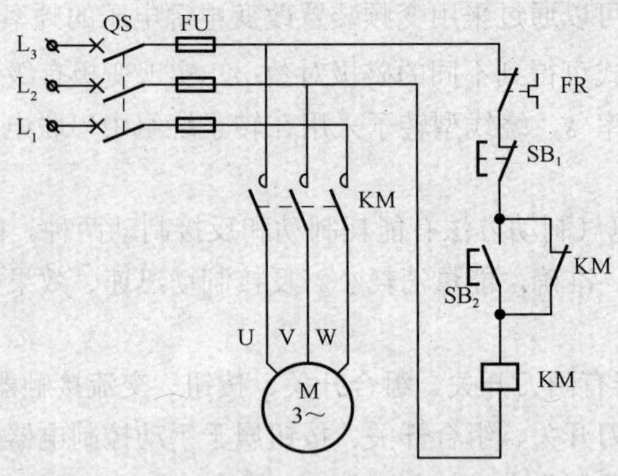

题7.11电路图

7.12　如题7.12图所示的电路，说明在控制电路中 KM_1、KM_2 的常闭触点，KM_1、KM_2 的常开触点的作用是什么？

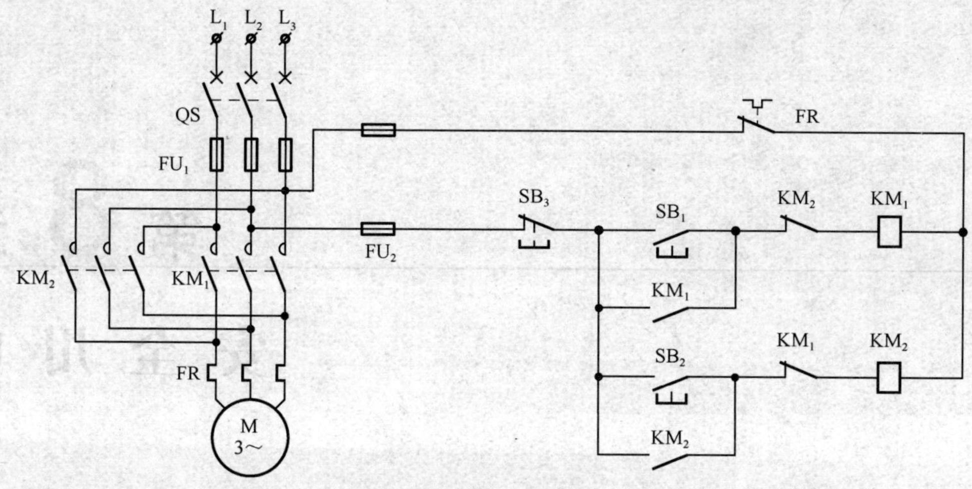

题 7.12 电路图

7.13　试设计一个既能点动又能长动的电动机控制线路。

第 8 章

安全用电

电能对人的威胁性和危险性要比其他能源大得多，在生产、生活及工程施工中由于各种原因导致的大小电气事故层出不穷。因此，从理论上加深对电气事故的了解，寻找出电气事故的规律，可以实现安全用电的目的。本章介绍安全用电的基本知识，主要内容包括：供电与配电、电气事故、安全用电。

8.1 供电与配电

8.1.1 电力系统

在发电厂、变电所和电力用户之间，用不同电压的电力线路，将它们连接起来，这些不同电压的电力线路和变电所的组合称为电力网，简称电网。电网完成了电能的生产、传输、分配和使用。由发电厂的电气设备、电力网和用户的用电设备组成的发电、变电、输电、配电和用电的整体称为电力系统。如图 8-1 所示是典型的电力系统主接线电路图。

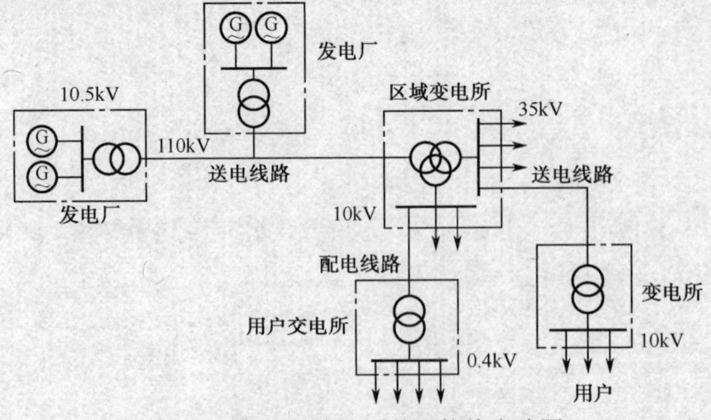

图 8-1　典型的电力系统主接线电路图

从发电厂发出来的交流电，经过电力系统传输和分配给用户（负载）。发电机发出的交流电压一般为 10kV，为了减少输送电能时发生在输电线路上的电能损耗，应采用高压输电。首先经过变压器将电压升高到 110kV、220kV、330kV、500kV 等，再经输电系统送到用户地区，输送电能的距离越远，需要的输电电压越高。电能经输电线送至用户地区后，还要经变压器将电压降到 35kV 以下，再将电能分配给各工业企业和城市居民用户。

工业企业的进线电压一般为（6～10）kV，再由高压配电线路将电能送到各车间变电所，或由高压配电线路直接供给高压用电设备。车间变电所内装有电力变压器，将（6～10）kV 电压降为一般低压用电设备所需的电压（220/380V），然后由低压配电线路将电能分送给电力设备使用。

8.1.2 额定电压和电压等级

电气设备都是设计在额定电压下工作的。额定电压是综合考虑产品的可靠性、经济性和使用寿命等因素而制定的，是保证设备正常运行并能获得最佳经济效果的电压。额定电压是使用者使用设备的依据，如果使用值超过额定值较多，会伤害设备，影响设备的寿命，甚至烧毁设备。电压等级是国家根据国民经济发展的需要、电力工业的水平及技术经济的合理性等因素综合确定的。我国标准规定的三相交流电网和电力设备常用的额定电压如表 8-1 所示。

表 8-1　我国标准规定的三相交流电网和电力设备常用的额定电压

分类	电网和用电设备额定电压/kV	发电机额定电压/kV	电力变压器额定电压/kV	
			一次绕组	二次绕组
低压	0.22	0.23	0.22	0.23
	0.38	0.40	0.38	0.40
	0.66	0.69	0.66	0.69
高压	3	3.15	3 及 3.15	3.15 及 3.3
	6	6.3	6 及 6.3	6.3 及 6.6
	10	10.5	10 及 10.5	10.5 及 11
		13.8，15.75，18，20	13.8，15.75，18，20	
	35	—	35	38.5
	63		63	69
	110	—	110	121
	220	—	220	242
	330		330	363
	500	—	500	550

我国标准规定：额定电压1000V以上的属高压装置，1000V及其以下的属低压装置。就带电部位对地电压而言，250V以上的为高压，250V及其以下的为低压。

一般又将高压分为中压（(1～10) kV)、高压（(10～330) kV)、超高压（(330～1000) kV)、特高压（>1000kV)。电力系统的电压和频率是衡量电力系统电能质量的两个基本参数。规定一般交流电力设备的额定频率为50Hz，称其为“工频”。工频高压多个等级中，应用较多的是10kV、35kV、110kV和220kV。工频低压最常用的是380V和220V，在安全要求高的场合，还采用50V以下的安全电压。就直流电压而言，我国常用的有110V、220V和440V三个电压等级，用于电力牵引的还有250V、550V、750V、1500V、3000V等电压等级。

设备的端电压与其额定电压有偏差时，设备的工作性能和使用寿命将受到影响，总的经济效果将会下降。例如，当感应电动机的端电压比其额定电压低10%时，其实际转矩将只有额定转矩的81%，而负荷电流将增大5%以上，温升将提高10%以上，绝缘老化程度将比规定增加1倍以上，会明显缩短电动机的使用寿命。此外，转矩减小会使转速下降，不仅会降低生产效率，减少产量，还会影响产品质量，增加废次品。当感应电动机的端电压偏高时，负荷电流一般也会增加，绝缘也要受损。

用户供电电压允许的变化范围如表8-2所示，电力网频率允许偏差值如表8-3所示。

表8-2 用户供电电压允许的变化范围

线路额定电压（U_e）	电压允许变化范围
≥235kV	$\pm5\%U_e$
≤10kV	$\pm7\%U_e$
低压照明	$+5\%U_e\sim-10\%U_e$
农业用户	$+5\%U_e\sim-10\%U_e$

表8-3 电力网频率允许偏差值

运行情况		允许偏差/Hz	允许标准时钟误差/s
正常运行	中、小容量系统	±0.5	60
	大容量系统	±0.2	30
事故运行	≤30min	±1	—
	≤15min	±1.5	—
	绝不允许	-4	

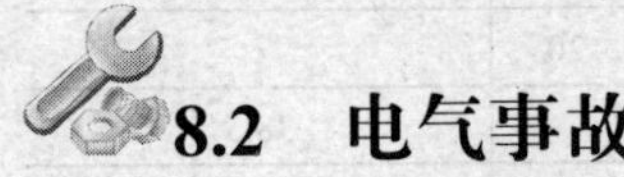

8.2 电气事故

8.2.1 电气事故的类型

电气事故的种类繁多，从电气事故危害对象的角度可分为人身事故和设备事故两种。按产生原因常见的电气事故主要有以下几种。

1. 触电事故

触电事故是指人体触及电流所发生的人身伤害事故，一般情况为人体与带电体直接接触而触电。在高压触电事故中，往往是人体接近带电体至一定间距时，其间发生击穿放电造成触电。触电事故主要有电击和电伤两类。

（1）电击。

电击是指电流通过人体，刺激肌体组织，使肌肉非自主地发生痉挛性收缩而造成的伤害，严重时会破坏人的心脏、肺部、神经系统的正常工作，形成危及生命的伤害。

（2）电伤。

电伤是指电流的热效应、化学效应、机械效应等对人体所造成的伤害。此伤害多见于肌体的外部，往往在肌体表面留下伤痕。电伤属于局部伤害，常见的电伤有电烧伤、电烙印、皮肤金属化、机械损伤、电光眼等。

2．静电危害事故

静电危害事故是由静电电荷或静电场能量引起的。在生产工艺过程及操作人员的操作过程中，某些材料的相对运动、接触与分离等原因导致了相对静止的正电荷和负电荷的积累，即产生了静电。静电易产生放电火花，成为可燃性物质的点火源，造成爆炸和火灾事故。人体若受到静电电击刺激还可能引发二次事故，如坠落、跌伤等。

3．雷电灾害事故

雷电是大气中的一种放电现象。雷电放电具有电流大、电压高的特点，其能量释放出来可能形成极大的破坏力。一方面雷电流的热量会引起火灾和爆炸，造成人员的伤亡。另一方面强大的雷电流、高电压可导致电气设备击穿或烧毁。发电机、变压器、电力线路等遭受雷击，可导致大规模停电事故。雷击可直接毁坏建筑物、构筑物。

4．射频电磁场危害

射频指无线电波的频率或者相应的电磁振荡频率，泛指 100kHz 以上的频率。射频伤害是由电磁场的能量造成的。在射频电磁场作用下，人体吸收过多辐射能量会引起中枢神经系统的机能障碍，可造成植物神经紊乱，引起眼睛损伤，造成皮肤表层灼伤或深度灼伤等。另外，高强度的射频电磁场，可能产生感应放电，会造成电引爆器件发生意外引爆。

5．电气系统故障危害

电气系统故障危害是由于电能在输送、分配、转换过程中失去控制而产生的。断线、短路、异常接地、漏电、误合闸、误掉闸、电气设备或电气元件损坏、电子设备受电磁干扰而发生误动作等都属于电气故障。系统中电气线路或电气设备的故障也会导致人员伤亡及重大财产损失。

8.2.2　电气事故产生的根源

虽然电气事故的危害性不容忽视，但它并不可怕，只要找出它产生的根源，在实践中不断分析和总结规律，就可以预防和避免电气事故的发生。

电气事故发生的主要原因有以下几个方面。

1. 设备缺陷

电气设备的结构、装置有缺陷，不能满足安全要求而造成事故。如使用未经检验的不合格的电气设备、电气装置的线路老化、绝缘发生劣化、设备损坏长期不修理等。

2. 技术问题

在安装架设电气设备和线路时没有采取相应的技术措施。如没有保护接地或接零、机床照明未采用安全电压等。

3. 管理不善

使用没有掌握电气知识的非作业人员违章操作，或者为了省事而不认真按规程标准作业。如将低压线架在高压线上方、雷雨天气不穿绝缘靴巡视室外高压设备等。

可见，加强电气设备的强制检测和维护保养，开展经常性的用电安全教育，可以防止触电事故的发生。

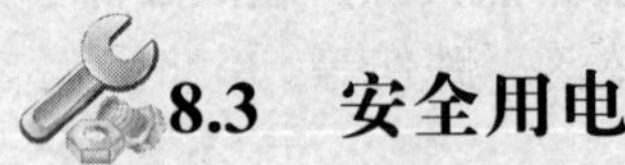

8.3 安全用电

8.3.1 电流对人体的伤害

电流通过人体，会引起人体的生理反应及肌体的损坏。有关电流对人体效应的理论和数据对于制定防触电技术的标准、鉴定安全型电气设备、设计安全措施、分析电气事故、评价安全水平等是必不可少的。

一般将通过人体引起人的任何感觉的最小电流称为感知电流，人触电后能自行摆脱电极的最大电流称为摆脱电流，在较短时间内危及生命的电流称为致命电流。电流对人体伤害的程度主要由以下因素决定。

1. 通过人体电流的大小

通过人体的电流大于 0.1A 时，只要较短时间就会使人窒息、失去知觉，如果不能摆脱电源会导致心跳停止，有生命危险。由于影响电流变化的因素很多，而电力系统的电压是较为恒定的，因此确定人体的安全条件通常不采用安全电流而采用安全电压。若把可能加在人体上的电压限制在某一范围之内，使得通过人体的电流不超过允许的范围，这个电压即为安全电压。安全电压与人体电阻有关系，若人体电阻取下限值 1700 Ω（平均值为 2000 Ω），安全电流取 30mA，则人体允许持续接触的安全电压为

$$U_{saf}=30\text{mA}\times1700\Omega\approx50\text{V}$$

50V（50Hz 交流有效值）称为正常环境条件下允许持续接触的“安全特低电压”。

2. 通电持续时间

发生触电事故时，电流持续的时间越长，人体电阻降低越多，越容易引起心室颤动，即电击危险性越大。

3．通电途径

电流通过心脏，会引起心脏震颤或心脏停止跳动，血液循环中断，造成死亡。电流通过脊髓会使人肢体瘫痪。因此，电流通过人体的途径从手到脚最危险，其次是从手到手，再次是从脚到脚。

4．通过人体电流的频率

通过人体的电流，直流电的危险性相对小于交流电，工频电流最为危险。20～400 Hz交流电的摆脱电流值最低（即危险性较大）；低于或高于这个频段时，危险性相对较小，但高频电流比工频电流易引起肌肤灼伤。因此，不能忽视使用高频电流的安全问题。

8.3.2　触电方式

人体触电方式主要分为单相触电、两相触电、跨步电压触电三种。

1．单相触电

单相触电是指人在地面或其他接地体上，身体的某一部位触及一相带电体时的触电方式。

2．两相触电

两相触电是指人体两处同时触及两相带电体时的触电方式。

3．跨步电压触电

当接地体的电流很大时，形成的电场在地面上的分布不均匀，人的两只脚的电位不同，两脚间电位差称为跨步电压。由跨步电压造成的触电称为跨步电压触电。跨步电压的大小与人体和接地体的距离有关，人离接地体越远，跨步电压越小，与接地体的距离超过20m时，跨步电压接近于零。

8.3.3　防止触电事故的措施

为了避免电气事故的发生，应采取安全有力的措施。防止触电事故的措施很多，其中，最有效的措施是接地和接零。

1．接地

用接地线将电气设备、杆塔或过电压保护装置与接地体连接，称为接地。接地可以防止电磁耦合干扰，如数字设备接地、射频电缆布线屏蔽层接地等；接地还可以防止强电和雷击通信设备，如列架及一般通信设备机壳接地。

按接地目的不同将接地分为工作接地、保护接地、过电压保护接地、防静电接地四种。工作接地是在电力系统运行过程中需要的接地，如中性点接地等。保护接地是在中性点不接地的低压配电系统和电力高压系统中，电气设备和电气线路最常采用的一种保安措施，是为了防止电气设备的金属外壳、钢筋混凝土杆和金属杆塔等由于绝缘损坏有可能带电而危及人身安全设置的接地。过电压保护接地是为了消除过电压危险而设置的接地，如避雷针、避雷器等接地。防静电接地则是对于易燃油、天然气贮罐和煤气管道等，为了防止静电危险而设置的接地。

在供配电系统中常用的防止触电的保护接地系统，主要有 IT 系统和 TT 系统。

（1）IT 系统。

IT 系统指电源系统的带电部分不接地或通过阻抗接地、电气设备的外露导电部分接地的系统。（注：第一个字母“I”表示电源系统所有带电部分不接地或一点通过阻抗接地；第二个字母“T”表示设备外露导电部分的接地与电源系统的接地电气上无关）。如图 8-2 所示，电源中性点不接地的三相三线制低压系统中，用电设备外壳与大地做电气连接，构成 IT 系统。IT 系统不可配出 N 线，常用于要求连续供电的场合。

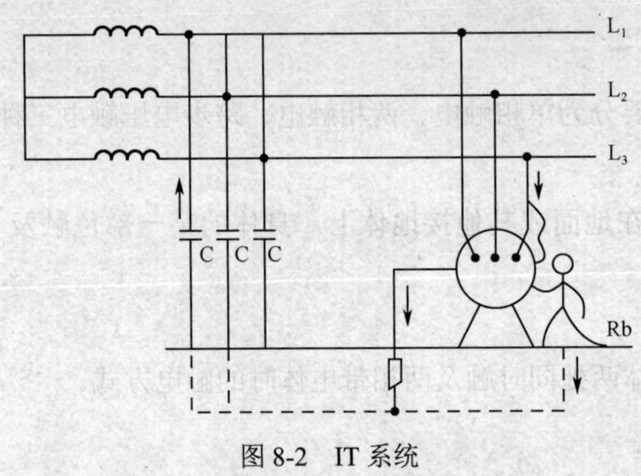

图 8-2　IT 系统

（2）TT 系统。

TT 系统指电源系统有一点直接接地，设备外露导电部分的接地与电源系统的接地电气上无关的系统（注：第一个字母“T”表示电源系统的一点直接接地；第二个字母“T”表示设备外露导电部分的接地与电源系统的接地电气上无关）。如图 8-3 所示，三相四线制中性线接地，电气设备外露金属部分单独直接接地而不与中性线相连，构成 TT 系统。TT 系统被广泛用于供电范围广、负荷不平衡、零线电压较高的情况下。

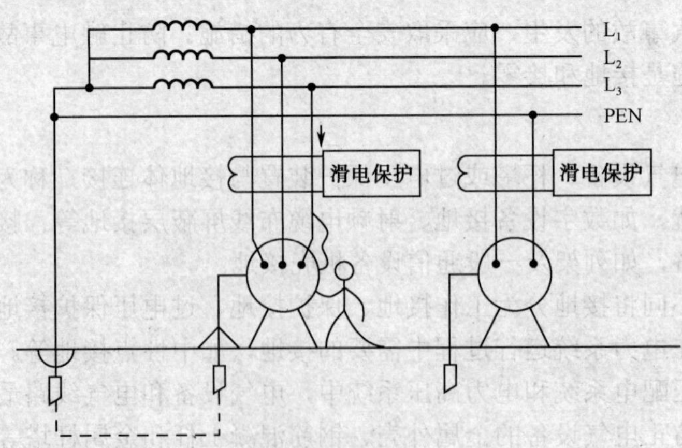

图 8-3　TT 系统

2．接零

将电气设备的外壳直接与系统的零线连接，通常称为保护接零。保护接零可免人体遭受触电的危险。在电源中性点直接接地的三相四线制供电系统中，采用保护接零便构成 TN 系统。目前，我国工业企业普通采用这种系统。

TN 系统按其 PE 线形式的不同分为三种：TN−C 系统、TN−S 系统和 TN−C−S 系统（注：第一个字母“T”表示电源系统的一点直接接地；第二个字母“N”表示设备的外露导电部分与电源系统接地点直接电气连接；字母“S”表示中性导体和保护导体是分开的；字母“C”表示中性导体和保护导体的功能合在一个导体上）。

（1）TN−C 系统。

TN−C 系统如图 8-4 所示，系统中的 N 线与 PE 线合为一根 PEN 线，所有设备的外露可导电部分均接 PEN 线。因为其 PEN 线中可能有电流通过，会对某些设备产生电磁干扰，该系统不适用于对抗电磁干扰和安全要求较高的场所。

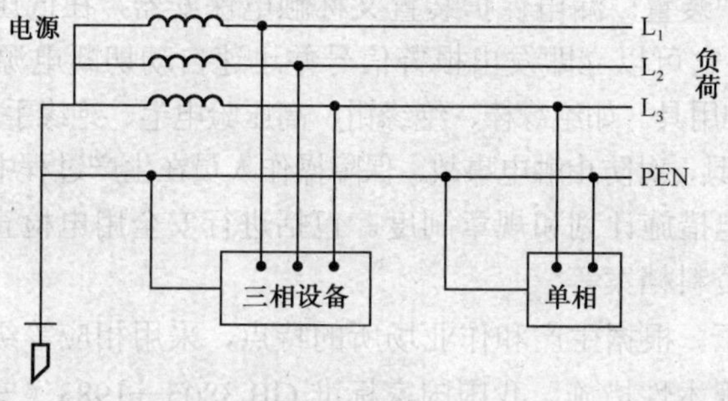

图 8-4　TN−C 系统

（2）TN−S 系统如图 8-5 所示，系统中的 N 线与 PE 线完全分开，所有设备的外露可导电部分均接 PE 线。因为 PE 线中无电流通过，因此对接在 PE 线的设备不会产生电磁干扰。该系统现广泛应用在对安全要求及抗电磁干扰要求较高的场所。

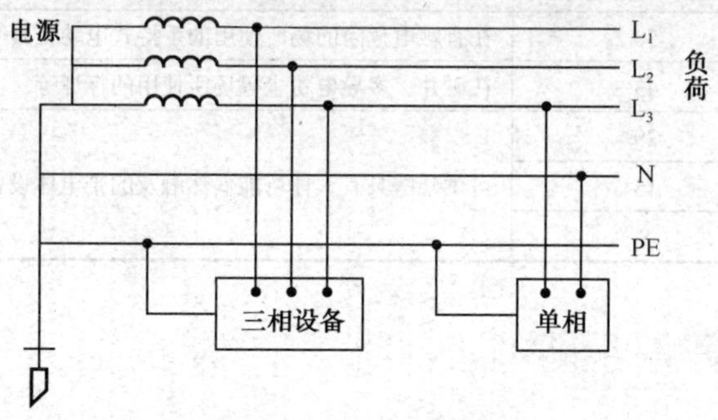

图 8-5　TN−S 系统

（3）TN−C−S 系统如图 8-6 所示，N 线与 PE 线可根据负载特点与环境条件合用一根或分开铺设 PEN 线，PEN 线不再合并。它兼有前两个系统的特点，适用于配电系统末端环境条件恶劣或有数据处理的场合。

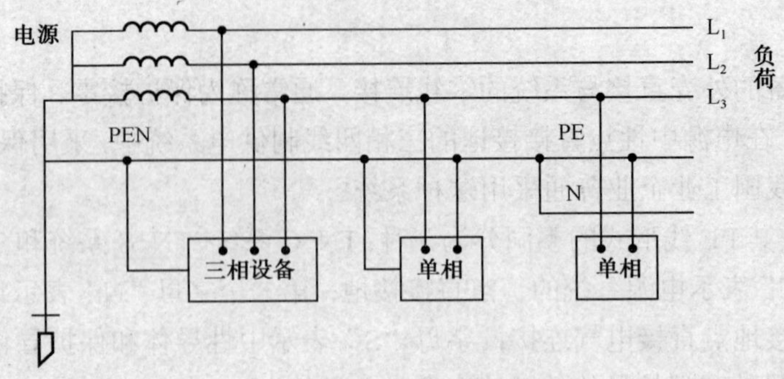

图 8-6　TN-C-S 系统

3．其他防止触电的措施

在实际用电过程中，还可以采用以下措施防止触电事故的发生。

（1）防止接触带电部件。常用的安全措施有绝缘、屏护和安全间距。

（2）采用漏电保护装置。漏电保护装置又称触电保安器，在低压电网中发生电气设备及线路漏电或触电时，它可以立即发出报警信号并迅速自动切断电源，从而保护人身安全。

（3）合理使用防护用具。如绝缘棒、绝缘钳、高压验电笔、绝缘手套、绝缘（靴）鞋、橡皮垫、绝缘台等防护用具，对防止触电事故，保障操作人员在生产过程中的安全具有重要意义。

（4）制订安全用电措施计划和规章制度。包括进行安全用电检查、教育和培训、组织事故分析、建立安全资料档案等。

（5）采用安全电压。根据生产和作业场所的特点，采用相应等级的安全电压，是防止发生触电伤亡事故的根本性措施。我国国家标准 GB 3805—1983《安全电压》规定的安全电压等级如表 8-4 所示。

表 8-4　安全电压等级（GB 3805—1983）

安全电压（交流有效值）/V		选用举例
额定值	空载上限值	
42	50	在有触电危险的场所使用的手持式电动工具等
36	43	在矿井、多导电粉尘等场所使用的行灯等
24	29	可供某些具有人体可能偶然触及的带电体设备选用
12	15	
6	8	

8.3.4　触电急救

触电者的现场急救，是抢救过程中关键的一步，如处理及时、正确，则因触电而呈现假死的人有可能获救。反之，则会带来不可弥补的后果。在触电急救中应遵循八字方针：迅速、准确、就地、坚持。

1．迅速脱离电源

尽快使触电者脱离电源是急救的第一步，也是最重要的一步，因为触电时间越长伤害越大。脱离电源就是要将触电者接触的那一部分带电设备的开关断开或设法使触电者与带电设备脱离。使触电者脱离电源的操作要依据具体情况准确操作。

（1）触电者触及低压带电设备。

① 迅速切断电源。

② 使用绝缘工具、干燥木棒等不导电物体解脱触电者。

③ 抓住触电者干燥而不贴身的衣服将其拖开，也可戴绝缘手套或将手用干燥衣物等包起绝缘后解脱触电者。

（2）触电者触及高压带电设备。

① 迅速切断电源。

② 用适合该电压等级的绝缘工具（戴绝缘手套、穿绝缘靴并用绝缘棒）解脱触电者。

应当注意：使触电者脱离电源时既要救人，又要注意保护自己，防止触电。触电者未脱离电源前，救护人员不得直接用手触及触电者；若触电者触及高压带电设备，救护人员在抢救过程中，应注意保持自身与周围带电部分必要的安全距离。

2．实施急救处理

使触电者脱离电源后，应迅速拨打急救电话请急救中心前来救护，并依据触电者的伤情采取适当的措施进行急救处理。

（1）若触电者神志尚清醒，则应使之就地平躺，暂时不要让其站立或走动。

（2）若触电者已神志不清，则应使之就地仰面平躺，且确保其呼吸道通畅，并用 5s 时间，呼叫伤员或轻拍其肩部，以判定其是否丧失意识。禁止摇动伤员头部呼叫伤员。

（3）若触电者失去知觉，停止呼吸，但心脏微有跳动时，应在触电者呼吸道通畅后，立即施行人工呼吸。人工呼吸法的具体做法如下。

① 首先迅速解开触电者衣服、裤带，松开上身的紧身衣、围巾等使其胸部能自由扩张，不致妨碍呼吸。

② 使触电者仰卧，不垫枕头，头先倒向一侧，清除其口腔内的异物，然后将其头部扳正，使之尽量后仰，使气道畅通。救护人位于触电者一侧，用一只手捏紧鼻孔，不使漏气，用另一只手将下颌拉向前下方，使嘴巴张开。可在其嘴上盖一层纱布，准备接受吹气。

③ 救护人做深呼吸后，紧贴触电者嘴巴，向他大口吹气，如图 8-7（a）所示，使其胸部膨胀。吹气完毕换气时，应立即离开触电者的嘴巴（或鼻孔），并放松紧捏的鼻（或嘴），让其自由排气，如图 8-7（b）所示。按照上述操作要求对触电者反复地吹气、换气。吹气也不能过猛，以免肺包胀破。

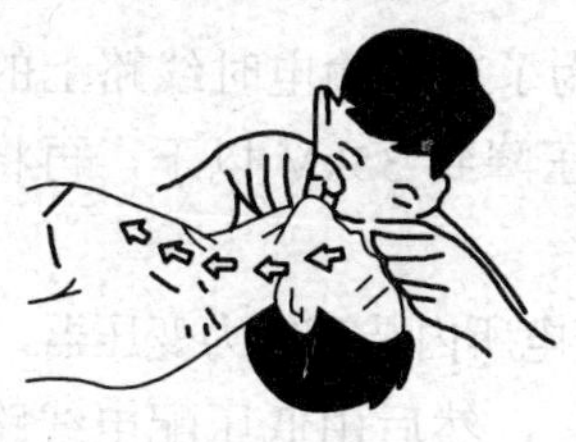

（a）贴紧吹气

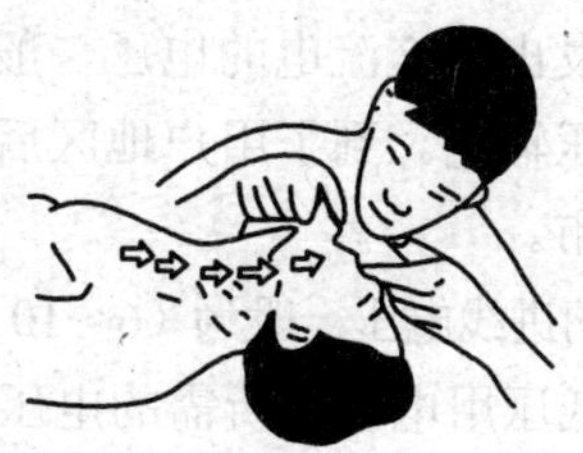

（b）放松换气

图 8-7　口对口吹气的人工呼吸法

人工呼吸的同时可结合胸外按压心脏的人工循环，具体做法如下。

① 让触电者后背处于平整牢固的地面，如硬地或木板之类。救护人位于触电者一侧，两手相叠（对儿童急救时可只用一只手），手掌根部放在胸骨的下三分之一部位。

② 救护人找到触电者的正确压点后，自上而下、垂直均衡地用力向下按压，压出心脏里面的血液，如图 8-8（a）所示。按压后，掌根迅速放松（但手掌不要离开胸部），使触电者胸部自动复原，心脏扩张，血液又回到心脏里来，如图 8-8（b）所示。

按照上述操作要求对触电者的心脏反复地进行按压和放松，按压时定位要准确，用力要适当。救护人应密切观察触电者的反应，发现触电者有苏醒征象，就应终止操作几秒，以便让触电者自行呼吸和心跳。

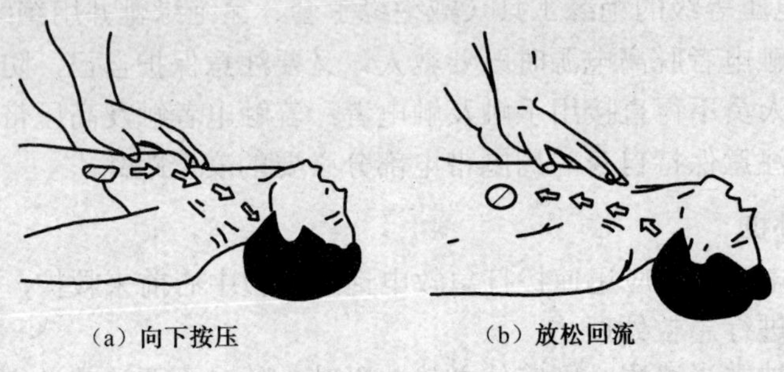

（a）向下按压　　（b）放松回流

图 8-8　人工胸外按压心脏法

对触电者施行人工呼吸和心脏按压，对于救护人员来说是非常劳累的，但为了救治触电者，还必须坚持不懈，直到医务人员前来救治为止。只要正确及时地坚持施行人工救治，触电假死的人被抢救成活的可能性就是非常大的。

本章小结

1．供电与配电

（1）电力网，简称电网。它主要由发电厂、变电所和电力用户组成。电网的作用是完成电能的生产、传输、分配和使用。

由发电厂的电气设备、电力网和用户的用电设备组成的发电、变电、输电、配电和用电的整体称为电力系统。

从发电厂发出的交流电的电压一般为 10kV，为了减少输电时线路上的电能和电压损失，应采用高压输电。到了用户地区后，需将高电压降到 35kV 以下，再将电能分配给各工业企业和城市。

工业企业的进线电压一般为（6～10）kV，车间变电所内装有电力变压器，将（6～10）kV 电压降为一般低压用电设备所需的电压（220/380V），然后由低压配电线路将电能分送给电力设备使用。

（2）额定电压是综合考虑产品的可靠性、经济性和使用寿命等因素而制定的，额定电压是保证设备正常运行并能够获得最佳经济效果的电压，是使用者使用设备的依据，如果使用值超过额定值较多，会伤害设备、影响设备的寿命，甚至烧毁设备。

电压等级是国家根据国民经济发展的需要、电力工业的水平，以及技术经济的合理性等因素综合确定的。我国标准规定：额定电压 1000V 以上的属高压装置，1000V 及其以下的属低压装置。就带电部位对地电压而言，250V 以上的为高压，250V 及其以下的为低压。

2．电气事故

电气事故主要有触电事故、静电危害事故、雷电灾害事故、射频电磁场危害、电气系统故障危害五种。电气事故发生的原因有设备缺陷、技术问题、管理不善三种。

3．安全用电

（1）安全电压：50V（50Hz 交流有效值）为正常环境条件下允许持续接触的安全电压。

（2）人体触电方式主要分为单相触电、两相触电、跨步电压触电三种。

（3）防止触电的主要措施是接地和接零。常见的低压接地主要有 IT、TT 系统。保护接零 TN 系统按其 PE 线形式的不同分为 TN-C 系统、TN-S 系统和 TN-C-S 系统三种。

习题

8.1　输电网主要由哪些部分组成？有什么作用？

8.2　电气事故发生的主要原因有哪些？

8.3　常见的触电方式有哪些？

8.4　电流对人体伤害的主要因素有哪些？

8.5　对低压系统接地如何判断？

8.6　什么是接地？什么是接地装置？什么是接地电流和对地电压？

8.7　什么是保护接零？

8.8　在 TN 系统中为什么要采取重复接地？

8.9　防止电气事故发生的主要方法有哪些？

8.10　触电急救应遵循什么方针？

8.11　什么是安全电压？一般正常环境条件下的安全特低电压是多少？

自 测 题

一、**填空题**（每空 1 分，共 25 分）

1．如图 1 所示电流波形，若角频率为 314rad/s，则电流 i_1、i_2 的解析式分别为 $i_1(t)$=（　　　　）mA，$i_2(t)$=（　　　　）mA。

2．在图 2 所示电路中，已知电压表 V_1、V_2 的读数分别为 6V、8V，则电压表 V_3 的读数为（　　　　）V。

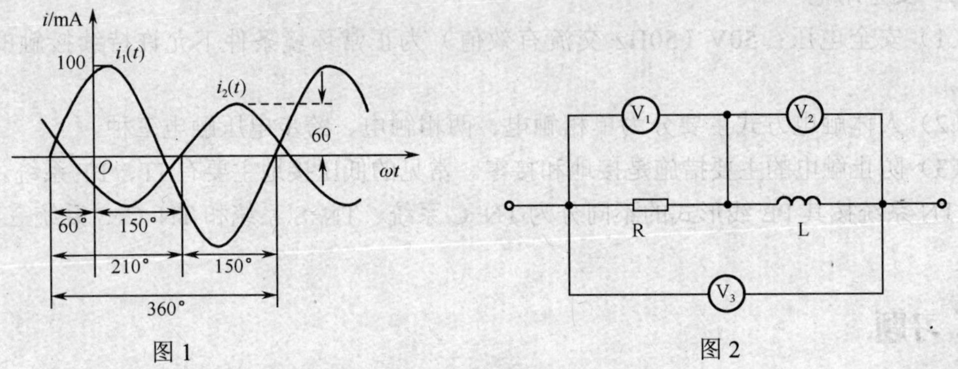

图 1　　　　　　　　　　图 2

3．RLC 串联的正弦稳态交流电路，其谐振的条件是（　　　　　　　），谐振频率 f_0=（　　　　　）。

4．时间常数的大小反映了过渡过程进行的快慢，时间常数越大，过渡过程进行的越（　　　　）。

5．变压器除了能变换交流电压以外，还具有变换（　　　　）和变换（　　　　）的作用。

6．若参考点发生变化，电路中某点的电位值（　　　　），但两点之间的电压值（　　　　）。

7．一只 100Ω、1W 的电阻器，使用时其电压不得超过（　　　　）V。

8．在 RLC 串联谐振电路中，电阻 R 减小时，品质因数将（　　　　）。

9．三相异步电动机转子的转速总是（　　　　）旋转磁场的转速。

10．电路中，某元件短路，则它两端电压必然为（　　　　）。

11．正弦稳态电路中，电流超前于电压 90° 的元件是（　　　　）。

12．线性电感元件若其电压 u 与电流 i 为关联参考方向，则 u、i 的瞬时伏安关系表达式为（　　　　）。

13．已知正弦稳态交流电路中某负载上的电压瞬时值解析式为 $u=141\sin(314t-\pi/3)$V，则此电压的有效值为（　　　）V，频率为（　　　）Hz，初相角为（　　　）。若该负载的复阻抗 $Z=25\angle-\frac{\pi}{6}\Omega$，则负载中的电流的有效值相量 $\dot{I}$ =（　　　）A，瞬时值解

析式 i=（　　　　　）A，负载上消耗的有功功率 P=（　　　　　　）W。

14．基尔霍夫电流定律的相量形式为（　　　　　），电压定律的相量形式为（　　　　）。

15．正弦稳态电路中，某无源二端网络的阻抗为 Z=3−j4Ω，则该二端网络呈（　　　　）性。

二、单项选择题（每题 2 分，共 20 分）

1．如图 3 所示无源单口网络电路中，ab 间等效电阻 R_{ab} =（　　）。

A．4Ω　　B．3Ω　　C．2Ω　　D．1Ω

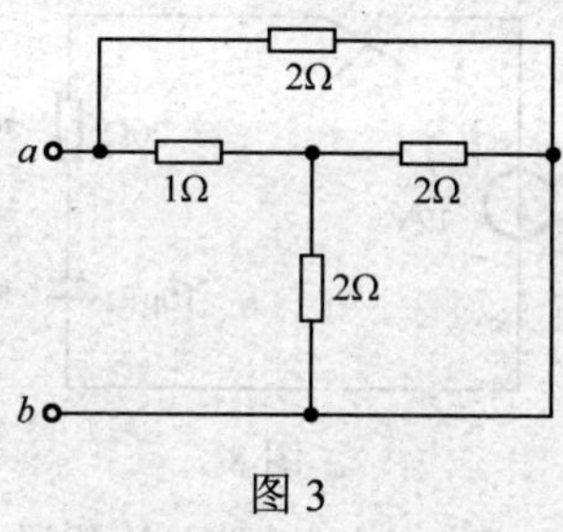

图 3

2. 如图 4 所示一阶电路中，开关在 t=0 时闭合，电容初始电压 $u_C(0_+)$=（　　）。

A．−5V　　B．10V　　C．5V　　D．20 V

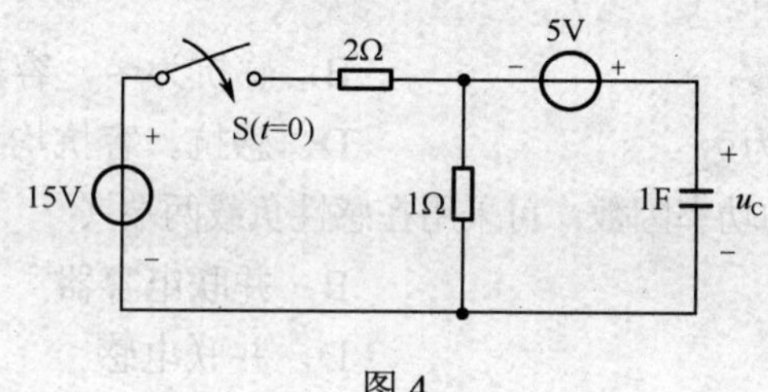

图 4

3．在图 5 所示电路中，A、B 两点间的电压 U_{AB} 为（　　）。

A．−18V　　B．+18V　　C．−6V　　D．+6V

4．如图 6 所示电路中，电流 I=（　　）。

A．−3A　　B．2A　　C．3A　　D．5A

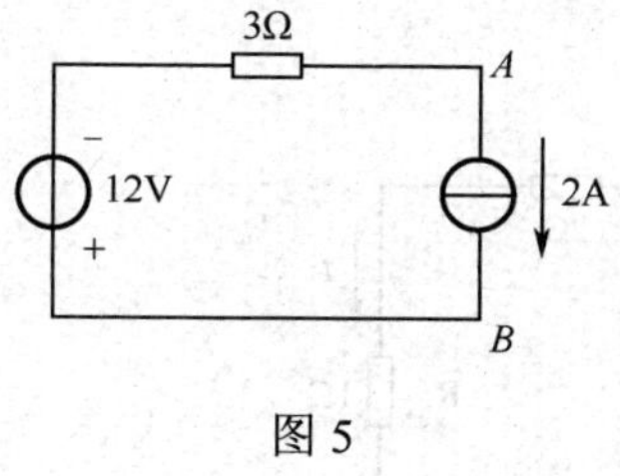

图 5

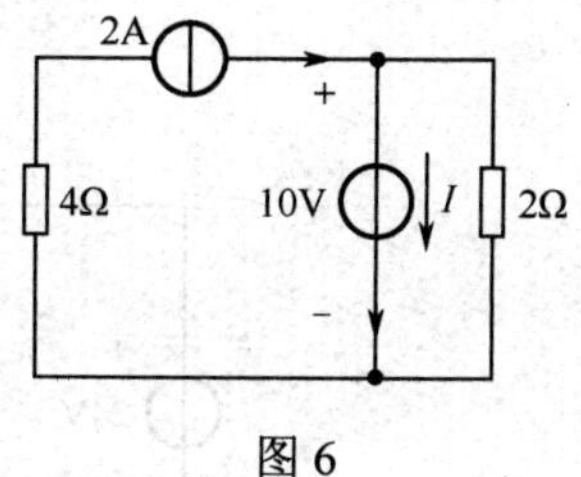

图 6

5．如图 7 所示正弦稳态交流电路的 R=4Ω，X_L=8Ω，X_C=4Ω，则功率因数 $\cos\varphi$ 等于（　　）。

A．0.6　　B．0.8　　C．3/4　　D．0.707

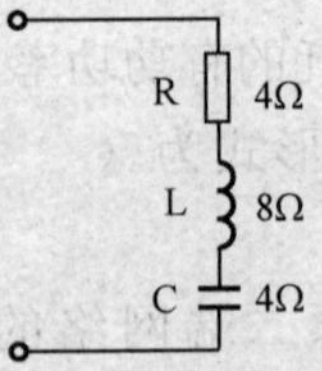

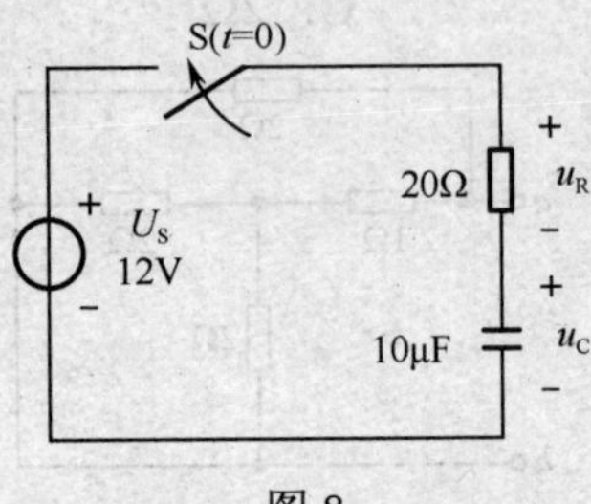

图 7

6．在图 8 所示电路中，开关 S 在 t=0 瞬间闭合，若 $u_C(0_-)$=4V，则 $u_R(0_+)$=（　　）。

A．0 V　　B．4 V　　C．8V　　D．12V

S(t=0)

+
U_S
12V
−

20Ω
+
u_R
−
+
10μF
u_C
−

图 8

7．一个复数的极坐标式为 10∠−60°，则它的代数式为（　　）。

A．$5-\mathrm{j}5\sqrt{3}$　　B．$5+\mathrm{j}5\sqrt{3}$　　C．$5\sqrt{3}-\mathrm{j}5$　　D．$5\sqrt{3}+\mathrm{j}5$

8．在直流稳态电路中，（　　）。

A．感抗和容抗均为零　　B．感抗为∞，容抗为零

C．感抗为零，容抗为∞　　D．感抗、容抗均为∞

9．要提高感性电路的功率因数，可采用在感性负载两端（　　）的方法。

A．并联电阻　　B．并联电容器

C．串联电容器　　D．并联电感

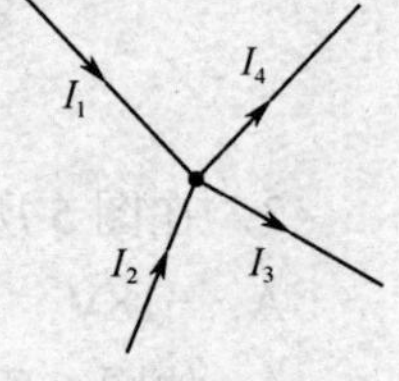

图 9

10．如图 9 所示节点，电流 I_1=−3A，I_2=5A，I_3=−4A，则 I_4=（　　）。

A．−2A　　B．4A

C．6A　　D．12A

三、（15 分）在图 10 所示电路中，用戴维南定理求负载 R_L 的电流 I。若 R_L 为可变电阻，则 R_L 为何值时可获得最大功率，并求最大功率 $P_{L\max}$。

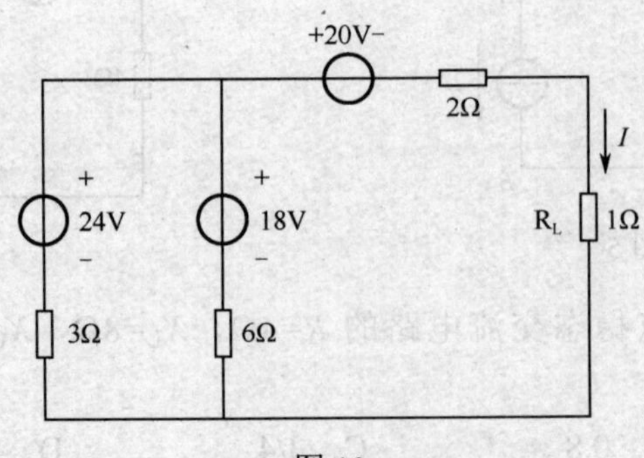

图 10

四、（10 分）RL 串联电路如图 11 所示，已知 $u = 220\sqrt{2}\sin(314t+60°)$V，$R$=30Ω，$L$=127mH，求 X_L、$|Z|$ 、I、φ、i 的解析式及功率 P、Q、S。

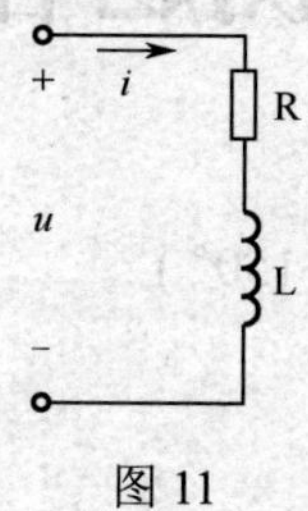

图 11

五、（10 分）电路如图 12 所示，$t<0$ 时电路已处于稳态，$t=0$ 时换路（开关由“1”扳向“2”）。用三要素法求电容电压 $u_C(t)(t>0)$。

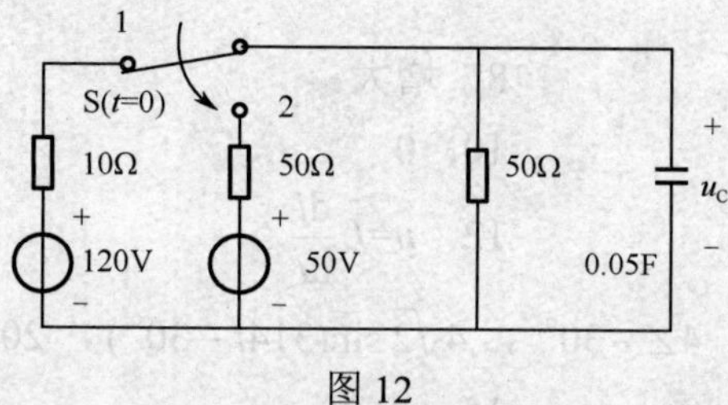

图 12

六、（10 分）电路如图 13 所示，用叠加定理求各支路电流及电流源功率。

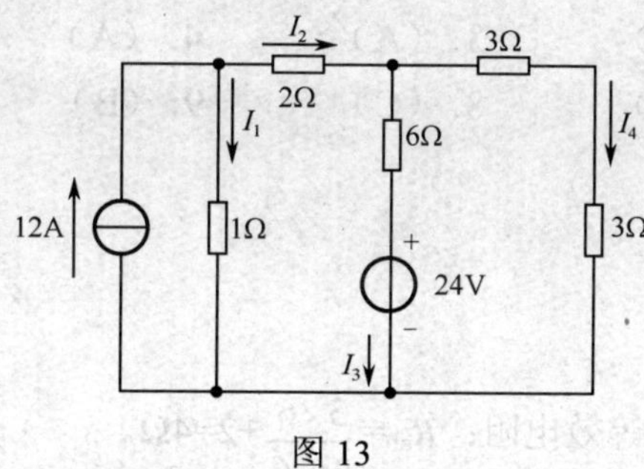

图 13

七、（10 分）某电视接收机输入电路为谐振回路，如图 14 所示。已知电容 $C=10\text{pF}$，回路的谐振频率 $f_0=80\text{MHz}$，线圈的品质因素 $Q=100$ 。求：线圈的电感 L、回路的谐振阻抗 R_0 。

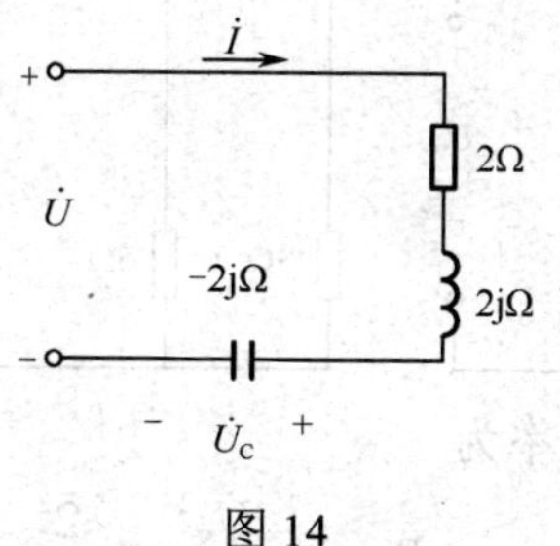

图 14

自测题答案

一、填空题

1．$100\sin(314t+60°)$，$60\sin(314t-150°)$

2．10

3．$X_L=X_C$，$\dfrac{1}{2\pi\sqrt{LC}}$

4．慢

5．电流，阻抗

6．变化，不变

7．10

8．增大

9．小于

10．0

11．电容

12．$u=L\dfrac{di}{dt}$

13．10，50，−60°，$4\angle-30°$，$4\sqrt{2}\sin(314t-30°)$，$200\sqrt{3}$

14．$\sum\dot{I}=0$，$\sum\dot{U}=0$

15．电容

二、单项选择题

1．（D）　2．（C）　3．（A）　4．（A）　5．（D）

6．（C）　7．（A）　8．（C）　9．（B）　10．（C）

三、解：

1．求戴维南等效电路

（1）求开路电压。

$U_0=2V$

（2）求 ab 端的戴维南等效电阻：$R_{ab}=\dfrac{3\times6}{3+6}+2=4\Omega$。

（3）戴维南等效电路为：$U_S=U_0=2V$，$R_0=R_{ab}=4\Omega$，$I\approx\dfrac{U_s}{R_0+R_L}=\dfrac{2}{4+1}=0.4A$

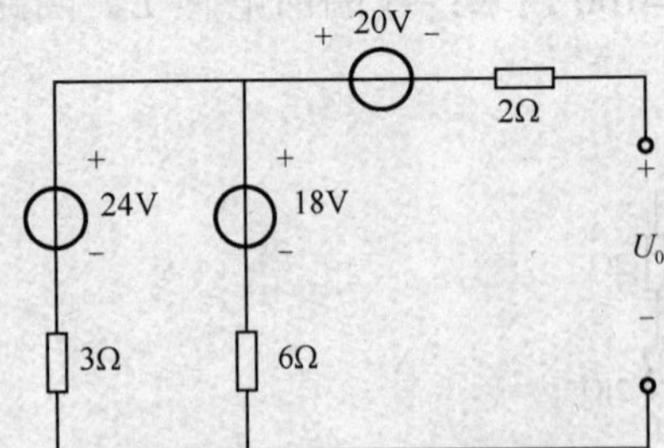

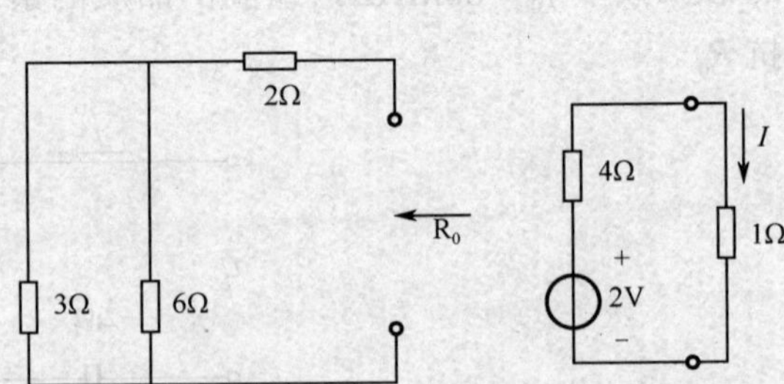

2．$R_L=R_0=4\Omega$时获得最大功率为

$$P_{L\max}=\frac{U_S^2}{4R_0}=\frac{2^2}{4\times4}=0.25W$$

四、解：$X_L=\omega L=314\times127\times10^{-3}=40\Omega$

$$|Z|=\sqrt{R^2+X_L{}^2}=\sqrt{30^2+40^2}=50\Omega$$

$$I=\frac{U}{|Z|}=220/50=4.4\text{A}$$

$$\varphi=\arctan\frac{X_L}{R}=\arctan\frac{40}{30}=53.13°$$

因此电流的初相为 6.87°。

$i=4.4\sqrt{2}\sin(314t+6.87°)\text{A}$

$P=UI\cos\varphi=220\times4.4\times\cos53.13°=220\times4.4\times0.6=581\text{W}$

$Q=220\times4.4\times\sin53.13°=220\times4.4\times0.8=774.4\text{var}$

$S=UI=220\times4.4=968\text{V}\cdot\text{A}$

五、解：$u_C(0_+)=100\text{V}$，$u_C(0_\infty)=25\text{V}$，$\tau=1.25\text{s}$

$u_C(t)=25+(25-100)\text{e}^{\frac{t}{1.25}}\text{V}$

六、解：电流源单独作用时，电流值为

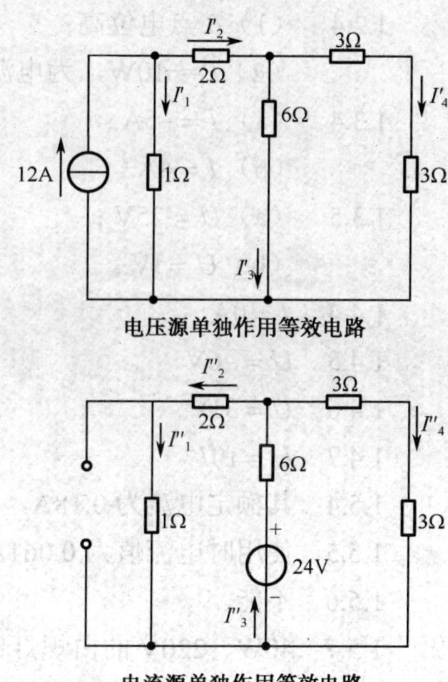

电压源单独作用等效电路

电流源单独作用等效电路

$$I_2'=12\times\frac{1}{1+2+\frac{6\times6}{6+6}}=2\text{A}$$

$I_1'=10\text{A}$

$$I_3'=I_4'=\frac{1}{2}I_2'=1\text{A}$$

电压源单独作用时，电流值为

$$I_3''=\frac{24}{6+\frac{6\times3}{6+3}}=3\text{A}$$

$$I_2''=I_3''\frac{6}{6+3}=2\text{A}$$

$I_1''=2\text{A}$

$I_4''=I_3''-I_2''=3-2=1\text{A}$

叠加：$I_1=I_1'+I_1''=10+2=12\text{A}$

$I_2=I_2'+I_2''=2-2=0\text{A}$

$I_3=I_3'+I_3''=1-3=-2\text{A}$

$I_4=I_4'+I_4''=1+1=2\text{A}$

$P=-I_1\times1\times12=-144\text{W}$

七、解：根据谐振频率公式 $f_0=\frac{1}{2\pi\sqrt{LC}}$，得出 $L=\frac{\left(\frac{1}{2\pi f_0}\right)}{C}=396\mu\text{H}$。

因为谐振时电路呈阻性，所以 $R_0=R=2\Omega$。

附录 A　部分习题参考答案

第　1　章

【思考与练习】

1.2.2　（a）电流的实际方向由 A 指向 B；

（b）电流的实际方向由 A 指向 B。

1.2.3　（1）若参考点选在 D 点，则

V_A=25V，V_B=15V，U=25V

（2）若参考点选在 C 点，则

V_A=−5V，V_B=5V，U=25V

1.2.4　（1）B 点电位高；

（2）P=−10W，为电源。

1.3.4　（a）$I=-5A$；

（b）$I=4A$。

1.3.5　（a）$U=25V$；

（b）$U=1V$。

1.4.4　$I=0A$

1.4.5　$U=-6V$

1.4.6　$U=31V$

1.4.7　$U=10I$

1.5.4　其额定电流为 0.18A，电阻为 1210Ω。

1.5.5　使用时电流值为 0.061A，电压值不得超过 49V。

1.5.6　不能。

1.5.7　40W、220V 的白炽灯比较亮。

【习题】

1.1　（a）$P=5W$，产生功率。

（b）$P_{4A}=-96W$，产生功率；$P_{12V}=48W$，消耗功率。

（c）$P_{10V}=-25W$，产生功率；$P_{5V}=12.5W$，消耗功率。

1.2　$P_1=-35W$，电源。

$P_2=-33W$，电源。

$P_3=-37.5W$，电源。

$P_4=20W$，负载。

$P_5=85.5W$，负载。

1.3 $I_3=-8\text{mA}$，$U_3=75\text{V}$，$P_3=-0.6\text{W}$，为电源。

1.4 电压源模型：$U_S=225\text{V}$，$R_0=0.5\Omega$。

电流源模型：$I_S=450\text{A}$，$R_0=0.5\Omega$。

1.5 有两个节点，三条支路。

$I=0\text{A}$，$U_{AB}=0\text{V}$

1.6 $U_{AB}=30\text{V}$

1.7 S在“1”位置：电流表读数为0.00999A，电压表读数为9.99V。

S在“3”位置：电流表读数为100A，电压表读数为0V。

1.8 $P=66.25\text{W}$

1.9 $U_{AC}=52\text{V}$，$U_{BD}=14\text{V}$

1.10 $U_{AB}=32\text{V}$，$I_3=20\text{A}$，$R_3=1.6\Omega$，$I_2=0\text{A}$

1.11 $P_{3V}=6\text{W}$，$P_{9V}=-9\text{W}$，$P_{1A}=2\text{W}$

1.12 $V_A=6\text{V}$

1.13 $V_A=6\text{V}$，$V_B=6\text{V}$，有影响。

1.14 $I_1=7\text{A}$，$I_2=11\text{A}$，$I_3=-4\text{A}$

1.15 $R=\dfrac{65}{3}\Omega$，$V_A=65\text{V}$

1.16 （1）$I_N=5\text{A}$，$R_N=44\Omega$。

（2）每只灯泡都能正常工作。

1.17 电源内阻：$R_0=2.5\Omega$

电烙铁内阻：$R_0=1210\Omega$

电路的总电流：$I=0.18\text{A}$

实际消耗的功率：$P=39.92\text{W}$

第 2 章

【思考与练习】

2.1.3 $R_{AB}=18.31\Omega$

2.1.4 $I=3\text{A}$

2.1.5 （a）电流源模型。

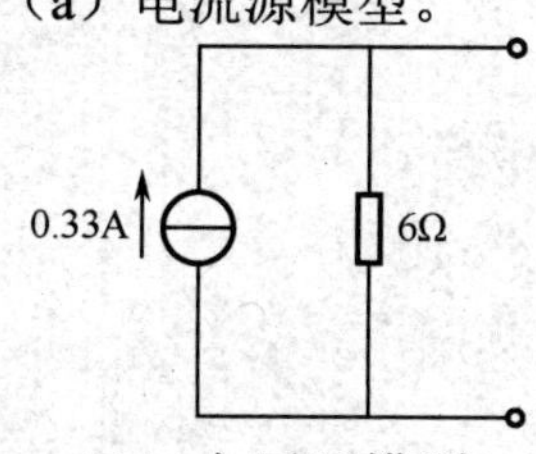

（b）电压源模型。

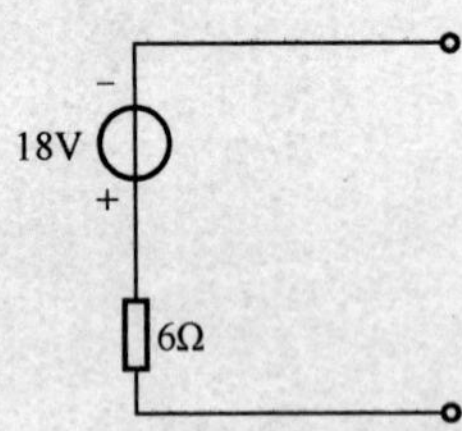

2.2.3 $n-1$ 个 KCL 方程，$m-(n-1)$ 个 KVL 方程。

2.4.2 电压源单独作用时，$I=1\text{A}$；电流源单独作用时，$I=-2\text{A}$。

2.5.2 $U_{\text{AB}}=3\text{V}$

2.5.3 $R_{\text{L}}=4\Omega$

2.5.4

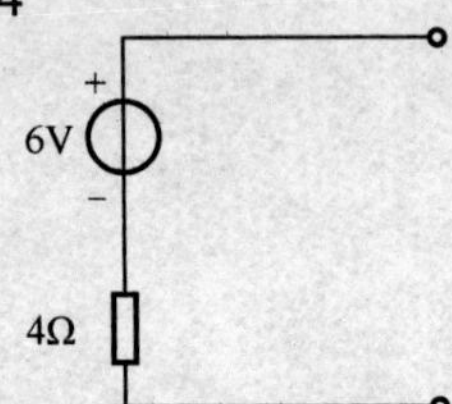

【习题】

2.1 （a）$R_{\text{AB}}=33.51\Omega$；

（b）$R_{\text{AB}}=22.08\Omega$；

（c）$R_{\text{AB}}=1.619\Omega$。

2.2 $U=-4.8\text{V}$

2.3 $I=2\text{A}$，$U_{\text{AB}}=28\text{V}$

2.4 由支路电流法联立方程得 $\begin{cases}I_1+I_2=I_3\\R_1I_1+R_3I_3-U_{\text{S1}}=0\\U_{\text{S2}}-R_2I_2-R_3I_3=0\end{cases}\Rightarrow\begin{cases}I_1=18.2\text{A}\\I_2=20.77\text{A}\\I_3=38.97\text{A}\end{cases}$

2.5 由支路电流法联立方程得 $\begin{cases}I_1+4=I_2\\10-20I_2-10I_1=0\end{cases}\Rightarrow\begin{cases}I_1=-\dfrac{7}{3}\text{A}\\I_2=\dfrac{5}{3}\text{A}\end{cases}$

2.6 $U=\dfrac{40}{13}\text{V}$，$I_2=\dfrac{4}{13}\text{A}$，$I_3=\dfrac{10}{13}\text{A}$

2.7 $U=\dfrac{27}{5}\text{V}$

$I_1=\dfrac{3}{5}\text{A}$，$I_2=\dfrac{93}{20}\text{A}$，$I_3=\dfrac{27}{5}\text{A}$

2.8 （a）$I=\dfrac{1}{2}\text{A}$；

（b）$I=\dfrac{18}{7}\text{A}$。

2.9 $I=1.57\text{A}$

2.10 $I = 2.8\text{A}$

2.11 $I = 2.83\text{A}$

2.12 $I = 3.33\text{A}$

2.13 （a）$R = 4\Omega$，$U = 28\text{V}$；

（b）$R = 12\Omega$，$U = 120\text{V}$；

（c）$R = 20\Omega$，$U = 120\text{V}$。

2.14 （a）$U_{\text{S}} = 9\text{V}$，$R_0 = 4.2\Omega$；

（b）$U_{\text{S}} = 6\text{V}$，$R_0 = 2.67\Omega$。

2.15 $I = 1\text{A}$

2.16 $I = -0.11\text{A}$

2.17 $I = 3.33\text{A}$

2.18 $R_{\text{L}} = R_0 = 8\Omega$ 时可以获得最大功率。

最大功率：$P_{\text{L max}} = 1.19\text{W}$

第 3 章

【思考与练习】

3.2.5 8A 的直流电流产生的热量多。

3.3.4 （1）极坐标式为：$A_1 = 5\angle 53.12^\circ$；

（2）极坐标式为：$A_2 = 10\angle -36.87^\circ$。

3.3.5 （1）直角坐标式为：$A_1 = 35.36 + \text{j}35.36$；

（2）直角坐标式为：$A_2 = 4 - \text{j}6.93$。

3.3.6 （1）有效值相量为：$\dot{U} = 3.54\angle -30^\circ\ \text{V}$；

（2）有效值相量为：$\dot{U} = 10\angle \frac{\pi}{3}\text{V}$。

3.3.7 （1）$u = 10\sqrt{2}\sin 314t\text{V}$；

（2）$i = 10\sin(314t + 55^\circ)\text{A}$；

（3）$i = 4\sqrt{2}\sin(314t + \frac{\pi}{2})\text{A}$。

3.3.8 （1）瞬时值解析式与相量不相等。

（2）有效值与有效值相量不相等。

（3）有效值不等于有效值相量，也不等于瞬时值解析式。

3.4.3 （a）正确。

（b）错误。

（c）正确。

3.5.1 接到频率为 50Hz 的电源上时 I=0.1A；

接到频率为 5000Hz 的电源上时 I=0.1A。

3.5.8 （1）错误。

（2）错误。

（3）错误。

（4）错误。

（5）正确。

3.6.2 （1）错误。

（2）正确。

（3）错误。

（4）正确。

3.6.3 R=30Ω，L=0.2H

【习题】

3.1 不是，应从研究它们的频率、幅值大小和相位着手。

3.2 $u = 317\sin(\omega t)\text{V}$

$i_1 = 10\sin(\omega t + 115^\circ)\text{A}$

$i_2 = 4\sin(\omega t - 130^\circ)\text{A}$

3.3 I=0.64A

3.4 $u_1 + u_2 = 110\sqrt{2}\sin(\omega t + 90^\circ)\text{V}$

$u_1 - u_2 = 110\sqrt{2}\text{V}$

3.5 $i_1+i_2=\sqrt{41}\sin(\omega t - 21.3^\circ)\text{A}$

3.6 由 $U/I=X_L=\omega L$ 可得 L=0.1H，$\psi_i = -60^\circ$。

3.7 $i_C = 3.45\sin(314t + 150^\circ)\text{A}$

$Q_C = 379.66\,\text{var}$

3.8 （a）电流表 A 的读数为$10\sqrt{2}$A；

（b）电流表 A 的读数为 10A。

3.9 i_1超前于i_2 135°。

3.10 （a）电压表 V 的读数为 $50\sqrt{2}$ V；

（b）电压表 V 的读数为 50V。

3.11 R=117Ω，L=0.3H

3.12 $R = \dfrac{P}{I^2} = \dfrac{30}{I^2} = 30\Omega$

$L = \dfrac{X_L}{\omega} = \dfrac{40}{314} = 0.127\text{H}$

3.13 $u=250\sqrt{2}\sin(314t-53.1^\circ)\text{V}$

3.14 $\dot{I}_1 = 44\angle -53^\circ\ \text{A}$

$\dot{I}_2 = 22\angle 37^\circ\ \text{A}$

$\dot{I}=49.2\angle-26.5^\circ$ A

3.15 （1）$Z=50\angle53.1^\circ\ \Omega$ ，感性电路。

（2）$\dot{I}=\dfrac{\dot{U}}{Z}=\dfrac{220\angle60^\circ}{50\angle53.1^\circ}=4.4\angle6.9^\circ$ A

$$\dot{U}_{\rm R}=\frac{\dot{U}}{Z}=\frac{220\angle60^\circ}{50\angle53.1^\circ}=4.4\angle6.9^\circ\ \text{V}$$

$$\dot{U}_{\rm L}=\dot{I}{\rm j}X_L=\frac{220\angle60^\circ}{50\angle53.1^\circ}=4.4\angle6.9^\circ\ \text{V}$$

$$\dot{U}_{\rm C}=-\dot{I}{\rm j}X_C=4.4\angle6.9^\circ\times80\angle-90^\circ$$
$$=352\angle83.1^\circ\ \text{V}$$

（3）相量图。

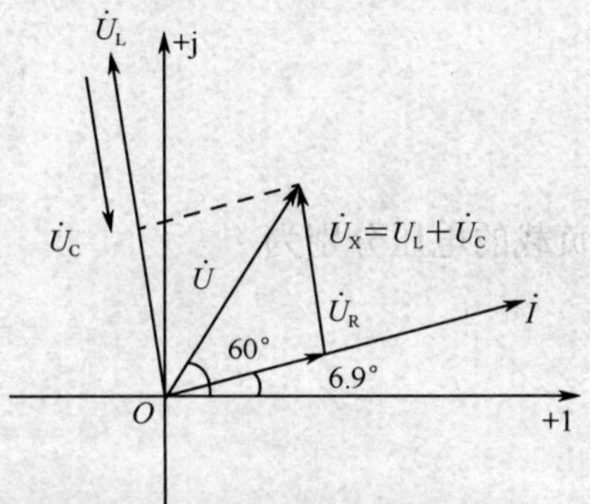

3.16 $\dot{I}_1=11\angle-42^\circ$ A

$\dot{I}_2=22.9\angle-44.8^\circ$ A

$\dot{I}_3=12.8\angle-36.7^\circ$ A

3.17 $R=50\Omega$， $L=0.08\text{H}$， $C=0.125\mu\text{F}$

3.18 （1） $f_0=541\text{kHz}$；

（2） $Q=43$；

（3） $I_0=0.125\text{A}$；

（4） $U_{\rm R}=2.5\text{V}$， $U_{\rm L}=107.5\text{V}$， $U_{\rm C}=U_{\rm L}=107.5\text{V}$ 。

3.19 （1） $f_0=800\text{kHz}$；

（2） $I_0=0.75\text{mA}$；

（3） $Q=100$；

（4） $I_{\rm L}=I_{\rm C}=75\text{mA}$ 。

第 4 章

【思考与练习】

4.1.2 $u_{\rm UV}=380\sqrt{2}\sin(314t+30^\circ)\text{V}$

4.1.3 $u_{\text{V}}=220\sqrt{2}\sin(\omega t-165^{\circ})\text{V}$

4.2.2 此三相负载不对称。

因为三相阻抗对称的条件是阻抗模相等、阻抗角相等。而 $Z_{\text{U}}=10\Omega$，$Z_{\text{V}}=10\angle 90^{\circ}\,\Omega$，$Z_3=-\text{j}10\Omega$ 的阻抗模都为 10Ω，阻抗角分别为 0° 、90° 、-90° 。

4.2.3 相电流与线电流相等。

4.2.4 线电流的有效值为相电流有效值的 $\sqrt{3}$ 倍。

线电流的相位滞后于对应的相电流 30° 。

【习题】

4.1 $\dot{U}_{\text{V}}=220\angle -120^{\circ}\text{ V}$

$\dot{U}_{\text{W}}=220\angle 120^{\circ}\text{ V}$

$\dot{U}_{\text{UV}}=380\angle -90^{\circ}\text{ V}$

$\dot{U}_{\text{VW}}=380\angle 30^{\circ}\text{ V}$

$\dot{U}_{\text{WU}}=380\angle 150^{\circ}\text{ V}$

4.2 发电机将出现短路。

4.3 （1）开关 S 闭合时，以 $\dot{U}_{\text{U}}$ 为参考，则每相负载的电压分别为

$\dot{U}_{\text{U}}=220\angle 0^{\circ}\text{ V}$

$\dot{U}_{\text{V}}=220\angle -120^{\circ}\text{ V}$

$\dot{U}_{\text{W}}=220\angle +120^{\circ}\text{ V}$

负载的相电流和线电流分别为

$\dot{I}_{\text{U}}=22\angle -36.87^{\circ}\text{ A}$

$\dot{I}_{\text{V}}=22\angle -156.87^{\circ}\text{ A}$

$\dot{I}_{\text{W}}=22\angle -83.13^{\circ}\text{ A}$

$\dot{I}_{\text{N}}=0\text{A}$

（2）开关 S 打开时，该电路为对称三相电路，开关 S 打开与闭合时各电量不变。

$\dot{I}_{\text{U}}=5.5\text{A}$

$\dot{I}_{\text{V}}=5.5\text{A}$

$\dot{I}_{\text{W}}=11\angle -30^{\circ}\text{ A}$

$\dot{I}_{\text{N}}=11+11\angle -30^{\circ}\text{ A}$

4.4 以 $\dot{U}_{\text{UV}}$ 为参考，则每相负载的电压分别为

$\dot{U}_{\text{UV}}=220\angle 0^{\circ}\text{ V}$，$\dot{U}_{\text{VW}}=220\angle -120^{\circ}\text{ V}$，$\dot{U}_{\text{WU}}=220\angle +120^{\circ}\text{ V}$

各相负载的电流为

$$\dot{I}_{\text{UV}}=\frac{\dot{U}_{\text{UV}}}{8+\text{j}6}=\frac{220\angle 0^{\circ}}{10\angle 36.87^{\circ}}=22\angle -36.87^{\circ}\text{ A}$$

$$\dot{I}_{\text{VW}}=\frac{\dot{U}_{\text{VW}}}{8+\text{j}6}=\frac{220\angle -120^{\circ}}{10\angle 36.87^{\circ}}=22\angle -156.87^{\circ}\text{ A}$$

$$\dot{I}_{WU}=\frac{\dot{U}_{WU}}{8+j6}=\frac{220\angle+120^\circ}{10\angle36.87^\circ}=22\angle83.13^\circ\text{ A}$$

线电流分别为

$$\dot{I}_U=\dot{I}_{UV}\angle-30^\circ=22\sqrt{3}\angle(-36.87^\circ-30^\circ)=22\sqrt{3}\angle-66.87^\circ\text{ A}$$

$$\dot{I}_V=\dot{I}_{VW}\angle-30^\circ=22\sqrt{3}\angle(-156.87^\circ-30^\circ)=22\sqrt{3}\angle-186.87^\circ=22\sqrt{3}\angle173.13^\circ\text{ A}$$

$$\dot{I}_W=\dot{I}_{WU}\angle-30^\circ=22\sqrt{3}\angle(83.13^\circ-30^\circ)=22\sqrt{3}\angle53.13^\circ\text{ A}$$

4.5 （1）以$\dot{U}_U$为参考，相电流及中性线电流分别为

$$\dot{I}_U=22\text{A}$$

$$\dot{I}_V=22\angle-120^\circ\text{ A}$$

$$\dot{I}_W=22\angle120^\circ\text{ A}$$

$$\dot{I}_N=0\text{A}$$

（2）相电流及中性线电流分别为

$$\dot{I}_U=5.5\text{A}$$

$$\dot{I}_V=5.5\angle-120^\circ\text{ A}$$

$$\dot{I}_W=11\angle90^\circ\text{ A}$$

$$\dot{I}_N=2.75+\text{j}6.237\text{A}$$

4.6 以$\dot{U}_{UV}$为参考，则

相电流：$\dot{I}_{UV}=\dfrac{380}{100}\angle0^\circ\text{ A}=3.8\angle0^\circ\text{ A}$

$$\dot{I}_{VW}=3.8\angle-120^\circ\text{ A}$$

$$\dot{I}_{WU}=19\angle30^\circ\text{ A}$$

线电流：$\dot{I}_U=3.8\sqrt{3}\angle-30^\circ\text{ A}$

$$\dot{I}_V=3.8\sqrt{3}\angle-150^\circ\text{ A}$$

$$\dot{I}_W=19\sqrt{3}\angle0^\circ\text{ A}$$

中性线电流：$\dot{I}_N=0\text{A}$

4.7 由公式得：$P=\sqrt{3}U_lI_l\cos\varphi\Rightarrow I_l$=4.178A

星形连接：$I_l=I_p$=4.178A

三角形连接：$I_l=\sqrt{3}\,I_p\Rightarrow I_p$=2.41A

4.8 由公式得：$P=\sqrt{3}U_lI_l\cos\varphi\Rightarrow I_l$=8.55A

相电流：$I_p=4.93\text{A}$

$$|Z|=\frac{U_p}{I_p}=\frac{380}{4.93}=77.08\Omega$$

$$Z=61.66+\text{j}46.25\Omega$$

4.9 $Z=5\angle53^\circ\ \Omega$，$\cos\varphi=0.6$

星形连接：$I_l = I_p = \dfrac{220}{5} = 44\text{A}$

$P = \sqrt{3}U_l I_l \cos\varphi \approx 17.375\text{kW}$

三角形连接：$I_l = \sqrt{3}I_p = \sqrt{3} \times \dfrac{380}{5} = 131.63\text{A}$

$P = \sqrt{3}U_l I_l \cos\varphi \approx 51.98\text{kW}$

第 5 章

【习题】

5.1 $u_C(0_+) = 30\text{V}$

5.2 $u_C(0_+) = 10\text{V}$

5.3 $u_C(0_+) = 8.3\text{V}$

5.4 $u_C = 12 - 12\text{e}^{-\frac{t}{0.06}}\text{V}$

5.5 $i_L(0_+) = 5\text{A}$

5.6 $u_C = 6.7 + 13.3\text{e}^{-5t}\text{V}$

5.7 $u_C = 2 + 9\text{e}^{-0.025t}\text{V}$

$i_C = C\dfrac{\text{d}u_C}{\text{d}t} = -2.25 \times 10^{-3}\text{e}^{-0.025t}\text{A}$

5.8 $i_L = 0.8 + 2.53\text{e}^{-1000t}\text{A}$

5.9 （1）$u_C(0_+) = 8\text{V}$

（2）$u_C = 5 + 3\text{e}^{-0.33t}\text{V}$

5.10 $i_L(t) = 1.25 + 0.525\text{e}^{-8t}\text{A}$

$u_L(t) = -4.2\text{e}^{-8t}\text{V}$

5.11 $i_L = 3.33 + 1.67\text{e}^{-3t}\text{A}$

$u_L = -5\text{e}^{-3t}\text{V}$

5.12 $i_L = 1.5\text{e}^{-12t}\text{A}$

第 6 章

【习题】

6.5 （1）$N_2 = 200$ 匝；

（2）$I_1 = 7.58\text{A}$，$I_2 = 227.4\text{A}$。

6.6 （1）167 个；

（2）$I_1 = 1.5\text{A}$，$I_2 = 45.55\text{A}$。

第 7 章

【习题】

7.2 三相异步电动机旋转磁场的速度由电源频率和磁极对数决定。

两极电动机的同步转速：$n_0 = \dfrac{60f_1}{p}$=1500r/min

四极电动机的同步转速：$n_0 = \dfrac{60f_1}{p}$=750r/min

7.3 磁极对数 $p = 3$ 。